"十三五"职业教育部委级规划教材

化工设备基础

王显方　主编

路　程　李秉昌　副主编

殷常亮　主审

中国纺织出版社

内 容 提 要

本书共六章，包括化工设备常用材料及性能、化工设备的主要零部件、化工容器及设备、换热器、塔设备及反应设备。内容涉及化工厂的主要生产设备，及化工一线技术人员应该具备的基础知识。每章节阐述了设备概述、分类、结构、操作及其维护等，实用性强，舍弃了传统教材中过多的理论分析和设计计算，内容通俗易懂，便于掌握。

本书可作为化工类非机械专业学生的教材，也可作为相关技术人员的参考用书。

图书在版编目（CIP）数据

化工设备基础 / 王显方主编 . -- 北京：中国纺织
出版社，2016.7（2022.7重印）
"十三五"职业教育部委级规划教材
ISBN 978-7-5180-2582-4

Ⅰ . ①化…　Ⅱ . ①王…　Ⅲ . ①化工设备 – 职业教育 –
教材　Ⅳ . ① TQ05

中国版本图书馆 CIP 数据核字（2016）第 095293 号

责任编辑：范雨昕　　　责任校对：王花妮
责任设计：何 建　　　　责任印制：何 建

中国纺织出版社出版发行
地址：北京市朝阳区百子湾东里A407号楼　邮政编码：100124
销售电话：010—67004422　传真：010—87155801
http://www.c-textilep.com
中国纺织出版社天猫旗舰店
官方微博 http://weibo.com/2119887771
北京虎彩文化传播有限公司印刷　各地新华书店经销
2016年7月第1版　2022年7月第5次印刷
开本：787×1092　1/16　印张：13.75
字数：271千字　定价：48.00元

前言

　　本书从现代化工企业对一线从业人员能力的需求出发，依据高等职业教育对化工类非机械专业人才培养目标的要求，以化工类专业学生实际工作为立足点，本着理论适度、重在应用的原则进行编写，编者中既有活跃在高职教育一线的教师，也有企业工程师，能更好地符合现代企业对操作人员职业能力的需求。

　　本书共分六章，分别为化工设备常用材料及性能、化工设备的主要零部件、化工容器及设备、换热器、塔设备及反应设备。内容涵盖了化工厂主要生产设备，提供了化工一线技术人员职业领域中必备的基础知识。每章节阐述了设备概述、分类、结构、操作及维护等，实用性强，剔除了传统教材中过多的理论分析和设计计算，内容通俗易懂，便于掌握，书中带*部分为教师上课时根据学生实际情况自选内容。

　　本书可作为化工类非机械专业学生的教材，也可作为化工厂工人和技术人员学习、培训的材料。

　　本书具体编写分工为，陕西工业职业技术学院王显方编写第一、第五章，路程编写第二、第三章；陕西能源职业技术学院段雅琦编写第六章，李秉昌编写第四章及附录；全书由王显方负责拟定编写提纲，并做最后的统稿和定稿；殷常亮担任本书的主审。

　　在编写过程中由于编者水平有限，时间仓促，书中不妥之处在所难免，敬请读者批评指正。

编　者

2015年5月

课程名称： 化工设备基础

适用专业： 应用化工技术、工业分析与检验、化工设备维修等
专业

总学时： 64

课程性质： "化工设备基础"是化工类专业进行岗位能力培养的一门专业技术课程，本课程针对人才需求组织教学内容，按照工作过程设计教学环节，为岗位需求提供职业能力，为培养技术人才提供保障。

课程目的：

1. 知识目标

A1. 掌握化工设备常用材料及性能；

A2. 了解化工设备常用零部件的结构及作用特点；

A3. 掌握压力容器的分类、结构及作用特点；

A4. 掌握压力容器的日常检修方法；

A5. 掌握换热设备的结构及作用原理；

A6. 掌握塔设备的结构及作用原理；

A7. 掌握反应设备的结构及作用原理。

2. 能力目标

B1. 能正确选择化工设备常用材料的牌号；

B2. 能根据不同设备合理选择配套的零部件；

B3. 能正确查找各类标准，并对压力容器进行分类；

B4. 具备压力容器故障排查能力；

B5. 能设计简单的管壳式换热器；

B6. 能设计简单的塔设备；

B7. 能设计简单的反应设备。

3. 素质目标

C1. 培养学生实事求是、精益求精的治学态度；

C2. 培养学生安全、质量及环保意识；

C3. 培养学生良好的语言表达能力，有条理地表达自己的思想、态度和观点；

C4. 培养学生勤于思考、敢于创新的意识；

C5. 培养学生认真、细致、严谨的学习态度和工作作风，吃苦耐劳、克服困难、勇于探索的创新精神。

课程教学的基本要求

教学环节包括实验教学、作业和考试。通过各教学环节，重点培养学生对理论知识的认识和实验技能的掌握，提高学生分析问题、解决问题的能力。

1. 理论教学：共16周，合计64学时。

2. 考试：

（1）观察学生平时表现，如课前预习、课堂出勤、回答提问、任务或作业完成等对学生进行过程性评价，占总成绩的30%。

（2）观察学生实训过程中的主动性，与其他同学的协作能力，提出问题和解决问题的能力作为评价的参考，占总成绩的10%。

（3）重视学生的考试、测验成绩，进行成果性评价，占总成绩的60%。

教学环节学时分配表

章数	讲授内容	学时分配
第一章	化工设备常用材料及性能	12
第二章	化工设备的主要零部件	10
第三章	化工容器及设备	12
第四章	换热器	10
第五章	塔设备	10
第六章	反应设备	10
合计		64

目录

第一章 化工设备常用材料及性能 ···································001
  第一节 化工设备常用材料 ·······································001
    一、金属材料 ··001
    二、非金属材料 ··007
    三、纳米材料 ··010
  第二节 化工用金属材料的性能 ···································010
    一、金属材料的力学性能 ······································010
    二、材料的物理性能 ··019
    三、化学性能 ··019
    四、加工工艺性能 ··019
    思考题 ··020

第二章 化工设备的主要零部件 ·······························021
  第一节 法兰 ···021
    一、法兰的技术标准 ··021
    二、法兰的分类 ··023
    三、法兰的公称直径、公称压力和钢管外径 ·················024
    四、法兰密封 ··025
    五、法兰连接 ··030
  第二节 开孔与补强 ···031
    一、开孔类型及对容器的影响 ··································031
    二、对容器开孔的限制 ··032
    三、补强结构 ··033
    四、标准补强圈及其选用 ······································034
    五、人孔、手孔及接管 ··035
  第三节 设备的安全附件 ···036
    一、安全阀 ··036
    二、爆破片 ··037
    三、压力表 ··038
    思考题 ··041

第三章 化工容器及设备 ···042

第一节 容器的分类和结构 ···042

一、容器的分类 ···042

二、化工容器的结构形式 ···044

第二节 压力容器筒壁厚度计算（内压） ···050

一、圆柱形容器筒壁厚度的计算 ···050

二、球壳筒壁厚度的计算 ···050

三、封头 ···051

第三节 化工容器常见故障 ···051

一、化工设备腐蚀与防护 ···051

二、裂纹 ···053

三、变形 ···054

第四节 压力容器维护检修规程* ···055

一、总则 ···055

二、完好标准 ···056

三、使用管理及维护保养 ···056

四、检验 ···058

五、检修 ···072

六、试车（投运）及验收 ···078

七、维护、检验、检修安全注意事项 ···079

第五节 容器压力试验方法及安全规则* ···081

一、基本规定和要求 ···081

二、压力试验方法 ···082

三、合格标准 ···082

四、安全规则 ···082

思考题 ···083

第四章 换热设备 ···084

第一节 传热原理 ···084

一、传热能力 ···084

二、传热温差 ···085

三、传热系数 ···085

四、传热面积 ···086

五、压力降 ···087

第二节　换热设备的种类 ··088

一、直接接触式换热器 ··088

二、蓄热式换热器 ··088

三、间壁式换热器 ··089

第三节　管壳式换热器 ··092

一、管壳式换热器的分类 ··093

二、管壳式换热器的结构 ··095

三、换热管与管板连接 ··101

四、壳体与管板的连接 ··102

第四节　换热器的应用、操作及故障分析* ··103

一、换热器的应用 ··103

二、换热器操作 ··104

三、换热器的故障分析 ··105

第五节　低温换热器故障* ··108

一、进口气体—出口气体换热器 ··108

二、气体制冷器 ··109

思考题 ··110

第五章　塔设备 ··111

第一节　概述 ··111

一、化工生产对塔设备的基本要求 ··111

二、塔设备的分类和构造 ··111

三、塔设备的工作过程 ··113

第二节　板式塔 ··114

一、板式塔分类 ··114

二、板式塔的主要结构 ··118

第三节　填料塔 ··127

一、填料 ··127

二、填料支承装置 ··129

三、液体喷淋装置 ··130

四、液体再分布装置 ··133

第四节　塔类设备维护检修* ··137

一、总则 ··137

二、检修周期与检修内容 ··137

三、试验与验收 …………………………………………………………………143

四、日常维护 ………………………………………………………………………144

五、安全注意事项 ………………………………………………………………145

思考题 …………………………………………………………………………………146

第六章　反应设备……………………………………………………………………147

第一节　概述 ………………………………………………………………………147

一、反应设备的应用及分类 ……………………………………………………147

二、常见反应设备的特点 ………………………………………………………148

三、搅拌反应器的结构 …………………………………………………………150

第二节　搅拌反应器的罐体 ……………………………………………………150

一、罐体尺寸的确定 ……………………………………………………………151

二、传热结构 ………………………………………………………………………151

三、筒体和夹套壁厚的确定 ……………………………………………………153

四、顶盖和工艺接管 ……………………………………………………………154

第三节　搅拌装置 …………………………………………………………………155

一、搅拌器的形式和选择 ………………………………………………………155

二、搅拌器附件 …………………………………………………………………158

三、搅拌器功率 …………………………………………………………………159

第四节　搅拌反应器的传动装置 ………………………………………………160

一、电动机 …………………………………………………………………………160

二、减速器 …………………………………………………………………………160

三、联轴器 …………………………………………………………………………161

第五节　搅拌反应器的轴封 ……………………………………………………166

一、填料密封 ………………………………………………………………………166

二、机械密封 ………………………………………………………………………168

思考题 …………………………………………………………………………………171

附录一：年产＿＿＿吨合成氨厂变换工段列管式热交换器工艺设计任务书………172

附录二：乙醇水溶液筛板精馏塔的工艺设计任务书………………………………192

附录三：常用数据表格………………………………………………………………206

参考文献…………………………………………………………………………………209

第一章　化工设备常用材料及性能

学习目标：掌握化工设备常用材料基本的力学性能和化学成分及分类方法。

能力目标：能识别材料，并对材料的基本性能进行实验；具备根据化工生产的需要合理选择材料的能力。

第一节　化工设备常用材料

材料是构成化工设备的物质基础，要正确设计制造化工设备，合理选用材料是至关重要的。现代化的化工生产工艺过程是非常复杂的，工艺条件又是多种多样的，反应温度从低温到高温；压力从真空到超高压；物料有易燃、易爆、剧毒或强腐蚀等。为确保化工设备长期、稳定、安全地运行，在设计制造化工设备时，必须合理选择材料，保证所使用的材料具有足够的强度、良好的高温力学性能或低温性能，满足材料的防腐蚀要求等。

化工设备常用材料的种类繁多，大致可分为金属材料、非金属材料和纳米材料三大类，其中金属材料是最常用的化工设备材料。金属材料包括铁或以铁为主的合金及有色金属及其合金；非金属材料由于其独特的优越性，在一些特殊场合下使用，包括耐火、隔热、耐腐蚀及陶瓷材料等；纳米材料具有较高的强度、较强的耐腐蚀性、很好的绝缘性等，是近年来发展迅速的一类工程材料。选用材料一般有如下要求：

（1）材料品种应符合我国资源和供应情况。

（2）材质可靠，能保证使用寿命。

（3）足够的强度，良好的塑性和韧性，耐腐蚀。

（4）便于制造加工，焊接性能良好。

（5）性价比尽量高。

一、金属材料

在工业上使用的金属材料一般不是纯金属，而是合金。合金是一种金属与其他金属或非金属熔合在一起的金属材料。铁与碳及少量其他元素熔合的合金为铁碳合金。

1. 碳钢

碳钢是含碳量小于 2.11% 的铁碳合金。除了铁和碳外，碳钢还含有少量的磷、硫、硅、锰等其他杂质元素。其中硫易使碳钢发生热裂，也易使焊缝处发生热裂；磷可以提高钢材的强度和硬度，同时也降低钢的塑形和韧性，使低温工作的碳钢零件冲击韧度很低，脆性很大。因此硫、磷是有害杂质。硫、磷含量越小，碳钢的品质越好，依此碳钢分为两类：普通碳素结构钢和优质碳素结构钢。根据碳钢的用途又可分为制造机器设备的结构钢和制造刃具、量具等的工具钢及特殊用途钢，如锅炉钢、容器用钢等。

（1）普通碳素结构钢。普通碳素结构钢含碳量较低，杂质含量较高，是质量不高的碳钢，具有一定的力学性能。这种钢价廉，广泛用于要求不高的金属结构和机械零件。国家标准规定，这类钢材按保证力学性能供应，并按屈服点将其分成不同的牌号。每种牌号又按质量分为 A、B、C、D 四级。A 级、B 级为普通钢，C 级、D 级为优质钢。普通碳素结构钢牌号举例：

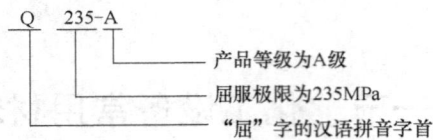

Q   235-A
└───┬──── 产品等级为A级
屈服极限为235MPa
"屈"字的汉语拼音字首

普通碳素结构钢的常用牌号是 Q195、Q215、Q235、Q255、Q275。其中 Q195、Q215 可用于承受轻载的零件，Q235、Q275 可用于制造螺栓、螺母等。

在化工设备中应用最多的是 Q235 碳素结构钢，它属于低碳钢，具有良好的塑性和韧性，Q235A 是最常用的钢号，其板材可以用于制造常温低压压力容器的壳体，钢板执行 GB/T 3274—2007 标准，板材厚度 3 ~ 40mm，常温下屈服强度为 235MPa，抗拉强度为 375MPa，在 100℃下的许用应力为 113MPa。棒料常用于制造连接件，如螺栓、螺母和支架等。

（2）优质碳素结构钢。优质碳素结构钢在供货时，除保证钢材的力学性能和化学成分外，还对硫、磷的含量严格控制，品质较高，多用于重要的零件，应用非常广泛。依据含碳量的不同，这种钢可分为低碳钢、中碳钢和高碳钢。

①低碳钢。含碳量小于或等于 0.25%，钢的强度较低，但塑性好，焊接性能好，在化工设备中广泛使用。

②中碳钢。含碳量为 0.25% ~ 0.60%，强度、硬度高，塑性、韧性稍差；焊接性能较差，不宜用于制造化工设备壳体，多用于制造传动设备的零件。

③高碳钢。含碳量大于 0.60%，它的强度和硬度均较高，塑性、焊接性差，不适于制造化工设备，常用来制造弹簧、刃具及钢丝绳等。

优质碳素结构钢根据含锰量不同，又可分为普通含锰量优质碳素钢和较高含锰量优质碳素钢。锰可以改善钢的热处理性能。优质碳素结构钢的牌号是两位数字，表示含碳量的万分数。例如 20 钢，表示平均含碳量为 0.20% 的钢。如果优质碳素结构钢中含锰量较高，则在两位数字后标以汉字锰或元素符号 Mn。例如，20Mn 表示较高含锰量优质碳素钢。特殊用途钢，规定在数字后加注字母。R 为容器用钢，20R 表示含碳量 0.20%，普通含锰量的容器用优质碳素结构钢。

20R 板材可以用于制造高压压力容器的壳体，钢板执行 GB 713—2014 标准，板材厚度 6 ~ 100mm，常温下屈服强度为 245MPa，抗拉强度为 400MPa，在 100℃下的许用应力为 132MPa。

2. 合金钢

随着科学技术和工业的发展，对材料提出了更高的要求，如更高的强度，抗高温、高压、低温、耐腐蚀、磨损以及其他特殊物理和化学性能的要求，碳钢已不能完全满足要求。

碳钢在性能上主要有以下几方面的不足：

①透性低，一般情况下，碳钢水淬的最大淬透直径只有 10 ~ 20mm。

②屈服强度比较低，如普通碳钢 Q235 钢的屈服强度为 235MPa，而低合金结构钢 16Mn 的屈服强度则为 360MPa 以上。

③回火稳定性差，故碳钢在进行调质处理时，为了保证较高的强度，需采用较低的回火温度，这样钢的韧性就偏低；为了保证较好的韧性，采用高的回火温度时强度又偏低，所以碳钢的综合力学性能水平不高。

④不能满足特殊性能的要求。碳钢在抗氧化、耐蚀、耐热、耐低温、耐磨损及特殊电磁性等方面往往较差，不能满足特殊使用性能的需求。

为了改善碳钢的力学性能和耐腐蚀性能，向钢中加入少量合金元素，如铬、镍、钛、锰、钼、钒等，所得到的钢统称为合金钢。化工设备生产中常用的主要类型有低合金结构钢、压力容器用钢、合金结构钢及低温用钢等。

（1）低合金结构钢。低合金结构钢由含碳量较低（含碳量小于 0.20%）的碳素钢加入少量合金元素（锰、钒、铌、镍、铬、钼等）熔合而成，合金元素的含量一般小于 5%。由于合金元素的作用，改善了低合金结构钢的综合力学性能和加工性能，如可焊性、冷加工性能得到改善，低温性能和中温性能比碳素钢好，在化工设备及压力容器上应用广泛。

新国家标准中采用普通碳素结构钢的牌号表示方法，来表示低合金钢中的低合金高强度结构钢的牌号，其牌号有 Q295、Q345、Q390、Q420 和 Q460。另外，以化学元素符号表示含有何种合金元素，合金元素后面的数字表示该元素含量的百分数，当合金元素含量小于 1.5% 时不标数字，平均含量为 1.5% ~ 2.5%、2.5% ~ 3.5%……时，则相应标注 2、3……例如，16MnR 表示含碳量为 0.16% 左右，含锰量小于 1.5% 的压力容器用低合金结构钢。16Mn 对应于 Q345，15MnVN 对应于 Q420。

常用低合金结构钢有以下几种：

① 16Mn 是我国低合金高强钢中用量最多、产量最大的钢种。强度比普通碳素结构钢 Q235 高 20% ~ 30%，耐大气腐蚀性能高 20% ~ 38%。

② 15MnVN 是中等级别强度钢中使用最多的钢种。强度较高，且韧性、焊接性及低温韧性也较好，被广泛用于制造桥梁、锅炉、船舶等大型结构。

③强度级别超过 500MPa 后铁素体和珠光体组织难以满足要求，于是发展了低碳贝氏体钢。加入 Cr、Mo、Mn、B 等元素，有利于空冷条件下得到贝氏体组织，使强度更高，塑性、焊接性能也较好，多用于高压锅炉等高压容器。

（2）压力容器用钢。压力容器用钢广泛应用于石油、化工、电站锅炉等行业，适用于制作容器的壳体、封头和板状构件等，如反应器、换热器、液化气罐、水电站设备等。压力容器用钢板关系到生命财产安全，技术要求高，生产难度大，属于执行强制性标准的重要产品。

压力容器用钢常处在高温、高压或低温下运行，对材料性能要求很高。例如，要求材料具有较高的强度；良好的塑性、韧性和冷弯性能；较低的缺口敏感性；良好的焊接性能；良好的冶炼质量及良好的加工工艺性能等。压力容器用钢材料品种很多，这里主要介绍制造压力容器筒体等承压构件的常用板材。

压力容器钢板的牌号，对于碳素钢和低合金钢，其牌号用屈服强度值和"屈"字、压力容器"容"字的汉语拼音首字母表示，例如：Q245R、Q345R、Q370R；对于钼、铬—钼高合金钢，其牌号用平均含碳量和合金元素字母、压力容器"容"字的汉语拼音首字母表示，如14CrlMoR、12Cr2MolR、12CrlMoVR、13MnNiMoR、18MnMoNbR、15CrMoR。

以下介绍几种常用锅炉及压力容器钢板。

① Q345R 是锅炉和压力容器中应用最为广泛、使用量最大的钢板之一，广泛应用于制造单层卷焊容器、多层包扎容器、整体多层夹紧容器、热套容器和球形容器。该钢板执行 GB 713—2014 标准，板材厚度 16 ~ 100mm，常温下屈服强度为 355MPa，抗拉强度为 570MPa，在 100℃下的许用应力为 185MPa。

② Q370R（15MnNR）主要用于生产球形容器、大型塔器和热套容器。该钢板执行 GB 713—2014 标准，板材厚度 36 ~ 60mm，常温下屈服强度为 400MPa，抗拉强度为 530MPa，在 100℃下的许用应力为 177MPa。

③ Q420R（18MnMoNbR）用于氨合成塔和尿素合成塔单层厚壁容器，该钢板执行 GB 713—2014 标准，板材厚度 16 ~ 100mm，常温下屈服强度为 410MPa，抗拉强度为 590MPa，在 100℃下的许用应力为 190MPa。

④ 13MnNiMoR 用于单层卷焊厚壁压力容器，该钢板执行 GB 6654—1996 标准，板材厚度 16 ~ 120mm，常温下屈服强度为 380MPa，抗拉强度为 575MPa，在 100℃下的许用应力为 172MPa。

（3）合金结构钢。合金结构钢的牌号是以前面两位数字表示含碳量的万分数，或以前面一位数字表示含碳量的千分数；以化学元素符号表示含有何种合金元素，合金元素后面的数字表示该元素含量的百分数。化工设备使用的合金结构钢主要是不锈耐酸钢和耐热钢。

①不锈耐酸钢。不锈耐酸钢是不锈钢和耐酸钢的总称。不锈钢是在大气、水及较弱腐蚀性介质中耐腐蚀的钢，不锈耐酸钢是指能抵抗酸及强腐蚀介质的钢，耐酸钢同时是不锈钢。

不锈耐酸钢中的主要合金元素是铬、镍、钼、钛，它们对钢的性能影响为：

a. 铬是不锈耐酸钢中起耐腐蚀作用的主要元素。钢只有在含铬量为 12% 以上时才有耐蚀性，不锈耐酸钢的平均含铬量都在 13% 以上。但含铬量不能超过 30%，否则会降低钢的韧性。

b. 镍可扩大不锈耐酸钢的耐蚀范围，特别是提高耐碱能力。化工设备生产中广泛使用的含铬 18%、含镍 8% 的不锈耐酸钢具有良好的耐腐蚀性，习惯上称为 18-8 型不锈钢。

c. 钼能提高不锈耐酸钢对氯离子的抗蚀能力，钼还可提高钢的耐热性能。

d. 钛能提高不锈耐酸钢抵抗晶间腐蚀的能力。

含碳量越低，不锈耐酸钢的耐蚀性越强。为了提高耐蚀性，含碳量应小于 0.03% ~ 0.06%，如果对耐蚀性有更高要求，则可采用含碳量小于 0.01% ~ 0.03% 的超低碳不锈钢。现在正向含碳量小于 0.01% 超低碳不锈钢方向发展，以适应不断提高的耐蚀性要求。

不锈钢的牌号采用两位数字（或一位数字）表示含碳量，后加合金元素符号（或汉字），再加表示合金元素含量百分数的数字。由于这种钢的含碳量很低，其含碳量以千分数表示。合金元素含量为1%～1.5%时省略不标。例如，不锈钢1Cr13，表示含碳量为0.10%，平均含铬量为13%。当含碳量为0.03%～0.10%时，含碳量用"0"表示，当含碳量小于或等于0.03%时，用"00"表示。例如，0Cr18Ni9Ti钢，00Cr18Ni9Ti钢。不锈耐酸钢的应用举例见表1-1。

表1-1 几种常用的不锈耐酸钢

牌号	耐蚀性	应用举例
0Cr13	耐水蒸气、碳酸氢铵母液及540℃以下含硫石油等介质腐蚀	制造设备衬里、内部元件、垫片等
1Cr13	在30℃以下的弱腐蚀介质中有良好的耐蚀性，在淡水、蒸汽和潮湿环境中有足够的耐蚀性	一般使用温度450℃以下，制造法兰、汽轮机叶片、螺栓、螺母等部件
1Cr17	对氧化性酸（如一定温度和浓度的硝酸）耐蚀性良好	制造介质腐蚀性不强的防污染设备、家用物品、家用电器等部件
00Cr18Ni8	对氧化性酸（如硝酸）有强的耐蚀性，对碱液及大部分有机酸和无机酸也有一定的耐蚀性，有一定耐晶间腐蚀能力	制造食品设备、化工设备、输酸管道、容器等
00Cr18Ni10	耐蚀性比0Cr18Ni9Ti好，耐硝酸、大部分有机酸和无机酸的水溶液、碱等的腐蚀，耐晶间腐蚀	使用温度-196～600℃，制造硝酸维尼纶、制药等工业设备和管道
Cr17Ni12Mo2	在海水和其他介质中耐蚀性比0Cr18Ni10好，主要作为耐小孔腐蚀材料，高温下有良好的蠕变强度	制造大型锅炉过滤器、蒸汽管道、高温耐蚀螺栓及螺母等零件
1Cr18Ni9Ti	在不同温度和浓度的各种强腐蚀性介质中耐蚀性良好	使用温度-196～600℃，广泛用于制造耐酸设备、管道、衬里等

②耐热钢。在高温条件下，具有抗氧化性和足够的高温强度以及良好的耐热性能的钢称作耐热钢。

为了抵抗高温蠕变、高温氧化等而发展起来的耐热钢，与碳素结构钢相比，在使用温度大于350℃时，无显著的蠕变（具有抗热性），在570℃以上不发生氧化现象（具有热稳定性）。钢中熔入铬、铝、硅可提高热稳定性，熔入镍、铝、钨、钒等可提高钢的抗热性。耐热钢包括抗氧化钢（或称高温不起皮钢）和热强钢两类。

耐热钢常用于制造锅炉、汽轮机、动力机械、工业炉和航空、石油化工等工业部门中在高温下工作的零部件。这些部件除要求高温强度和抗高温氧化腐蚀外，根据用途不同还要求具有足够的韧性、良好的可加工性和焊接性及一定的组织稳定性。此外，还发展出一些新的低铬镍抗氧化钢种。

（4）低温用钢。我国通常将温度低于或等于-20℃称为低温。通常将各种液化石油气、液氨、液氮等生产、储存容器和输送管道以及在寒冷地区工作的容器，称为低温容器，制造这些设备所用的钢，称为低温用钢。

对于低温用钢的技术要求，首先要保证在使用温度下具有足够的冲击韧性值，从断裂力学的观点考虑，要求材料在使用温度下具有足够的抗脆性开裂的能力。在特殊的重要结构上，为防止意外事故发生，还要求材料具有抗脆性裂纹扩展的止裂性能。低温用钢一般要求在低温下具有足够的强度和充分的韧性，具有良好的工艺性能、加工性能和耐腐蚀性等，其中低温韧性，即低温下防止脆性破坏发生和扩展的能力是最重要的因素。低温用钢一般分为无镍钢和有镍钢，有镍钢从 2.5Ni 钢一直到 9Ni 钢，9Ni 钢的最低使用温度可以到 −196℃。

3. 铸铁

铸铁是含碳量为 2% ~ 4.5% 的铁碳合金。在工业生产中，因冶炼、原材料等因素，铸铁成分中一般还含有硅、锰、磷、硫等元素，所以实际应用的铸铁是以铁、碳、硅为主的多元铁基合金。铸铁与钢在化学成分上的主要区别是前者的碳、硅以及杂质元素磷、硫含量较高。铸铁的生产成本较低，具有优良的减震性、较好的耐磨性、良好的铸造工艺性和切削加工性。按照石墨的形态不同，铸铁可分为灰铸铁、球墨铸铁、可锻铸铁、耐蚀铸铁及热铸铁等。

（1）灰铸铁。碳元素以片状的石墨存在，石墨割裂了铸铁基体，使灰铸铁的抗拉强度和塑性比钢低很多，但抗压强度并不降低。石墨的存在还使灰铸铁具有良好的耐磨性、减震性、铸造性能和切削性能。灰铸铁常用于制造机座、带轮、不重要的齿轮、烧碱大锅、淡盐水泵等，灰铸铁还可以用来制造常压容器，使用温度在 −15 ~ 250℃ 之间，并且不允许用来储存剧毒或易燃的物料。灰铸铁牌号由"灰铁"两字的汉语拼音首字母"HT"及后面的一组数字组成，数字表示最低强度极限。例如，HT150 表示灰铸铁，其强度极限为 150MPa。

（2）球墨铸铁。碳在铸铁基体中以球状石墨存在，它的强度和塑性比灰铸铁高，综合力学性能接近于钢，可以代替钢制造一些机械零件，如曲轴、阀门等。球墨铸铁以"QT"为首（"球铁"两字汉语拼音首字母），后面的两组数字表示强度极限和伸长率，如 QT400–18。

（3）可锻铸铁。铸铁中的石墨呈团絮状，与灰铸铁相比有较高的强度、塑性和韧性。因其有一定的塑性变形能力，故得名可锻铸铁，实际上可锻铸铁并不能锻造。

（4）耐蚀铸铁和热铸铁。在铸铁中加入适量的合金元素后形成具有耐蚀、耐热性能的铸铁，如加入硅形成的耐蚀铸铁、加入铬形成的耐热铸铁等，常用于铸造化工机械的泵、阀门等。

4. 有色金属及合金

在化工生产中，由于腐蚀、低温、高温、高压等特殊工艺条件的要求，设备的材料也经常用有色金属及其合金。常用的有铝、铜、钛、铅及其合金材料等。

（1）铝及其合金。铝密度小，导电性、导热性好，塑性好，但强度低，铝压力加工性能好，还可以焊接和切削。铝能耐硝酸、乙酸（醋酸）、碳酸氢铵及尿素的腐蚀。纯铝中高纯铝 L01、L02 可以用来制造浓硝酸设备；工业纯铝 L2、L3、L4 等用来制造热交换器、塔、储罐、深冷设备及防止污染产品的设备。铝合金中最常用的是铝与硅、镁、锰、铜、锌等组成的合金。铝合金的强度比纯铝高得多。在化工中用得较多的是铸造铝合金和防锈铝。铸造铝合金可以制作泵、阀、离心机等。防锈铝的耐蚀性好，常用来制作与液体介质相接触的零件和深冷设备中液气吸附过滤器、分离塔等。纯铝和铝合金最高使用温度为 150℃，低温时铝和铝合金韧性不降低，适宜制造低温设备。

（2）铜及其合金。铜具有很高的导热性、导电性和塑性。在低温下可保持较高的塑性和韧性，多用于深冷设备和换热器。铜在大气、水及中性盐、苛性碱中都相当稳定；在稀的和中等浓度的盐酸、乙酸、氢氟酸及其他非氧化性酸中也有较高的耐蚀性；在氨及铵盐中不耐蚀。

铜与锌的合金称为黄铜。它的铸造性好，强度比纯铜高。化工上常用的牌号有 H80、H68 等（H 后的数字表示平均含铜量的百分数）。

铜与锡、铅、铝、锑等组合成的合金统称青铜。它具有较高的耐蚀性和耐磨性，常用来制造耐蚀和耐磨的零件。

（3）钛及其合金。纯钛密度为 $4.51g/cm^3$，约为钢或镍合金的一半，其强度高于铝合金及高合金钢，导热系数小，是低碳钢的 1/5，铜的 1/25，无磁性，在很强的磁场中不被磁化，无毒且与人体组织及血液有很好的相容性，受到机械振动及电振动后，与钢、铜相比，其自身振动衰减时间最长，因熔点高，使得钛被列为耐高温金属，可在低温下保持良好的韧性及塑性，是低温容器的理想材料，化学性质非常活泼，在高温下容易与碳、氢、氮及氧发生反应，在空气中或含氧的介质中，钛表面生成一层致密的、附着力强的、惰性大的氧化膜，保护钛基体不被腐蚀。

在钛中添加锰、铝或铬、钒等金属元素，能获得性能优良的钛合金。合金的强度比纯钛高，耐热性能更好，钛及其合金是很有发展前途的材料，但目前价格较贵。

由于钛及其合金具有优良的耐腐蚀性、力学性能和工艺性能，被广泛地应用于国民经济的许多部门，特别是在化工设备生产中，用钛代替不锈镍基合金和其他稀有金属作为耐腐蚀材料，已成为制造化工设备的理想材料，例如，氯碱工业中用钛制造金属阳极电解槽、湿氯冷却器、脱氯塔、冷却洗涤塔，苯酚生产装置中用钛制造的中和反应釜、盘管冷却器和搅拌器轴套等。

（4）铅及其合金。铅强度低，硬度低，不耐磨，非常软，不适于单独制造化工设备，只能作为设备衬里。铅耐硫酸，特别在含有 H_2、SO_2 的大气中具有极高的耐蚀性，不耐甲酸、乙酸、硝酸和碱溶液等腐蚀。

铅与锑的合金称为硬铅，强度、硬度都比纯铅高，化工上用它制造输送硫酸的泵、阀门、管道等。

二、非金属材料

在化工设备生产中，由于非金属材料具有优良的耐腐蚀性而获得广泛使用。非金属材料包括除金属材料以外的所有材料，依其组成分为无机非金属材料、有机非金属材料两大类。

1. 无机非金属材料

无机非金属材料的主要化学成分是硅酸盐。主要用于化工设备生产中的有化工陶瓷、化工搪瓷、玻璃和辉绿岩铸石等。

（1）化工陶瓷。化工陶瓷由黏土、瘠性材料和助熔剂用水混合后经过干燥和高温焙烧而成。其表面光亮，断面像致密的石质材料。化工陶瓷具有良好的耐蚀性，除氢氟酸和含氟的其他介质以及热浓磷酸和碱液外，能耐几乎所有化学介质如热浓硝酸、硫酸甚至“王水”的腐蚀。化工陶瓷是化工设备生产中常用的耐蚀材料，许多设备都用它制作耐酸衬里，还可以用于制造塔器、容器、管道、泵、阀等化工生产设备和腐蚀介质输送设备。但是，由于化工陶瓷是脆性材料，其抗拉强度低，冲击韧性差，热稳定性差，在使用时应防止撞击、振动、骤冷、骤热等，以避免脆性破裂。

（2）化工搪瓷。化工搪瓷是由含硅量高的瓷釉通过850℃左右的高温煅烧，使瓷釉紧密附着在金属胎表面而制成的成品。化工搪瓷设备还具有金属设备的力学性能，但搪瓷层较脆易碎裂，且不能用火焰直接加热。化工搪瓷设备具有优良的耐蚀性，除强碱外，化工搪瓷能耐各种浓度的酸、盐、有机溶剂和弱碱的腐蚀，只有氢氟酸、含氟离子的介质、高温磷酸能损坏搪瓷面层。目前，我国生产的搪瓷设备有反应釜、储罐、换热器、蒸发器、塔和阀门等。

（3）玻璃。玻璃在化工生产中主要作为耐蚀材料，且玻璃中的SiO_2含量越高，耐蚀性越强。除氢氟酸、热磷酸和浓碱以外，玻璃几乎能耐一切酸和有机溶剂的腐蚀。玻璃可用来制造管道或管件，也可以制造容器、反应器、泵、换热器衬里层、填料塔中的拉西环填料等。玻璃质脆，耐温度急变性差，不耐冲击和振动。在使用玻璃制品时要特别注意。

（4）辉绿岩铸石。辉绿岩铸石是用辉绿岩熔融后，铸造成一定形状的板、砖等材料，主要用来制作设备衬里，也可制作管道。辉绿岩铸石除对氢氟酸和熔融碱不耐腐蚀外，对各种酸、碱都有良好的耐腐蚀性能。

2. 有机非金属材料

在化工生产中广泛使用的有机非金属材料主要有塑料、橡胶、不透性石墨等。

（1）塑料。塑料是一类以高分子合成树脂为基本原料，在一定温度下塑制成型，并在常温下保持其形状不变的高聚物。一般塑料由合成树脂为主，加入添加剂以改善产品的性能。常用的添加剂有：用于提高塑料性能的填料；用于降低材料的脆性和硬度，使其具有可塑性的增塑剂；用于延缓塑料老化的稳定剂；使树脂具有一定机械强度的固化剂；着色剂、润滑剂等其他成分。

塑料按树脂受热后表现出的特点，可分为热塑性塑料、热固性塑料和玻璃钢。热塑性塑料的分子结构是线型或支链型的，热塑性塑料可以经受反复受热软化和冷却凝固，如聚乙烯、聚丙烯和聚四氯乙烯等。热固性塑料的分子结构是体型的，热固性塑料经加热熔化和冷却成型后，不能再次熔化，如酚醛树脂、氨基树脂。塑料按用途还可分为通用塑料和工程塑料，化工设备生产中的管道及化工机械零件有一些是用工程塑料制造的。

化工设备生产中的常用塑料有硬聚氯乙烯。它是氯乙烯的聚合物。硬聚氯乙烯有良好的耐蚀性，能耐稀硝酸、稀硫酸、盐酸、碱、盐等腐蚀，但能溶于部分有机溶剂，如在四氢呋喃和环己酮中会迅速溶解。硬聚氯乙烯具有一定的强度，加工成型方便，焊接性好。其缺点是热导率小，冲击韧性较低，耐热性较差。使用温度为 −15 ~ 60℃，当温度在 60 ~ 90℃时，强度显著降低。硬聚氯乙烯可用于制造各种化工设备，如塔、储槽、容器、排气烟囱、离心泵、通风机、管道、管件、阀门等。

①聚乙烯。它是由单体乙烯聚合而成的高聚物。有优良的电绝缘性、防水性和化学稳定性，在室温下，除硝酸外能抗各种酸、碱、盐溶液的腐蚀，在氢氟酸中也非常稳定。聚乙烯的耐热性不高，其使用温度不超过100℃。聚乙烯比硬聚氯乙烯的耐低温性好，室温下几乎不被有机溶剂溶解。聚乙烯的强度低于硬聚氯乙烯，可以制作管道、管件、阀门、泵等，也可制作设备衬里，还可涂于金属表面作为防腐涂层。

②聚丙烯。聚丙烯是丙烯的聚合物。它具有优良的耐腐蚀性能和耐溶剂性能，除氧化性

介质外，聚丙烯能耐几乎所有的无机介质的腐蚀，甚至到 100℃ 都非常稳定。在室温下，聚丙烯除在氯代烷、芳烃等有机介质中产生溶胀外，几乎不溶于有机溶剂。

聚丙烯的使用温度高于硬聚氯乙烯和聚乙烯，可达 100℃，但聚丙烯耐低温性较差，温度低于 0℃，接近 -10℃ 时，材料变脆，抗冲击能力明显降低。聚丙烯的密度低，强度低于硬聚氯乙烯但高于聚乙烯。

聚丙烯可用于化工管道、储槽、衬里等。还可制作食品和药品的包装材料及一些机械零件。增强聚丙烯可制造化工设备。若添加石墨改性，可制聚丙烯换热器。

③聚四氟乙烯。聚四氟乙烯又称塑料王，具有极高的耐蚀性，能耐"王水"、氢氟酸、浓盐酸、硝酸、发烟硫酸、沸腾的氢氧化钠溶液、氯气、过氧化氢等腐蚀作用，除某些卤化胺或芳香烃使聚四氟乙烯塑料有轻微溶胀外，其他有机溶剂对它均不起作用，但熔融的碱金属会腐蚀聚四氟乙烯。聚四氟乙烯耐高温、耐低温性能优于其他塑料，使用温度范围是 -200 ~ 250℃。聚四氟乙烯的缺点是加工性能稍差，这使它的应用受到一定的限制。它可以用于填料、垫圈、密封圈以及阀门、泵、管道，还可用于设备的衬里和涂层。

④耐酸酚醛。耐酸酚醛是以酚醛树脂为基本成分，同时作为热黏合剂，以耐酸材料（石墨、玻璃纤维等）作为填料的一种热固性塑料。具有良好的耐蚀性和耐热性，能耐多种酸、盐和有机溶剂的腐蚀。使用温度为 -30 ~ 130℃。

耐酸酚醛塑料可制作管道、阀门、泵、塔节、容器、储槽、搅拌器，也可制作设备衬里。在氯碱、染料、农药等化工行业应用较多。这种塑料质脆，冲击韧性差，使用时应注意。

⑤玻璃钢。玻璃钢是用合成树脂作黏结剂，以玻璃纤维为增强材料，按一定方法制成的塑料。其中玻璃纤维是以玻璃为原料，在高温熔融状态下拉丝制成的，以玻璃纤维布或带等织物的形式使用，玻璃纤维质地较柔软。玻璃钢中常用的合成树脂有环氧树脂、酚醛树脂、呋喃树脂、聚酯树脂等。可以同时使用一种或两种树脂以得到不同性能的玻璃钢。玻璃钢的强度高，加工性好，耐蚀性好。由于使用树脂和玻璃纤维的种类不同，玻璃钢的耐蚀性有所差异。玻璃钢可制造化工设备生产中使用的容器、储槽、塔、鼓风机、槽车、搅拌器、泵、管道、阀门等多种机械设备。由于玻璃钢具有良好的性能，在化工生产中使用日益广泛。

（2）橡胶。橡胶由于具有良好的耐蚀性和防渗漏性，在化工设备生产中常用于设备的衬里层或复合衬里层中的防渗层以及密封材料。橡胶分为天然橡胶和合成橡胶两大类。天然橡胶是用橡胶树汁经炼制得到的，它是不饱和异戊二烯的高分子聚合物。天然橡胶的化学稳定性较好，可耐一般非氧化强酸、有机酸、碱溶液和盐溶液的腐蚀，但在强氧化性酸和芳香族化合物中不稳定。合成橡胶在化工设备生产中常用的有氯丁橡胶、丁苯橡胶、丁腈橡胶、氯磺化聚乙烯橡胶、氟橡胶、聚异丁烯橡胶等多种。由于化学成分不同，这些橡胶的性能有所差异，使用时应根据有关资料选用。

（3）不透性石墨。石墨分天然石墨和人造石墨两种。化工设备生产中使用的是人造石墨。人造石墨是由无烟煤、焦炭与沥青混合压制成型后，在电炉中焙烧制成。石墨具有优良的导电性、导热性、润滑性，但其机械强度较低，性脆，孔隙率大。

石墨的耐蚀性很好，除强氧化性酸（如硝酸、铬酸、发烟硫酸）外，在所有的化学介质中都很稳定,但由于石墨的孔隙率大,气体和液体对它具有很强的渗透性,因此不宜制造化工设备。为了弥补这一缺陷,常用各种树脂填充石墨中的孔隙,使之具有"不透性",即为不透性石墨。

石墨加入树脂后形成的不透性石墨,性质发生变化,表现出石墨和树脂的综合性能。提高了机械强度和抗渗性,但导热性、热稳定、耐热性均有不同程度的降低,这些性质的变化与制造不透性石墨的方法和加入的树脂有关。不透性石墨可制造各类热交换器、反应设备、吸收设备、泵类设备和输送管道等。

三、纳米材料

纳米科学技术是 20 世纪 80 年代末刚刚诞生并正在崛起的新科技,它的基本含义是在纳米尺寸($10^{-10} \sim 10^{-8}$m)范围内认识和改造自然,通过直接操作和安排原子、分子创造新物质。它所研究的领域是人类过去很少涉及的非宏观、非微观的中间领域,从而开辟了人类认识世界的新层次,这标志着人类的科学技术进入一个崭新的时代——纳米科技时代。

纳米材料是指在三维空间中至少有一维处于纳米尺寸范围或由它们作为基本单元构成的材料。纳米材料可以有多种形态:颗粒尺寸在 1 ~ 100nm 的超微粒,颗粒尺寸在 1 ~ 100nm 的超微粒压制成的块状材料,溅射或气相方法形成的纳米薄膜等。纳米材料具有许多奇异的特性。例如,任何金属超微粒,例如,铁、铜、金、钯等,当其尺寸在纳米量级时都呈黑色。金属超微粒表面具有很高的活性,在空气中很快自燃。通常金属催化剂铁、钴、镍、钯、铂制成的纳米微粒可大大改善催化效果。粒径为 30nm 的镍可把有机化学加氢和脱氢反应速度提高 15 倍。再如,陶瓷通常是脆性材料,而纳米陶瓷可变为韧性材料。TiO_2 纳米陶瓷在室温下可以塑性变形,在 180℃下塑性变形高达 100%,即使是带裂纹的 TiO_2 纳米陶瓷也能经受一定程度的弯曲而裂纹不扩展。除此之外,纳米半导体材料、纳米磁性材料、纳米生物医学材料等也具有普通材料无法比拟的优异性能。纳米科学技术已经成为 21 世纪科学的前沿和主导科学,纳米材料必将成为材料领域一颗大放异彩的"明星"。

第二节　化工用金属材料的性能

金属材料的性能一般分为使用性能和工艺性能。所谓使用性能是指机械零件在使用条件下,金属材料表现出来的性能,它包括力学性能、物理性能及化学性能等。金属材料使用性能的好坏,决定了它的使用范围与使用寿命。所谓工艺性能是指机械零件在加工制造过程中,金属材料在所定的冷、热加工条件下表现出来的性能。金属材料工艺性能的好坏,决定了它在制造过程中加工成型的适应能力。由于加工条件不同,要求的工艺性能也就不同,如铸造性能、可焊性、可锻性、热处理性能及切削加工性等。

一、金属材料的力学性能

金属材料在加工和使用过程中都要受到外力的作用,这种外力称为载荷。当载荷在某一极限范围内时，材料本身一般不发生明显的变形或断裂，说明金属材料对外力具有一定的抵抗能力。但是，当外力超过某一极限时，金属材料就会发生变形，甚至断裂。人们把金属材料在外力作用下所表现出来的抵抗能力称为金属的"力学性能"。常用的力学性能指标有强度、弹性、塑性及疲劳强度等。

1. 强度、弹性、塑性及其测定

强度是材料在静载荷作用下抵抗破坏的能力。根据载荷作用方式不同，强度可分为抗拉强度、抗压强度、抗弯强度、抗剪强度和抗扭强度等。其中以拉伸试验所得的强度指标应用最为广泛。

弹性是指材料在外力作用下发生变形，如果外力不超过某个限度，在外力卸除后材料恢复原状的这种性能称为弹性。外力卸除后即可消失的变形，称为弹性变形。反映材料弹性的指标有比例极限、弹性极限、弹性模量、剪切弹性模量及泊松比等。

金属材料在外力作用下产生永久变形而不被破坏的能力称为"塑性"。常用的塑性指标有伸长率和断面收缩率。

抗拉强度、弹性、塑性和刚度是通过静拉伸实验测定的。实验时在拉伸机上对圆柱试样两端缓慢地施加载荷，使试样受轴向拉力沿轴向伸长，直至把试样拉断为止。这种外部施加的载荷称为外力；由于外力作用，物体内部产生某种抵抗外力的力称为内力。根据试样在拉伸过程中承受的载荷和产生变形的大小，可以测定该材料的强度和塑性。

（1）拉伸曲线。静拉伸实验一般是指在常温、单向静拉伸载荷作用下，采用图 1-1 拉伸试样在拉伸机上进行。拉伸试验机上带有自动记录装置，可以自动记录作用在试样上的力和由受力而引起的试样伸长，绘出载荷（P）与伸长量（Δl）的关系曲线，这种曲线叫做拉伸曲线或拉伸图。图 1-2 是低碳钢的拉伸曲线，纵坐标表示载荷（P），横坐标表示试样在载荷（P）的作用下的绝对伸长量（Δl）。连接各点所得到的曲线即为拉伸曲线。

由图 1-2 可知，低碳钢式样在拉伸过程中其载荷与伸长量关系有以下三个阶段。

①弹性变形阶段。在拉伸曲线图上，oe 为弹性变形阶段，在此阶段，材料受外力作用而变形，若外力卸掉，变形全部消失，即试样恢复原来尺寸。当载荷不超过 P_p 时，拉伸曲线 op 为一直线，即试样的伸长量与载荷成正比例增加；当载荷超过 P_p 后，拉伸曲线开始偏离直线，即试样的伸长量与载荷已不再成正比关系，P_e 是试样发生完全弹性变形的最大载荷。

②塑性变形阶段。当载荷超过 P_p 后，试样将进一步伸长，但此时若去除载荷，弹性变形消失。而另一部分变形被保留，即试样不能恢复到原来的尺寸，这种不能恢复的变形称为塑性变形或永久变形。当载荷达到 P_s 时，拉伸曲线出现水平或锯齿形的线段，这表明在载荷基本不变的情况下，试样却继续变形，这种现象称为"屈服"。引起试样屈服的载荷称为屈服载荷。

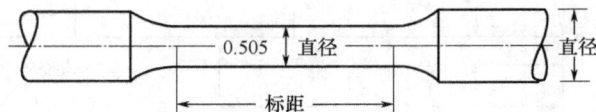

图 1-1　拉伸试样

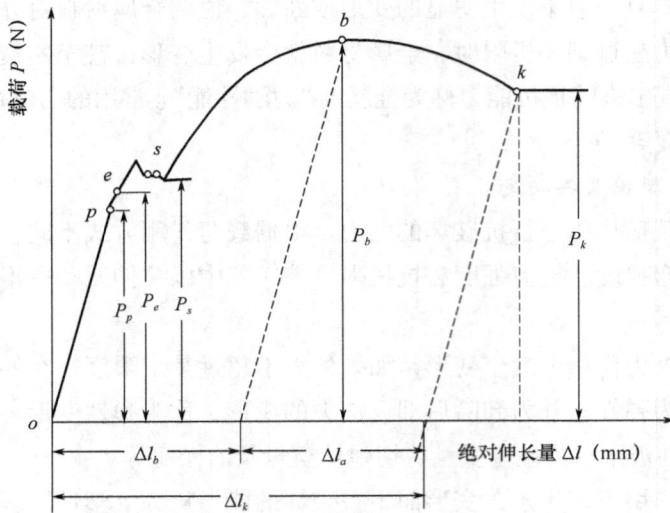

图 1-2　低碳钢的拉伸曲线

③断裂阶段。当载荷超过 P_s 后，试样的伸长量与载荷将呈曲线关系上升，但曲线的斜率比 op 段的小，即载荷的增加量不大，而试样的伸长量却很大。这表明在载荷超过 P_s 后，试样已开始产生大量均匀的塑性变形。当载荷继续增大越过最大值（P_b）时，试样的局部横截面积缩小，产生所谓"颈缩"现象。由于试样局部横截面的逐渐减小，承载能力也逐渐降低，当达到拉伸曲线 k 点时，试样断裂。P_k 为试样断裂时的载荷。

应该指出，某些脆性金属材料（如铸铁等）在进行静拉伸实验时，在尚未产生明显塑性变形时已经断裂，故不仅没有屈服现象，而且也不产生"颈缩"变形。

（2）应力—应变曲线。以材料的拉伸图为基础，以应力作纵坐标，以应变作横坐标绘制的曲线，称为应力—应变（$\sigma - \varepsilon$）曲线，如图 1-3 所示。

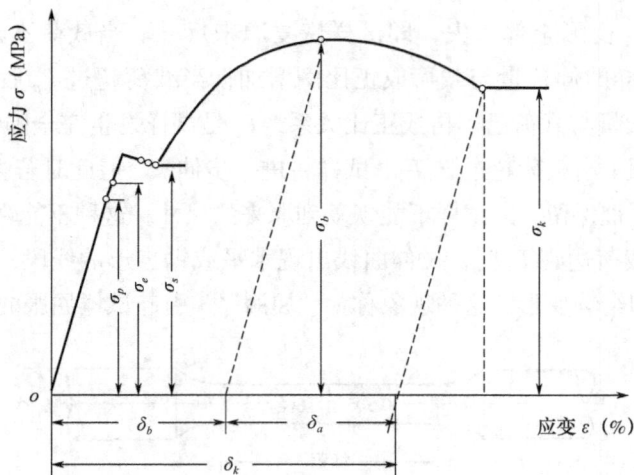

图 1-3　低碳钢的应力—应变曲线

①应力。物体由于外力作用而变形时，在物体内部产生了大小相等但方向相反的反作用力抵抗外力，即各部分之间产生相互作用的内力，力图使物体从变形后的位置回复到变形前的位置，材料内部的这个集中在某一点上的反作用力就称为应力，其大小等于单位面积上所承受的内力，该内力近似等于外加的载荷，则物体所承受的应力等于物体承受的载荷除以物体的原始横截面积，单位为 MPa。

②应变。当材料在外力作用下产生位移时，它的几何形状和尺寸将发生变化，这种形变就称为应变。例如，当单位圆柱体被拉伸的时候会产生伸长变形（ΔL），那么圆柱体的长度则变为（$L+\Delta L$）。这里，由伸长量（ΔL）和原长（L）的比值所表示的伸长率（或压缩率）就叫做"应变"。分为"轴向应变"和"横向应变"，没有单位，值很小（约 1×10^{-6}）。

③应力与应变的关系。在实际生产中，无法对应力进行直接的测量，但是通过测量由外力影响产生的应变可以计算出应力的大小。应力与应变的关系通过应力—应变曲线反应出来。

比较低碳钢的拉伸曲线（图 1-2）和其应力—应变曲线（图 1-3），可以看出，两者具有相同的形状，但其横、纵坐标不同，两曲线的意义也不同。应力—应变曲线的纵坐标表示应力，单位是 MPa。横坐标表示相对伸长量。在应力—应变曲线上可以直接读出材料的力学性能指标。如屈服强度（σ_s），强度极限（σ_b），伸长率（σ_k）等，由图 1-3 应力—应变曲线可以反应出不同曲线段的强度指标。

（3）强度、弹性指标及其测定方法。反应强度、弹性的指标有比例极限、弹性极限、屈服极限、强度极限和断裂强度。

①比例极限（σ_p）。当应力比较小时，在一定的比例极限范围内应力与应变成线性比例关系，满足胡克定律，即在应力低于比例极限的情况下，固体中的应力（σ）与应变（ε）成正比，即 $\sigma = E\varepsilon$，式中 E 为常数，称为弹性模量，因英国的托马斯·杨首先给出弹性模量的定义，所以弹性模量又称杨氏模量，对应的最大应力称为比例极限，即图 1-3 中的 σ_p。当应力超过 σ_p 时，曲线开始偏离直线，因此称 σ_p 为比例极限，是应力与应变直线关系的最大应力值，且：

$$\sigma_p（\text{MPa}）=\frac{P_p}{A_0}$$

式中：P_p——比例极限的载荷，N；
　　　A_0——试样的原截面积，mm^2。

②弹性极限（σ_e）。在应力—应变曲线中，应力在 σ_e 时称为弹性强度极限，该阶段为弹性变形阶段。当应力继续增加，超过 σ_e 以后，试样在继续产生弹性变形的同时，也伴随有微量的塑性变形，因此 σ_e 是材料由弹性变形过渡到塑性变形的应力。应力超过弹性极限以后，便开始发生塑性变形。

$$\sigma_e（\text{MPa}）=\frac{P_e}{A_0}$$

式中：P_e——弹性极限的载荷，N。

为了便于比较，根据材料构件服役条件的要求，规定产生一定残余变形的应力作为"规定弹性极限"。国家标准中规定以残余伸长为 0.01% 的应力作为规定残余伸长应力，用 $\sigma_{0.01}$ 表示。弹性极限并不是材料对最大弹性变形的抵抗力，因为应力超过弹性极限之后，材料在发生塑性变形的同时，还要继续产生弹性变形。所以，弹性极限是表征开始塑性变形的抵抗力。严格来说，是表征微量塑性变形的抵抗力对应的应力值。

材料在剪切弹性变形阶段中剪应力（τ）与剪应变（γ）的比值称为剪切弹性模量，简称剪切模量。以 G 表示剪切弹性模量，则 $G = \tau/\gamma$ 或 $\tau = G\gamma$。

泊松比是指材料沿载荷方向产生伸长（或缩短）变形的同时，在垂直于载荷的方向会产生缩短（或伸长）变形。垂直方向上的应变（ε_1）与载荷方向上的应变（ε）之比的负值称为材料的泊松比，以 ν 表示泊松比，则 $\nu = -\varepsilon_1/\varepsilon$。在材料弹性变形阶段内，$\nu$ 是一个常数。理论上，材料的三个弹性常数 E、G、ν 中，只有两个是独立的，因为它们之间存在如下关系：

$$G = \frac{E}{2(1+\nu)}$$

③屈服极限（σ_s）。屈服极限是材料开始明显塑性变形的最低应力值，在拉伸过程中，当应力达到一定值时拉伸曲线上出现了平台或锯齿形流变（图 1-2），在应力不增加或减小的情况下，试样还继续伸长而进入屈服阶段。屈服阶段恒定载荷（P_s）所对应的应力为材料的屈服点。

$$\sigma_s \,(\text{MPa}) = \frac{P_s}{A_0}$$

式中：P_s——载荷在不增加或开始下降时，试样还继续伸长的恒定载荷或首次下降的最小载荷，N。

屈服点是具有屈服现象的材料特有的强度指标，屈服点（σ_s）的载荷可借助拉伸曲线的纵坐标来确定。

除退火或热轧的低碳钢和中碳钢等少数合金有屈服现象外，大多数金属合金都没有屈服点，因此，规定产生 0.2% 残余应变的应力作为屈服强度，以 $\sigma_{0.2}$ 表示，有：

$$\sigma_{0.2}\,(\text{MPa}) = \frac{P_{0.2}}{A_0}$$

式中：$P_{0.2}$——产生 0.2% 残余应变的载荷，N。

屈服强度（$\sigma_{0.2}$）和屈服点一样，表征材料发生明显塑性变形的抵抗力。弹性极限和屈服强度（屈服点）都表征材料开始塑性变形的抵抗力。但是从变形程度来看，弹性极限（σ_s）规定的残余变形小（0.005% ~ 0.05%），表示开始产生塑性变形的抵抗力，屈服强度 $\sigma_{0.2}$ 规定的残余变形大一点，表征开始产生明显塑性变形的抵抗力；比例极限（σ_p）规定的残余伸长更小，在 0.001% ~ 0.01% 之间。这三个强度指标都是材料的微量塑性变形抗力指标。从工程技术上和标准中的定义来看，它们之间并无原则差别，只是规定的塑性变形大小不同而已。因此，可以用规定残余伸长应力把比例极限、弹性极限及屈服强度的定义统一起来。对于结构件，常因过量的塑性变形而失效，一般不允许发生塑性变形。对于要求特别严格的构件，应该根据材料的弹性权限或比例极限设计，而要求不十分严格的构件则，要以材料的屈服强度作为设计和选材的主要依据，所以屈服强度被公认为是评定材料的重要的力学性能指标。

④强度极限（抗拉强度，σ_b）。强度极限是材料在断裂前所承受的最大应力值，也就是材料的断裂强度，在工程上也称为抗拉强度，是评定材料强度的重要力学性能指标之一。屈服阶段以后，材料开始产生明显的塑性变形，进入弹—塑性变形阶段，有时伴有形变强化现象，要继续变形，必须不断增加应力。随着塑性变形的增大，变形抵抗力不断增加，当应力达到最大值（σ_b）以后，材料的形变强化效应已经不能补偿由于横截面积的减小而引起的承载能力的降低，此时试样的某一部位截面开始急剧缩小，因而在工程应力—应变曲线（图1-3）上，出现了应力随应变的增大而降低的现象，曲线上的最大应力（σ_b）为抗拉强度极限，它是由试样拉断前最大载荷所决定的条件临界应力，即试样所能承受的最大载荷除以原始截面积，有：

$$\sigma_b\,(\text{MPa}) = \frac{P_b}{A_0}$$

对塑性材料来说，在 σ_b 以前，试样为均匀变形，试样各部分的伸长基本上是一样的；在 σ_b 以后，变形将集中于试样的某一部分，发生集中变形，试样上出现颈缩，由于颈缩处截面积急剧减小，试样能承受的载荷降低，所以按试样原始截面积 A_0 计算出来的条件应力也随之降低。

⑤断裂强度（σ_k）。断裂强度是试样拉断时的真实应力，它等于拉断时的载荷（P_k）除以断裂后颈缩处截面积（A_k）。

$$\sigma_k\,(\text{MPa}) = \frac{P_k}{A_k}$$

断裂强度表征材料断裂时的抗力，但是，对塑性材料来说，它在工程上意义不大，因为产生颈缩后，试样所能承受的外力减小，所以国家标准中没有规定断裂强度。

脆性材料一般不产生颈缩，拉断前的最大载荷（P_b）就是断裂时的载荷（P_k），并且由于塑性变形小，试样截面积变化不大，$A_k \approx A_0$，所以抗拉强度（σ_b）就是断裂强度（σ_k），此时的抗拉强度（σ_b）就表征材料的断裂抵抗力。

（4）塑性指标及其测定方法。在试样拉伸过程中，除能测定上述强度指标外还可测得塑性指标。材料断裂前发生永久塑性变形的能力叫做塑性，塑性指标常用材料断裂时的最大相对塑性变形来表示。

①伸长率 σ（或 σ_k）。伸长率是断裂后试样标距长度的相对伸长值。它等于标距的绝对伸长量 $\Delta l_k = l_k - l_0$ 除以试样的原始标距长度（l_0），用百分数表示。

$$\sigma_k = \frac{l_k - l_0}{l_0} \times 100\% = \frac{\Delta l_k}{l_0} \times 100\%$$

式中：l_0 ——试样的原始标距长度，mm；

l_k ——试样断裂后的标距长度，mm；

Δl_k ——断裂后试样的绝对伸长量，mm。

通常，σ_k 用 σ 来表示。

由拉伸曲线可以看出，在颈缩开始前，试样发生的是均匀变形，伸长量为 Δl_b，颈缩开始后，塑性变形集中在颈缩区，由颈缩区的不均匀塑性变形而引起的伸长量为 Δl_u；则总的伸长量 $\Delta l_k = \Delta l_b + \Delta l_u$。

②断面收缩率（ϕ）。断面收缩率是断裂后试样截面的相对收缩值，它等于截面的绝对

收缩量（$\Delta A_k = A_0 - A_k$）除以试样的原始截面积（A_0），也是用百分数表示的。

$$\phi = \frac{A_0 - A_k}{A_0} \times 100\%$$

式中：A_k——试样断裂后的最小横截面积。

对于圆柱形试样，ϕ 的测定比较简单，将断裂后的试样对接起来，测出它的直径（d_k，从相互垂直方向测 2 ~ 3 次，取平均值）后，即可求出 ϕ 值。

2. 材料刚度及其测定

材料在受力时抵抗弹性变形的能力称为刚度。材料刚度的大小，通常用弹性模量（E）来评定。

材料在弹性范围内，应力（σ）与应变（ε）的关系符合虎克定律，即 $\sigma = E\varepsilon$。由公式中可以看出，材料的弹性模量越大，材料的刚度越大，则弹性变形越难进行。因此在设计机械零件时，要求刚度大的零件，应选用具有高弹性模量的材料。而钢铁材料的弹性模量较大，所以在机械工程等领域通常选择钢铁材料。

生产中一般不检验材料弹性模量的大小，金属一经确定，其弹性模量值就基本上定了。

3. 材料硬度及其测定

材料表面抵抗局部变形，特别是塑性变形、压痕或划痕的能力，称为硬度。硬度是表征材料性能的一个综合物理量，反映材料抵抗更硬的物体压入其内的能力。通常，硬度越高，材料的耐磨性越好，故常将材料的硬度值作为衡量材料耐磨性的重要指标之一。

硬度的测试方法很多，一般分为三类：压痕法，如布氏硬度、洛氏硬度、维氏硬度、显微硬度、超声波硬度等；划痕法，如莫氏硬度等；回跳法，如肖氏硬度等。目前机械制造中金属材料常用的硬度有布氏硬度、洛氏硬度、维氏硬度等。

（1）布氏硬度。布氏硬度的测定原理是用一定大小的试验力（P），把直径为 D 的淬火钢球或硬质合金球压入被测金属的表面（图1-4），保持规定的时间后卸除试验力，用读数显微镜测出压痕平均直径（d），然后按公式求出布氏硬度（HB）值。

$$HB = \frac{2P}{\pi D \left(D - \sqrt{D^2 - d^2} \right)}$$

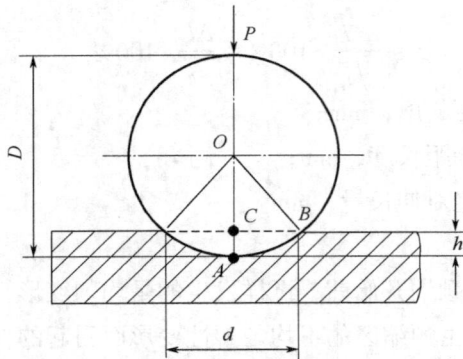

图1-4 布氏硬度试验原理示意图

在布氏硬度试验中载荷（P）的单位为 N、压头直径（D）与压痕直径（d）的单位为 mm，所以布氏硬度的单位为 N/mm^2，但习惯上只写明硬度的数值而不标出单位。

布氏硬度试验法的优点：因压痕面积较大，能反映出较大范围内被测试材料的平均硬度，故试验结果较精确，特别是对于组织比较粗大且不均匀的材料（如铸铁、轴承合金等），更是其他硬度试验方法所不能代替的。

（2）洛氏硬度。洛氏硬度试验是目前工厂中广泛应用的试验方法。它是用一个顶角为 120° 的金刚石圆锥体或一定直径的钢球为压头，在规定载荷作用下压入被测试材料表面，通过测定压头压入的深度来确定其硬度值。

图 1-5 表示金刚石圆锥压头的洛氏硬度试验原理。图中曲线 0—0 为圆锥体压头的初始位置；曲线 1—1 为初载荷作用下的压头压入深度为 h_1 时的位置；曲线 2—2 为总载荷（初载荷 + 主载荷）作用下压头压入深度为 h_2 时的位置；h_3 为卸除主载荷后，由于弹性变形恢复，压头提高时的位置。这时，压头实际压入试样的深度为 h_3。故由于主载荷所引起的塑性变形而使压头压入深度为 $h=h_3-h_1$，并以此来衡量被测试材料的硬度。显然，h 越大时，被测试材料的硬度越低；反之，则越高。为了符合习惯上数值越大，硬度越高的概念，故采用一个常数（K）减去 h 来表示硬度大小，并规定每 0.002mm 的压痕深度为一个硬度单位，由此获得的硬度值称为洛氏硬度值，用符号 HR 来表示。

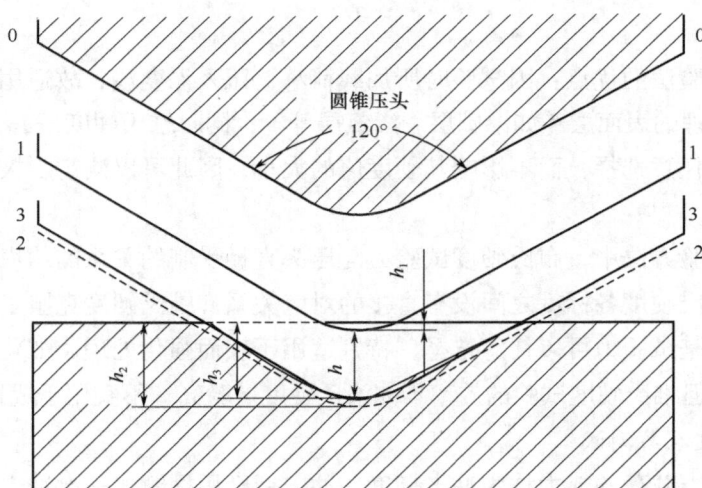

图 1-5　洛氏硬度试验原理示意图

$$HR = \frac{K-h}{0.002}$$

式中：K——常数，用金刚石圆锥体作压头时 K=0.2mm；用钢球作压头时 K=0.26mm。

为了能用同一硬度计测定从极软到极硬材料的硬度，采用了由不同的压头和载荷组合成 15 种不同的洛氏硬度标尺。其中常用 HRA、HRB、HRC 三种标尺，如：62HRC、70HRA 等。表 1-2 为这三种常用标尺的试验条件和应用举例。

表1-2　常用的三种洛氏硬度试验规范

硬度符号	压头类型	载荷（N）	硬度值有效范围	应用举例
HRA	120°金刚石圆锥体	600	70～85HRA	适用于硬质合金，表面淬硬层渗碳层
HRB	φ1.59mm的淬火钢球	980	25～100HRB	适合于有色金属、退火、正火钢等
HRC	120°金刚石圆锥体	1470	20～67HRC	适用于淬火钢，调质钢等

洛氏硬度试验法的优点是操作迅速简便，由于压痕较小，故可在工件表面或较薄的材料上进行试验。同时，采用不同标尺，可测出从极软到极硬材料的硬度。其缺点是因压痕较小，对组织比较粗大且不均匀的材料，测得的结果不够准确。

（3）维氏硬度。维氏硬度的试验原理基本上与布氏硬度试验法相同。它是用一个相对面间夹角为136°的金刚石正四棱锥体压头，在规定载荷（P）作用下压入被测试材料表面，保持一定时间后卸除载荷。然后再测量压痕投影的两对角线的平均长度（d），进而计算出压痕的表面积（F），以压痕表面积上平均压力（P/F）作为被测材料的硬度值，称为维氏硬度，记作 HV，单位为 N/mm^2，但通常不标，如 800HV。

$$HV = \frac{P}{F} = \frac{2P\sin\frac{136°}{2}}{d^2} = 1.8544\frac{P}{d^2}$$

维氏硬度试验法的优点：因试验时所加载荷小，压入深度浅，故适用于测试零件表面淬硬层及化学热处理的表面层（如渗碳层、渗氮层等）；同时维氏硬度是一个连续一致的标尺，试验时载荷可以任意选择，而不影响其硬度值的大小，因此可以测定从极软到极硬的各种材料的硬度值。

上述硬度试验方法中，布氏硬度试验力与压头直径受制约关系的约束，并存在钢球压头的变形问题；洛氏硬度各标度之间没有直接的对应关系；维氏硬度克服了上述两种硬度试验的缺点，其优点是试验力可以任意选择，特别适用于表面强化处理（如化学热处理）的零件和很薄的试样，但维氏硬度试验的效率不如洛氏硬度试验高，不宜用于成批生产的常规检验。

4. 冲击韧度及其测试

材料抵抗冲击载荷的能力称为冲击韧度。冲击韧度用摆锤式一次冲击试验法来测定，即把标准试样一次击断。用试样缺口处单位截面积上的冲击功来表示冲击韧度。

冲击韧度值与试验的温度有关，有些材料在室温时并不显示脆性，而在低温下可能发生脆断，这种现象称为冷脆现象。一般将冲击韧度值低的材料称为脆性材料，冲击韧度值高的材料称为韧性材料。

5. 疲劳强度

许多机械零件如轴、齿轮、弹簧等工程结构都是在交变应力下工作的，它们工作时所承受的应力通常都低于材料的屈服强度。材料在循环应力和应变作用下，在一处或几处产生局部永久性累积损伤，经一定循环次数后产生裂纹或突然发生完全断裂的过程称为材料的疲劳断裂。

疲劳断裂与静载荷作用下的断裂不同，无论是脆性材料还是韧性构料，疲劳断裂都是突然发生的，事先没有明显的塑性变形，很难事先观察到，因此具有很大的危险性。

疲劳断裂是机械零件失效的主要原因之一。据统计，在机械零件失效中约有 80% 以上属于疲劳破坏。

由于疲劳断裂通常是从机件最薄弱的部位或外部缺陷所造成的应力集中处发生，因此疲劳断裂对许多因素很敏感，例如，循环应力特性、环境介质、温度、机件表面状态、内部组织缺陷等，这些因素导致疲劳裂纹的产生或裂纹扩展而降低疲劳寿命。

为了提高机件的疲劳抗力，防止疲劳断裂事故的发生，在进行机械零件设计和加工时，应选择合理的结构形状，防止表面损伤，避免应力集中。由于金属表面是疲劳裂纹易于产生的地方，而实际零件大部分都承受交变弯曲或交变扭转载荷，表面处应力最大。因此，表面强化处理就成为提高疲劳极限的有效途径。

另外，由于工程实际的要求，对疲劳的研究工作已逐渐从正常条件下的疲劳问题扩展到特殊条件下的疲劳问题，如腐蚀疲劳、接触疲劳、高温疲劳、热疲劳、微动磨损疲劳等。对这些疲劳及其测试技术还在广泛进行研究，并已逐步标准化。

二、材料的物理性能

金属材料的物理性能有热膨胀性、导电性、导热性、熔点、相对密度等。化工生产中使用异种钢焊接的设备，要考虑到它们的热膨胀性能要接近，否则会因膨胀量不同而使构件变形或损坏。有些加衬里的设备也应注意衬里材料的热膨胀性能要与基体材料相同或相近，以免受热后因膨胀量不同而松动或破坏。

三、化学性能

金属材料的化学性能主要是耐腐蚀性和抗氧化性。

1. 耐腐蚀性

材料抵抗周围介质，如大气、水、各种电解质溶液等对其腐蚀破坏的能力称为耐腐蚀性，简称耐蚀性。金属材料的耐蚀性常用腐蚀速度来表示，一般认为介质对材料的腐蚀速度在 0.1mm/a 以下时，在这种介质中材料是耐腐蚀的。

2. 抗氧化性

在高温下使用的化工设备的材料会与氧气或其他气体介质，（如水蒸气、CO_2、SO_2 等）产生化学反应而使材料氧化。因此，在高温下使用的设备其材料要具有抗氧化性。

四、加工工艺性能

化工设备制造过程中，其材料要具有适应各种制造方法的性能，即具有工艺性，它标志着制成成品的难易程度。主要加工工艺性能有可焊性、可铸性、可锻性、热处理性、切削加工性和冷变形性等。一般塑性好的材料，焊接性能和冷冲压性能都好。

思考题

1. 碳钢、铸铁两者的成分、组织和性能有何差别？并说明原因。

2. 钢中常存在的杂质有哪些？对钢的性能有何影响？

3. 试述碳钢的分类及牌号的表示方法。

4. 如何根据含碳量划分低碳钢、中碳钢及高碳钢？分别举例说明它们的用途？

5. 指出下列各种钢的类别、符号、数字的含义、主要特点及用途：Q235AF、Q235C、Q195B、Q255D、40、45、08、Q245R、T8、T10A、T12A。

6. 指出下列牌号是哪种钢？其含碳量约为多少？ 20、HT150、40Cr、5CrMnMo。

7. 试说明下列合金钢的名称及其主要用途。12Cr1MoVR、5CrNiMo、1Cr18Ni9Ti。

8. 什么是低温用钢？低温用钢材料有哪些特殊要求？

9. 压力容器选材有哪些基本要求？选材时应遵循什么原则？

10. 常用的非金属化工材料有哪些？各适合在哪些设备上使用？

11. 拉伸试样的原标距为50mm，直径为10mm，拉伸试验后，将已断裂的试样对接起来测量，若断后的标距为79mm，缩颈区的最小直径为4.9mm，试求该材料的伸长率和断面收缩率的值。

12. 用布氏硬度法测试灰口铸铁零件的硬度，测得钢球压痕直径为31mm，已知所加载荷为7.848kN（800kgf），钢球直径为6mm，试求布氏硬度值。

13. 甲、乙、丙三种材料的硬度分别为45HRC、90HRB、240HBS，试比较这三种材料硬度的高低。

14. 现有原始直径（d_0）为10mm的圆柱形长、短试样各一根，经拉伸试验测得其伸长率（$l_0/d_0 = 10.5$）均为25%，求两试样拉断后的标距长度。两试样中哪一根塑性好？为什么？

第二章　化工设备的主要零部件

学习目标： 掌握法兰的技术标准，法兰的种类，法兰的密封要求；开孔补强的技术要求，人孔手孔的技术要求；常用安全部件及仪表的结构和性能。

能力目标： 能对法兰进行连接，合理选择法兰垫片，具备对化工设备零部件进行故障判断和维修能力。

第一节　法兰

凡是在两个平面周边使用螺栓连接，同时封闭的连接零件，称为"法兰"。化工法兰常用于管子与管子之间的相互连接，管端之间的连接以及设备进出口的连接等，称为管法兰。法兰是由法兰盘、垫片及螺栓组成，三者相互连接组合成一个密封可拆的结构。法兰盘上有孔眼，螺栓使两法兰盘紧连。法兰盘间用衬垫密封，依靠其连接螺栓所产生的预紧力，通过各种固体垫片或液体垫片达到足够的工作密封比压，来阻止被密封流体介质的外泄。

法兰连接可满足高温、高压、高强度的需要，并且法兰的制造已达到标准化，在生产、检修中拆卸方便，这是法兰连接的最大优点。

一、法兰的技术标准

1. 国外标准

国外管法兰标准主要有两大体系，即美洲 Class 系列（以美国 ASME/ANSI B16.5 ~ B16.47 标准为代表，和 HG 20615 标准一致）及欧洲 PN 系列（以 DIN 标准为代表的 HG/T 20592 ~ 20635—2009）。在同一体系内，各国的法兰标准基本上可以互配使用，两个不同体系的法兰不能互相配用。

HG/T 20615 ~ 20635—1997 属 Class 系列（美洲体系）管法兰、垫片、紧固件标准，新标准替代了原 HG 20615—1997 ~ 20622—1997 和 HG 20624 ~ 20626—1997 标准，在内容上进行了整合，合并为 HG/T 20615—2009《钢制管法兰（Class 系列）》，并补充了石油化工行业经常使用的 Class 系列的钢制孔板管法兰和钢制夹套管法兰结构型式，修改内容如下：

（1）补充长高颈法兰以及 A 系列大直径管法兰型式，对法兰密封面的表面粗糙度进行了修订；对管法兰用材料分组和材料种类进行了调整，增加了材料品种。

（2）修订了压力—温度等级表。

（3）HG/T 20623—2009《大直径钢制管法兰（Class 系列）》中增加了大直径管法兰的 A 尺寸系列，Class150 ~ 900，DN650 ~ 1500。

（4）增强柔性石墨板垫片列入 HG/T 20627—2009 中，取消 HG 20629—1997。

（5）对垫片材料进行了调整，增加了材料品种；对垫片型式以及材料性能要求进行了补充。

（6）对紧固件材料按强度进行分类，补充了管法兰用紧固件材料的种类；对管法兰用紧固件长度进行了修订；增加了管法兰紧固件用垫圈以及绝缘法兰连接用紧固件。对管法兰、垫片、紧固件的选配规定以及使用条件进行了补充。

HG/T 20592 ~ 20614—2009 属 PN 系列（欧洲体系）管法兰、垫片、紧固件标准，新标准替代了原 HG 20592 ~ 20605—1997 标准，在内容上进行了整合，合并为 HG/T 20592—2009《钢制管法兰（PN 系列）》，并补充了石油化工行业经常使用的 PN 系列的钢制孔板管法兰和钢制夹套管法兰结构型式，修改内容如下：

（1）修订密封面尺寸，适当调整结构尺寸；对法兰密封面的表面粗糙度进行了修订。

（2）调整板式平焊法兰的压力等级范围，PN0.25 ~ PN40。

（3）对管法兰用材料分组和材料种类进行了调整，增加了材料品种。

（4）修订了压力—温度等级表。

（5）增强柔性石墨板垫片列入 HG/T 20606—2009 中，取消 HG 20608—1997。

（6）对垫片材料进行了调整，增加了材料品种；对垫片材料性能规定进行了补充。

（7）对紧固件材料按强度进行分类，补充了管法兰用紧固件材料的种类；对管法兰用紧固件长度进行了修订；增加了管法兰紧固件用垫圈以及绝缘法兰连接用紧固件；对管法兰、垫片、紧固件的选配规定以及使用条件进行了补充。

标准由中国石油和化学工业协会提出并归口。标准的技术内容由全国化工设备设计技术中心站负责解释。该标准规定了钢制管法兰的公称通径、公称压力、法兰类型、连接尺寸、密封面尺寸及标记。适用于公称压力（PN）为 0.25 ~ 40.0MPa（2.5 ~ 400bar）的钢制管法兰和法兰盖，也适用于采用法兰作为连接型式的阀门、泵、化工机械、管路附件和设备零件。

2. **国内标准**

我国压力容器规范的制定工作是从 20 世纪 50 年代开始的，最早的规范标准是由原化学工业部、第一机械工业部等四个工业部联合颁布的《多层高压容器设计与检验规程》和原化学工业部的《石油化工设备零部件标准》，这两个标准的先后颁布和配套使用，满足了压力容器和化工设备生产的需要。20 世纪 60 年代初，我国压力容器行业开始着手进行较为完整的设计规范和标准的制定工作，1967 年，在吸收美国《ASME 锅炉及压力容器规范》和英国《BS5500 非直接火焊接压力容器规范》有关内容的基础上，由上海化工设计院主持完成了第一版《钢制石油化工压力容器设计规定》（草案），后经修订，由原化学工业部和第一机械工业部于 1977 年共同颁发实施。随后又经 1982 年、1985 年两次修订改版，并在此基础上，由全国压力容器标准化技术委员会主持，经充实、完善和提高，于 1989 年颁布了我国第一版国家标准，即 GB 150—1989《钢制压力容器》。1998 年再经全面修订，颁布了 GB 150—

1998《钢制压力容器》国家标准。

经过压力容器标准化工作者多年的不懈努力，在颁布并实施 GB 150—1998《钢制压力容器》的基础上，先后制定了一系列配套的国家标准、基础标准和零部件标准，如 GB 151—1999《管壳式换热器》、GB 12337—1999《钢制球形储罐》、JB 4710—2000《钢制塔式容器》、JB 4731—2000《钢制卧式容器》、JB/T 4735—1997《钢制焊接常压容器》、JB 4746—2001《钢制压力容器用封头》和 JB 4732—1995《钢制压力容器分析设计标准》等。与此同时，对 20 世纪 80 年代颁布的《压力容器安全监察规程》进行了多次修订，更名为《压力容器安全技术监察规程》，并于 1999 年颁布实施。

2011 年由国家标准化管理委员会提出，全国锅炉压力容器标准化技术委员会负责，在中国特种设备检测研究院、国家质检总局特种设备安全监察局、浙江大学、合肥通用机械研究院、中国石化工程建设公司、华东理工大学、甘肃蓝科石化高新装备股份有限的共同努力下，制定了 GB 150—2011《压力容器》最新标准，该标准为 GB 150—1998 的代替版，名称亦由《钢制压力容器》更改为《压力容器》，并于 2012 年 3 月 1 日实施。内容由通用要求，材料，设计，制造、检验和验收四部分组成。

二、法兰的分类

法兰分为压力容器法兰（设备法兰）和管道法兰（管法兰）两种，压力容器法兰又分为甲型平焊法兰、乙型平焊法兰及长颈对焊法兰三种类型，如图 2-1 所示。管法兰又分为板式平焊法兰、带颈平焊法兰、带颈对焊法兰、螺纹法兰、承插焊法兰及松套法兰五种类型，如图 2-2 所示。

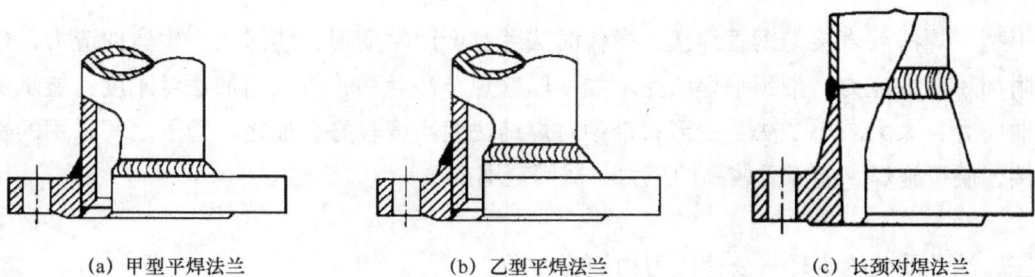

(a) 甲型平焊法兰　　　　　　(b) 乙型平焊法兰　　　　　　(c) 长颈对焊法兰

图 2-1　三种压力容器法兰结构图

甲型平焊法兰刚度较小，适用于压力较低、筒体直径较小的容器；乙型平焊法兰有一较厚的短节，短节与筒体或封头焊接，增加了法兰的刚度，因此适用于较大直径和较高压力的容器；长颈对焊法兰用根部增厚的颈取代了乙型平焊法兰的短节，更有效地增大了法兰的刚度，适用压力更高、直径更大的容器。

法兰的法兰类型及类型代号如表 2-1 所示。

(a) 平焊法兰　　　　　　(b) 对焊法兰　　　　　　(c) 螺纹法兰

(d) 承插焊法兰　　　　　　　(e) 松套法兰

图 2-2　五种管法兰

表2-1　法兰类型及类型代号

法兰类型	法兰类型代号	标准号
板式平焊法兰	PL	HG/T 20593—2009
带颈平焊法兰	SO	HG/T 20594—2009
带颈对焊法兰	WN	HG/T 20595—2009
整体平焊法兰	IF	HG/T 20596—2009
承插焊法兰	SW	HG/T 20597—2009
螺纹法兰	Th	HG/T 20598—2009

甲型平焊法兰直接与钢管焊接，操作时法兰盘会产生变形，使法兰产生弯曲应力，也给管壁附加了弯曲应力；带颈平焊法兰增加一厚壁短节法兰颈，可以增加法兰刚度，能承受附加弯曲应力，大大减小了法兰变形；带颈对焊结法兰刚度较好，加之与管子之间采用的是对焊连接，便于施焊，能承受较高的压力，适用范围广。

三、法兰的公称直径、公称压力和钢管外径

按照 JB/T 47020—2012 ~ JB/T 4727—2012《压力容器法兰标准》以及 GB/T 9112—2010 ~ GB/T 9124—2010 和 HG/T 20592—2009 ~ HG/T 20635—2009《钢制管法兰. 垫片. 紧固件》的规定。

1. 公称直径

公称直径是为了使用方便而规定的一种标准直径。压力容器法兰的公称直径是指与法兰相配的筒体或封头的内径。带衬环的甲型平焊法兰的公称直径是指衬环的内径。管法兰的公称直径则是指与其相连接的管子的公称直径，既不是管子的内径，也不是管子的外径，而是与内径相近的某个数值。

2. 公称压力

压力容器法兰及管法兰的公称压力是指在规定的设计条件下，在确定法兰结构尺寸时所采用的设计压力，即一定材料和温度下的最大工作压力。按标准化的要求，压力容器法兰的公称压力分为七个等级：0.25、0.60、1.00、1.60、2.50、4.00、6.40（单位均为 MPa）。管法兰的公称压力分为十个等级：0.25、0.6、1.0、1.6、2.5、4.0、6.4、10.0、16.0、25.0（单位均为 MPa）。法兰标准中的尺寸系列即是按法兰的公称压力与公称直径来编排的。

3. 钢管外径

钢管外径包括 A、B 两个系列，A 系列为国际通用系列（俗称英制管），B 系列为国内沿用系列（俗称公制管）。其公称直径 DN 和钢管外径按表 2-2、表 2-3 规定。

表2-2 公称直径和钢管外径对照　　　　单位：mm

公称通径		10	15	20	25	32	40	50	65	80
钢管外径	A	17.2	21.3	26.9	33.7	42.4	48.3	60.3	76.1	88.9
	B	14	18	25	32	38	45	57	76	89
公称通径		100	125	150	200	250	300	350	400	450
钢管外径	A	114.3	139.7	168.3	219.1	273	323.9	355.6	406.4	457
	B	108	133	159	219	273	325	377	426	480
公称通径		500	600	700	800	900	1000	1200	1400	1600
钢管外径	A	508	610	711	813	914	1016	1219	1422	1626
	B	530	630	720	820	920	1020	1220	1420	1620

表2-3 25.0MPa（250bar）管法兰适用的钢管外径　　　　单位：mm

公称通径		10 ~ 65	80	100	125	150	200	250
钢管外径	A	同上表	101.6	127	152.4	177.8	244.5	298.5
	B		102	127	159	180	—	—

四、法兰密封

1. 泄露与密封

流体在密封处的泄漏主要有两条路径：一是通过垫片材料本体毛细管的渗透，即"渗透泄漏"，此时除了受介质压力、温度、黏度、分子结构等流体性质影响外，其密封效果的好坏与垫片的结构、材料性质有关；另一种是"界面泄漏"，即沿着垫片与压紧面之间的泄漏，泄露量的大小主要与界面的间隙尺寸有关。因此，法兰上下压紧面上凹凸不平的间隙和压紧力的不足是造成"界面泄露"的直接原因，而且也是法兰连接最主要的泄露形式。

法兰连接的密封就是要在螺栓压紧力的作用下，使垫片产生变形以填满法兰密封面上凹凸不平的间隙，阻止流体沿界面的泄露，从而实现密封的目的。法兰连接的密封过程可以分为预紧与工作两个阶段。法兰在螺栓预紧力的作用下，把压紧面之间的垫圈压紧，当垫圈单位面积上所受到的压紧力达到某一值时，垫圈变形，填满法兰密封面上的不平处，为阻止介质泄漏形成了初始密封条件。当设备或管道升压后，螺栓受到进一步的拉伸，密封面与垫圈之间的压紧力因而有所下降，当比压下降到某一临界值以下时，介质将发生泄漏，这一临界比压值称为工作密封比压。这就是为了不使介质泄漏，在密封面与垫圈之间所必须保留下来的最低比压。要保证法兰密封，就必须使法兰密封面上实际存在的比压不低于预紧时垫圈的预紧密封比压。工作时垫片单位面积上的压力不得低于 m 倍的介质压力，这里 m 称为垫片系数。其值与垫片材料、结构、介质特性、压力、温度、法兰密封面形式等有关，实际应用时可查有关垫片标准。

2. 法兰密封面形式

（1）压力容器法兰密封面。压力容器法兰密封面形式有平面、凹凸面和榫槽面三种。不同连接方式的法兰可能有同一种密封面；同一种连接方式的法兰，也可能有不同的密封面。结构如图 2-3 所示。

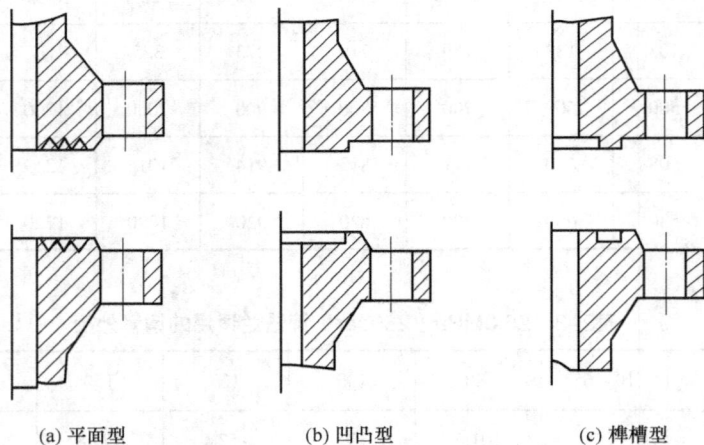

(a) 平面型   (b) 凹凸型   (c) 榫槽型

图 2-3　压力容器法兰的密封面形式

①平面型密封。它是在突出的平面上加工出几道浅沟，其结构简单，加工方便，但垫圈没有定位处，上紧螺栓后易往两侧伸展，不易压紧。因此，它适用于压力及温度较低的设备。

②凹凸型密封。它是由一个凹面和一个凸面组成。在凹面上放垫圈，垫圈不会被挤往外侧，密封性能较平面型有所改进。

③榫槽型密封面。由一个榫和一个槽组成，垫圈放在槽内，采用缠绕式或金属包垫圈，密封效果良好。

通常，压力及温度较低、密封要求不严的设备采用平面型密封，而温度高、压力较高、密封要求严的使用榫槽型密封，凹凸型则介于两者之间。

（2）管法兰密封面。管法兰密封面形式有平面、突面、凹凸面、环连接面和榫槽面等几种。结构如图 2-4 所示。

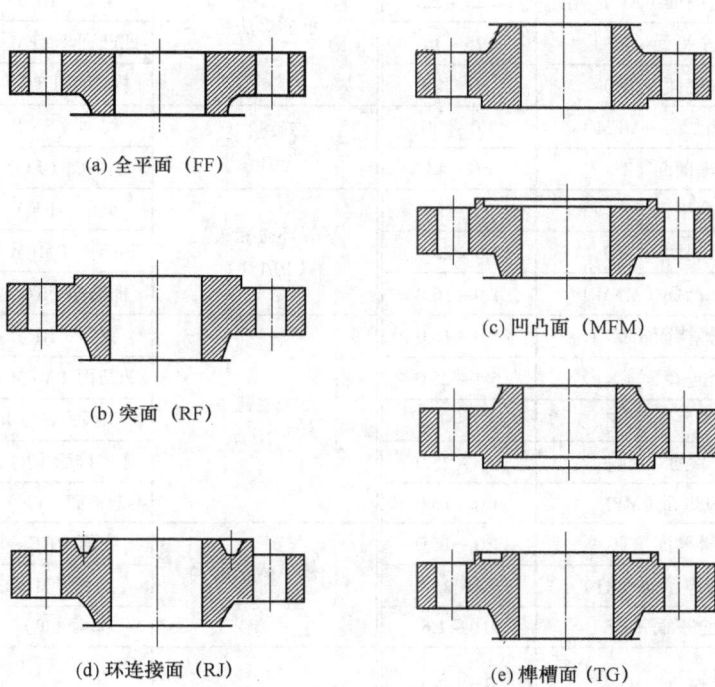

(a) 全平面（FF）

(b) 突面（RF）

(c) 凹凸面（MFM）

(d) 环连接面（RJ）

(e) 榫槽面（TG）

图 2-4　管容器法兰的密封面形式

适用于板式平焊法兰的密封面有突面和全平面；适用于带颈平焊法兰的密封面则有突面、凹凸面、榫槽面和全平面四种。带颈对焊法兰的密封面则五种均适用。几种密封面的型号、所适用的公称直径与公称压力范围如表 2-4 所示。常用管法兰的密封面形式和适用的公称压力范围如表 2-5 所示。

表2-4　密封面形式代号、公称压力、公称直径对照表

密封面形式	代号	公称压力PN（MPa）									
		0.25	0.6	1.0	1.6	2.5	4.0	6.4	10.0	16.0	25.0
突面	RF（注）	DN10-2000				DN10-1200	DN10-600	DN10-400		DN10-300	
凹凸面	MFM	—				DN10-600		DN10-400		DN10-300	—
	FM										
	M										
榫槽面	TG	—				DN10-600		DN10-400		DN10-300	—
	T										
	G										
全平面	FF	DN10-600		DN10-2000							
环连接面	RJ							DN15-400		DN15-300	

注　PN≤4.0MPa的突面法兰采用非金属平垫片；采用聚四氟乙烯包覆垫和柔性石墨复合垫时，可车制密封水线，密封面代号为RF（A）。

表2-5 常用管法兰的密封面形式及适用的公称压力

法兰类型	密封面形式	压力等级 PN（MPa）	法兰类型	密封面型式	压力等级 PN（MPa）
板式平焊法兰 （PL）	突面（RF）	0.25 ~ 2.5	承插焊法兰 （SW）	突面（RF）	1.0 ~ 10.0
	全平面（FF）	0.25 ~ 1.6		凹凸面（MFM）	1.0 ~ 10.0
带颈平焊法兰 （SO）	突面（RF）	0.6 ~ 4.0		榫槽面（TG）	1.0 ~ 10.0
	凹凸面（MFM）	1.0 ~ 4.0	螺纹法兰 （Th）	突面（RF）	0.6 ~ 4.0
	榫槽面（TG）	1.0 ~ 4.0		全平面（FF）	0.6 ~ 1.6
	全平面（FF）	0.6 ~ 1.6	平焊环松套法兰 （PJ/PR）	突面（RF）	0.6 ~ 1.6
带颈对焊法兰 （WN）	突面（RF）	1.0 ~ 25.0		凹凸面（MFM）	1.0 ~ 1.6
	凹凸面（MFM）	1.0 ~ 16.0		榫槽面（TG）	1.0 ~ 1.6
	榫槽面（TG）	1.0 ~ 16.0	法兰盖 （BL）	突面（RF）	0.25 ~ 25.0
	环连接面（RJ）	6.4 ~ 25.0		凹凸面（MFM）	1.0 ~ 16.0
	全平面（FF）	1.0 ~ 1.6		榫槽面（TG）	1.0 ~ 16.0
整体法兰（IF）	突面（RF）	0.6 ~ 25.0		环连接面（RJ）	6.4 ~ 25.0
	凹凸面（MFM）	1.0 ~ 16.0		全平面（FF）	0.25 ~ 1.6
	榫槽面（TG）	1.0 ~ 16.0	衬里法兰盖 BL（S）	突面（RF）	0.6 ~ 4.0
	环连接面（RJ）	6.4 ~ 25.0		凸面（M）	1.0 ~ 4.0
	全平面（FF）	0.6 ~ 1.6		榫面（T）	1.0 ~ 4.0
对焊环松套法兰 （PJ/SE）	突面（RF）	0.6 ~ 4.0			

（3）法兰的密封面尺寸。突面、凹凸面、榫槽面法兰的密封面尺寸按表2-6规定。环连接面法兰的密封面尺寸按表2-7规定。突面、凹凸面、榫槽面法兰的密封面尺寸 f_1、f_2 包括在法兰厚度 C 内，环连接面法兰的突台高度 E 未包括在法兰厚度内。

表2-6 密封面尺寸（突面、凹凸面、榫槽面） 单位：mm

| 公称通径 DN | d | | | | | | f_1 | f_2 | f_3 | W | X | Y | Z |
| | PN（MPa） | | | | | | | | | | | | |
	0.25	0.6	1.0	1.6	2.5	≥4.0							
10	33	33	41	41	41	41				24	34	35	23
15	38	38	46	46	46	46				29	39	40	28
20	48	48	56	56	56	56				36	50	51	35
25	58	58	65	65	65	65	2	4	3	43	57	58	42
32	69	69	76	76	76	76				51	65	66	50
40	78	78	84	84	84	84				61	75	76	60
50	88	88	99	99	99	99				73	87	88	72

续表

公称通径 DN	d						f_1	f_2	f_3	W	X	Y	Z
	PN（MPa）												
	0.25	0.6	1.0	1.6	2.5	≥4.0							
65	108	108	118	118	118	118	2	4	3	95	109	110	94
80	124	124	132	132	132	132				106	120	121	105
100	144	144	156	156	156	156		4.5	3.5	129	149	150	128
125	174	174	184	184	184	184				155	175	176	154
150	199	199	211	211	211	211				183	203	204	182
200	254	254	266	266	274	284				239	259	260	238
250	309	309	319	319	330	345				292	312	313	291
300	363	363	370	370	389	409				343	363	364	342
350	413	413	429	429	448	465				395	421	422	394
400	463	463	480	480	503	535				447	473	474	446
450	518	518	530	548	548	560		5	4	497	523	524	496
500	568	568	582	609	609	615				549	575	576	548
600	667	667	682	720	720	735				649	675	676	648
700	772	772	794	794	820								
800	878	878	901	901	928								
900	978	978	1001	1001	1028								
1000	1078	1078	1112	1112	1140		5						
1200	1295	1295	1328	1328	1350								
1400	1510	1510	1530	1530									
1600	1710	1710	1750	1750									
1800	1918	1918	1950	1950									
2000	2125	2125	2150	2150									

表2-7　环连接密封面尺寸　　　　　　　　　　　　单位：mm

公称通径 DN	PN6.4MPa（64bar）					PN10.0MPa（100bar）					PN16.0MPa（160bar）					PN25.0MPa（250bar）				
	d	P	E	F	R_{max}	d	P	E	F	R_{max}	d	P	E	F	R_{max}	d	P	E	F	R_{max}
15	55	35				55	35				58	35				70	40			
20	68	45				68	45				70	45				75	45			
25	78	50	6.5		0.8	78	50	6.5		0.8	80	50	6.5	9	0.8	82	50	6.5		0.8
32	86	65				86	65				86	65				96	65			
40	120	75				102	75				102	75				108	75			

续表

公称通径 DN	PN6.4MPa（64bar）					PN10.0MPa（100bar）					PN16.0MPa（160bar）					PN25.0MPa（250bar）				
	d	P	E	F	R_max	d	P	E	F	R_max	d	P	E	F	R_max	d	P	E	F	R_max
50	112	85				116	85				118	95				122	95			
65	136	110				140	110				142	110				152	110			
80	146	115	8	12	0.8	150	115	8	12	0.8	152	130	8	12	0.8	166	135	8	12	0.8
100	172	145				176	145				178	160				198	160			
125	208	175				212	175				215	190				238	195			
150	245	205				245	205				255	205	10	14		278	210	10	14	

五、法兰连接

法兰连接是通过连接法兰及紧固螺栓、螺母、压紧法兰中间的垫片而使管道连接起来的一种方法。法兰连接在石油、化工管道中应用极为广泛，特别是需要经常拆卸或车间不允许动火时，滑动支座必须使用法兰连接。它的优点是强度高、密封性能好、适用范围广及拆卸、安装方便。为了适应各种情况下的管道连接，管法兰及其垫片有许多种，都具有国家标准。

1. **管法兰的种类及密封面形式**

详见本章管法兰的种类及密封面形式。

2. **垫片的种类**

管法兰所用垫片种类很多，包括非金属垫片、半金属垫片和金属垫圈。石油、化工管道的管法兰最常用的垫片有石棉板、橡胶石棉板、金属包石棉垫片、缠绕式垫片、齿形垫片和金属垫圈等。垫片的选择主要根据管内压力、温度、介质的性质等综合分析后确定，与法兰种类及密封面形式相一致。在选择法兰时就应该同时确定垫片的种类。通常情况下，采暖、煤气、中低压工业管道常采用非金属垫片，而在高温高压和化工管道上常使用金属垫片。

3. **螺栓、螺母**

压力不大的管法兰（$PN < 2.45MPa$），一般采用半精制螺栓和半精制六角螺母；压力较高的管法兰应采用光双头螺栓和精制六角螺母。

4. **法兰的连接尺寸**

法兰的连接尺寸主要包括法兰最大外径 D，螺栓孔定位圆直径 K，螺栓孔直径 L，螺纹规格和数量 n，法兰连接尺寸如表 2-8 所示。

表2-8　法兰连接尺寸

公称直径 DN	PN1.6MPa（16bar）					PN2.5MPa（25bar）					PN4.0MPa（40bar）				
	D	K	L	Th	n	D	K	L	Th	n	D	K	L	Th	n
50	165	125	18	M16	4	165	125	18	M16	4	165	125	18	M16	
65	185	145	18	M16	4（8）	185	145	18	M16	8	185	145	18	M16	

公称直径 DN	PN1.6MPa（16bar）					PN2.5MPa（25bar）					PN4.0MPa（40bar）				
	D	K	L	Th	n	D	K	L	Th	n	D	K	L	Th	n
80	200	160	18	M16	8	200	160	18	M16	8	200	160	18	M16	
100	220	180	18	M16	8	235	190	22	M20	8	235	190	22	M20	
125	250	210	18	M16	8	270	220	26	M24	8	270	220	26	M24	
150	285	240	22	M20	8	300	250	26	M24	8	300	250	26	M24	
200	340	295	22	M20	12	360	310	26	M24	12	375	320	30	M27	12
250	405	355	26	M24	12	425	370	30	M27	12	450	385	33	M30×2	12
300	460	410	26	M24	12	485	430	30	M27	16	515	450	33	M30×2	16
350	520	470	26	M24	16	555	490	33	M30×2	16	580	510	36	M30×2	16

5. 法兰连接的要求

（1）安装前应对法兰、螺栓、垫片进行外观、尺寸材质等检查。

（2）法兰与管子组装前应对管子端面进行检查。

（3）法兰与管子组装时应检查法兰的垂直度。

（4）法兰与法兰对接连接时，密封面应保持平行。

（5）为便于安装、拆卸法兰、紧固螺栓，法兰平面距支架和墙面的距离不应小于200mm。

（6）工作温度高于100℃的管道的螺栓应涂一层石墨粉和机油的调和物，以便日后拆卸。

（7）拧紧螺栓时应对称呈十字交叉进行，以保障垫片各处受力均匀；拧紧后的螺栓露出丝扣的长度不应大于螺栓直径的一半，并不应小于2mm。

（8）法兰连接好后，应进行试压，发现渗漏，需要更换垫片。

（9）当法兰连接的管道需要封堵时，则采用法兰盖；法兰盖的类型、结构、尺寸及材料应和所配用的法兰相一致。

（10）法兰连接不严，要及时找出原因进行处理。

第二节　开孔与补强

一、开孔类型及对容器的影响

1. 开孔类型

为了实现正常的操作和安装维修，需要在设备的简体和封头上开设各种孔。如物料进出口接管孔，安装安全阀、压力表、液面计的开孔，为了容器内部零件的安装和检修方便所开的人孔、手孔等。

2. 开孔对容器的影响

开孔会造成容器的整体强度削弱，设备结构的连续性被破坏，使孔边局部区域内出现应力集中。应力集中会影响压力容器的安全，因此，需要尽量降低应力集中，孔周围的应力集中现象有如下特点。

（1）开孔附近的应力集中具有局部性，其作用范围极为有限。

（2）开孔孔径的相对尺寸（d/D）越大，应力集中系数越大，所以开孔不宜过大。

（3）被开孔壳体的 d/D 越小，应力集中系数越大，将开孔四周壳体厚度增大，则可以明显地降低应力集中系数。

（4）增大接管壁厚也可以降低应力集中系数，因此可以用增厚的接管来缓解应力集中程度。

（5）在球壳上开孔，应力集中程度较圆筒上开孔低，因此，在椭球封头上开孔优于在筒体上开孔。

二、对容器开孔的限制

综上所述，压力容器开孔后会引起应力集中，从而削弱容器强度。为降低开孔附近的应力集中，必须采取适当的补强措施。根据国家标准 GB 150—2011《压力容器》规定，按等面积补强准则进行补强时，开孔尺寸按以下限制开孔。

（1）当圆筒内径 $D_i \leq 1500$mm 时，开孔最大直径 $d \leq D_i/2$，且 $d \leq 520$mm；当圆筒内径 $D_i > 1500$mm 时，开孔最大直径 $d \leq D_i/3$，且 $d \leq 1000$mm。

（2）凸形封头或球壳上开孔时，开孔最大直径 $d \leq D_i/2$。

（3）锥壳上开孔时，开孔最大直径 $d \leq D_i/3$，D_i 为开孔中心处锥壳内径。

（4）在椭圆形或碟形封头的过渡区开孔时，孔的中心线宜垂直封头表面。

若开孔直径超出以上范围，应按特殊开孔处理。GB 150—2011《压力容器》还规定，壳体开孔满足下列全部条件时，可不另行补强（可不采取专门的补强措施）。

（1）设计压力不超过 2.5MPa。

（2）两相邻开孔中心的间距（对曲面间距以弧长计算）应不小于两孔直径之和的两倍。

（3）接管外径不超过 89mm。

不另行补强的接管外径及其最小壁厚如表 2-9 所示。

表2-9　不另行补强的接管外径及其最小壁厚

接管外径（mm）	25	32	38	45	48	57	65	76	89
最小壁厚（mm）	3.5	3.5	3.5	4.0	4.0	5.0	5.0	6.0	6.0

此外，开孔还应注意满足下列要求。

（1）尽量不在焊缝上开孔。如果必须在焊缝上开孔时，则在以开孔中心为圆心，以 1.5 倍开孔直径为半径的圆中所包含的焊缝，必须进行 100% 的无损探伤。

（2）在椭圆形或碟形封头过渡部分开孔时，其孔的中心线应垂直于封头表面。

三、补强结构

为了保证压力容器在开孔后能安全运行，常采用补强圈补强、厚壁接管补强和整体锻件补强来降低开孔附近的应力集中。三种开孔补强常见结构如图 2-5 所示。

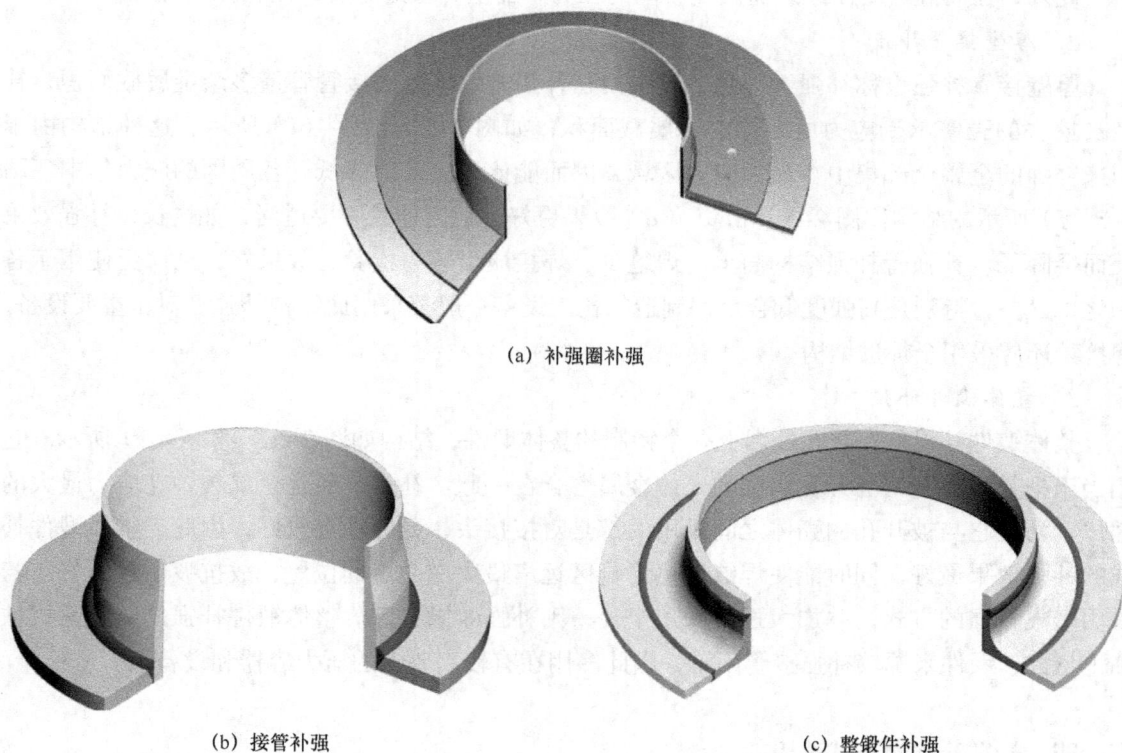

(a) 补强圈补强

(b) 接管补强

(c) 整锻件补强

图 2-5　三种开孔补强结构图

1. 补强圈补强

补强圈补强是在开孔周围焊上一块圆环状金属来补强的一种方法，也称贴板补强，焊在设备壳体上的圆环状的金属称为补强圈。补强圈可以是一对夹壁焊在器壁开孔周围，由于施焊条件的限制，也可以采用把补强圈放在容器外部进行单面补强，如图 2-5（a）、（b）所示。补强圈补强结构简单、价格低廉、使用经验成熟，广泛用于中压、低压容器上。但它与补强管补强和整体锻件补强相比存在以下缺点。

（1）补强圈所提供的补强金属过于分散，补强效率不高。

（2）补强圈与壳体之间存在一层空气，传热效果差，在壳体与补强圈之间容易引起热应力。

（3）补强圈与壳体焊接时，焊件刚性大，焊缝在冷却时易形成裂纹，尤其是高强度钢，对焊接裂纹比较敏感，更易开裂。

（4）由于补强圈没有和壳体或接管金属真正熔合成一个整体，因而抗疲劳性能差。

（4）由于补强圈没有和壳体或接管金属真正熔合成一个整体，因而抗疲劳性能差。

由于存在上述缺点，采用补强圈补强的压力容器必须同时满足以下条件。

（1）壳体材料的标准抗拉强度不超过 540MPa，以免出现焊接裂纹。

（2）补强圈的厚度不超过被补强壳体的名义壁厚的 1.5 倍。

（3）被补强壳体的名义壁厚不大于 38mm。

此外，在高温、高压或载荷反复波动的压力容器上，最好不要采用补强圈补强。

2. 厚壁接管补强

厚壁接管补强也称补强管补强，即利用在补强有效区内的接管管壁多余金属截面积，补足被挖去的壳壁承受应力所必需的金属截面积，如图 2-5（d）~（f）所示。这种结构由于用来补强的金属全部集中在最大应力区域，因而能比较有效地降低开孔周围的应力集中。图 2-5（f）所示的结构比图 2-5（d）、（e）效果更好，但内伸长度要适当，如过长，补强效果反而会降低。补强管补强结构简单、焊缝少、焊接质量容易检验、效果好，已广泛使用于各种化工设备，特别是高强度低合金钢制造的化工设备一般都采用此结构补强。对于重要设备，焊接处还应采用全焊透结构。

3. 整体锻件补强

整体锻件补强是在开孔处焊上一个特制的整体锻件，结构如图 2-5（g）~（i）所示。它相当于把补强圈金属与开孔周围的壳体金属熔合在一起。补强金属是全部集中在应力最大的部位，而且它与被开孔的壳体之间采用的都是对接接头，受力状态较好，因此，整体锻件补强的补强效果最好，同时能使焊缝及热影响区远离最大应力点的位置，故抗疲劳性能好。若采用密集补强的方式，并加大过渡圆角半径，则补强效果更好。整体锻件补强的缺点是机械加工量大，锻件来源较补强接管困难，因此多用在有较高要求的压力容器和设备上。

四、标准补强圈及其选用

1. 标准补强圈

为了使补强设计和制造更为方便，中国对常见的补强圈及补强管制定了相应的标准，补强圈标准为 JB/T 4736—2002，补强管标准为 HG/T 21630—1990。标准补强圈的直径和厚度是按等面积补强法计算而得出的。

2. 标准补强圈结构

根据内侧焊接坡口的不同，补强圈分为 A、B、C、D、E、F 六种结构，如图 2-6 所示。

（1）A 型适用于无疲劳、无低温及大的温度梯度的一类压力容器，且要求设备内有较好的施焊条件。

（2）B 型适用于中压、低压及内部有腐蚀的工况，不适用于高温、低温、大的温度梯度及承受疲劳载荷的设备。δ 取管子名义壁厚的 0.7 倍，一般 $\delta_{nt}=\delta_n/2$（δ_{nt} 为接管名义厚度；δ_n 为壳体名义厚度）。

（3）C 型适用于低温、介质有毒或有腐蚀性的操作工况，采用全焊透结构，要求当 $\delta_n \leq 16$ mm 时，$\delta_{nt} \geq \delta_n/2$；当 $\delta_n > 16$mm 时，$\delta_{nt} \geq 8$mm。

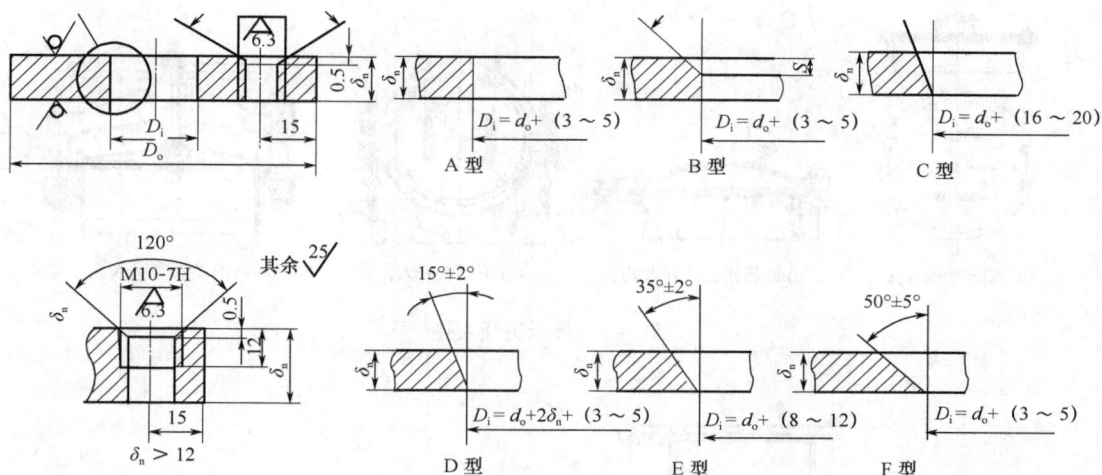

图 2-6　标准补强圈结构

（4）D 型适用于壳体内不具备施焊条件或进入设备施焊不便的场合，采用全焊透结构，要求当 $\delta_n \leqslant 16mm$ 时，$\delta_{nt} \geqslant \delta_n/2$；当 $\delta_n > 16mm$ 时，$\delta_{nt} \geqslant 8mm$。

（5）E 型适用于储存有毒介质或腐蚀介质的容器，采用全焊透结构，要求当 $\delta_n \leqslant 16mm$ 时，$\delta_{nt} \geqslant \delta_n/2$；当 $\delta_n > 16mm$ 时，$\delta_{nt} \geqslant 8mm$。

（6）F 型适用于中温、低温、中压容器及盛装腐蚀介质的容器，要求当 $\delta_n \leqslant 16mm$ 时，$\delta_{nt} \geqslant \delta_n/2$，当 $\delta_n > 16mm$ 时，$\delta_{nt} \geqslant 8mm$，且接管公称直径 $DN \leqslant 150mm$。

补强圈焊接后，补强圈和器壁要求很好地贴合，使其与器壁一起受力，否则起不到补强作用。为检验焊缝的紧密性，在补强圈上设置有一个 M10 的螺纹孔，如图 2-6 所示。当补强圈焊接后，可以由此通入 0.4 ~ 0.5MPa 的压缩空气，并通过在补强圈焊缝周围涂上肥皂液的方法检查焊接质量。

3．标准补强圈的选用

若需采用补强圈补强，可采用以下程序来选择标准补强圈。

（1）确定补强圈的尺寸。

（2）由设备的工艺参数决定补强圈的结构。

（3）补强圈材料选取与被补强壳体材料相同。

五、人孔、手孔及接管

1．人孔和手孔

为了设备内部构件的安装和检修方便，需要在设备上设置人孔或手孔。当容器的内径为 450 ~ 900mm 时，一般不考虑设置人孔，可开设 1 ~ 2 个手孔；内径大于 900mm 时至少应设置一个人孔；设备内径大于 2500mm 时，顶盖与筒体上至少应各开设一个人孔，常见的常压快开人孔如图 2-7 所示，常见受压人孔如图 2-8 所示。

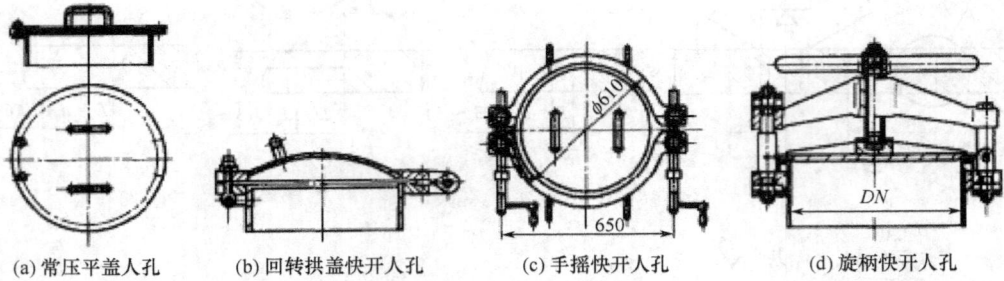

(a) 常压平盖人孔　　(b) 回转拱盖快开人孔　　(c) 手摇快开人孔　　(d) 旋柄快开人孔

图 2-7　常压快开人孔

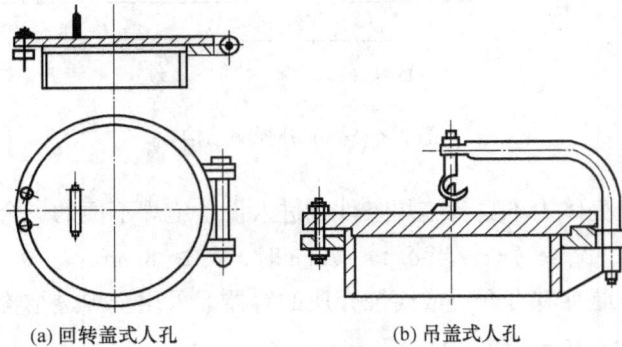

(a) 回转盖式人孔　　　　　　　(b) 吊盖式人孔

图 2-8　受压人孔

2. 接管

化工设备上使用的接管大致可分为两类，一类是通过接管与供物料进出的工艺管道相连接，这类接管一般都是带法兰的接管，直径较粗；另一类接管是为了控制工艺操作过程，在设备上需要装设一些接管，以便和压力表、温度计、液面计等相连接。此类接管直径较小，可用带法兰的短接管，也可用带内、外螺纹的短管直接焊在设备上。

第三节　设备的安全附件

一、安全阀

1. 安全阀的工作原理

容器正常工作时介质作用在阀瓣上的力小于弹簧对阀瓣的压力，阀瓣紧靠在阀体上，阀是关闭的；当容器内的压力超过规定的工作压力并达到安全阀的开启压力时，介质作用于阀瓣上的力大于弹簧对阀瓣的压力，于是阀瓣离开阀体，安全阀开启，设备内的介质排出；当排出一部分介质后容器内压力很快降低至正常的工作压力，此时介质作用于阀瓣的力小于弹簧的压力，使安全阀再次关闭，设备继续工作，弹簧式安全阀的结构如图 2-9 所示。

2. 安全阀的优、缺点

（1）优点：只排放容器内高于规定部分的压力，当压力降至正常工作压力时阀就可自动关闭，不影响设备的继续工作，且安全阀调整也比较容易。

（2）缺点：密封性较差，即使是符合规定的安全阀也难免有微量的泄漏，由于弹簧的惯性作用使阀的开启和关闭都有滞后现象，难以适应急剧化学反应迅速升压所需要的快速泄放要求，对黏性较大或有结晶体的液体介质，阀瓣有时可能会被粘住而影响开启精度。

3. 安全阀适用的条件

安全阀适用于介质是比较清洁的气体（空气、水蒸气等）的设备，不宜用于介质具有剧毒性的设备，更不能用于容器内有可能产生剧烈的化学反应而使压力急剧升高的设备。

图 2-9 弹簧式安全阀结构图
（法兰连接）

4. 安全阀的选用

选用安全阀应从以下几方面考虑。

（1）结构形式：主要取决于设备的工艺条件和工作介质的特性。

（2）泄放量：安全阀的额定泄放量必须大于等于容器的安全泄放量，安全阀在容器设计温度下的许可压力大于等于容器的设计压力。

二、爆破片

1. 爆破片的功能

爆破片是压力容器、管道的重要安全装置。它能在规定的温度和压力下爆破，泄放压力，保障操作人员生命和企业财产的安全。爆破片装置由爆破片和夹持器两部分组成。爆破片是在标定爆破压力及温度下爆破泄压的元件，夹持器则是在容器的适当部位装接夹持爆破片的辅助元件，爆破片的结构如图 2-10 所示。

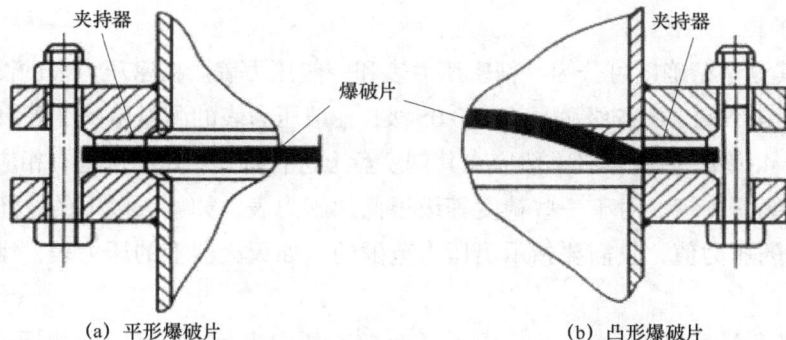

(a) 平形爆破片   (b) 凸形爆破片

图 2-10 常见的两种爆破片

2. 爆破片的工作原理

爆破片装置是不能重复闭合的泄压装置，由入口处的静压力启动，通过受压膜片的破裂来泄放压力。

简单来说，就是一次性的泄压装置，在设定的爆破温度下，爆破片两侧压力差达到预定值时，爆破片即可动作（破裂或脱落），并泄放出流体。

3. 爆破片的特点

爆破片安全装置具有结构简单、灵敏、准确、无泄漏、泄放能力强等优点。能够在黏稠、高温、低温、腐蚀的环境下可靠地工作，是超高压容器的理想安全装置。

（1）不适用于浆状、黏性、腐蚀性工艺介质，这种情况下安全阀不起作用。

（2）惯性小，可对急剧升高的压力迅速做出反应。

（3）在发生火灾或其他意外时，在主泄压装置打开后，可用爆破片作为附加泄压装置。

（4）严密无泄漏，适用于盛装昂贵或有毒介质的压力容器。

（5）规格型号多，可用各种材料制造，适应性强。

（6）便于维护、更换。

4. 爆破片的适用场所

爆破片是防止压力设备发生超压破坏的重要安全装置，广泛应用于化工、石油、轻工、冶金、核电、除尘、消防、航空等工业部门，具体应用如下。

（1）压力容器或管道内的工作介质具有黏性或易于结晶、聚合，容易将安全阀阀瓣和底座黏住或堵塞安全阀的场所。

（2）压力容器内的物料化学反应可能使容器内压力瞬间急剧上升，安全阀不能及时打开泄压的场所。

（3）压力容器或管道内的工作介质为剧毒气体或昂贵气体，用安全阀可能会存在泄漏导致环境污染和浪费的场所。

（4）压力容器和压力管道要求全部泄放时毫无阻碍的场所。

（5）其他不适用于安全阀而适用于爆破片的场所。

三、压力表

1. 主要分类

（1）按其测量精确度可分为：精密压力表和一般压力表。精密压力表的测量精确度等级分别为0.1级、0.16级、0.25级、0.4级、0.05级；一般压力表的测量精确度等级分别为1.0级、1.6级、2.5级、4.0级。精度等级一般应在其刻度盘上进行标识，其标识也有相应规定，如"①"表示其精度等级是1级。对于一些精度等级很低的压力表，如4级以下的，还有一些并不需要测量其准确的压力值，只需要指示出压力范围的，如灭火器上的压力表，则可以不标识精度等级。

（2）按其测量基准可分为：一般压力表、绝对压力表及差压表。一般压力表以大气压力为基准；绝压表以绝对压力零位为基准，差压表测量两个被测压力之差。

（3）按其测量范围可分为：真空表、压力真空表、微压表、低压表、中压表及高压表。真空表用于测量小于大气压力的压力值；压力真空表用于测量小于和大于大气压力的压力值；微压表用于测量小于 60kPa 的压力值；低压表用于测量 0 ～ 6MPa 的压力值；中压表用于测量 10 ～ 60MPa 的压力值；高压表用于测量 100MPa 以上的压力值。

（4）按其显示方式可分为：指针压力表和数字压力表。指针压力表结构如图 2-11 所示。

（5）按其使用功能可分为：就地指示型压力表和带电信号控制型压力表。

①一般压力表、真空压力表、耐震压力表、不锈钢压力表等都属于就地指示型压力表，除指示压力外无其他控制功能。

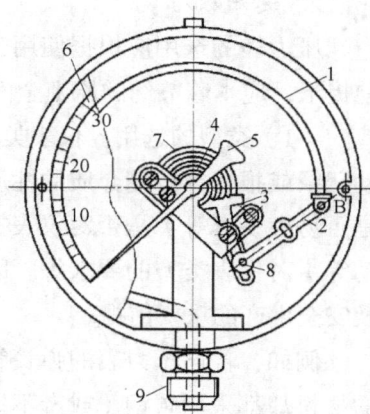

图 2-11　指针型压力表结构图
1—表体　2—拉杆　3—扇形齿轮　4—齿轮
5—指针　6—面板　7—游丝　8—调整螺丝
9—接头

②带电信号控制型压力表输出信号主要有：开关信号（如电接点压力表），电阻信号（如电阻远传压力表），电流信号（如电感压力变送器、远传压力表、压力变送器等）。

（6）按压力表测量介质特性不同可分为以下几类。

①一般型压力表：用于测量无爆炸、不结晶、不凝固，对铜和铜合金无腐蚀作用的液体、气体或蒸气的压力。

②耐腐蚀型压力表：用于测量腐蚀性介质的压力，常用的有不锈钢型压力表及隔膜型压力表等。

③防爆型压力表：用于环境有爆炸性混合物的危险场所，如防爆电接点压力表、防爆变送器等。

④专用型压力表。

（7）按安装结构型式可分为：直接安装式、嵌装式和凸装式。直接安装式，又分为径向直接安装式和轴向直接安装式。其中径向直接安装式是基本的安装型式，一般在未指明安装结构型式时，均指径向直接安装式；轴向直接安装式考虑其自身支撑的稳定性，一般只在公称直径小于150mm 的压力表上才选用。嵌装式和凸装式压力表，就是我们常说的带边（安装环）压力表，均又有径向和轴向之分。轴向嵌装式即轴向前带边，径向嵌装式是指径向前带边，径向凸装式（也叫墙装式）是指径向后带边压力表。

（8）按压力表的量域和量程区段分类，在正压量域分为微压量程区段压力表、低压量程区段压力表、中压量程区段压力表、高压量程区段压力表、超高压量程区段压力表，每个量程区段内又细分出若干种测量范围（仪表量程）；在负压量域（真空）又有三种负压（真空表）；正压与负压联程的压力表是一种跨量域的压力表，其规范名称为压力真空表，也称之为真空压力表。它不但可以测量正压压力，也可测量负压压力。

2. 选用原则

压力表的选用应根据使用工艺生产要求，针对具体情况做具体分析。在满足工艺要求的前提下，应本着节约的原则全面综合考虑，一般应考虑以下几个方面的问题。

（1）类型的选用。仪表类型的选用必须满足工艺生产的要求。例如，是否需要远传、自动记录或报警；被侧介质的性质（如被测介质的温度高低、黏度大小、腐蚀性、脏污程度、是否易燃易爆等）是否对仪表提出特殊要求，现场环境条件（如湿度、温度、磁场强度、振动等）对仪表类型的要求等。因此，要求根据工艺正确地选用仪表类型是保证仪表正常工作及安全生产的重要前提。

例如，普通压力表的弹簧管多采用铜合金（高压的采用合金钢），而氨用压力表弹簧管的材料却都采用碳钢（或者不锈钢），不允许采用铜合金。因为氨和铜会发生化学反应，引起爆炸，所以普通压力表不能用于氨压力的测量。

氧气压力表与普通压力表在结构和材质方面可以完全一样，只是氧气压力表必须禁油。因为油进入氧气系统易引起爆炸。所用氧气压力表在校验时，不能像普通压力表那样采用油作为工作介质，并且氧气压力表在存放中要严格避免接触油污。如果必须采用现有的带油污的压力表测量氧气压力时，使用前必须用四氯化碳反复清洗，认真检查，直到无油污时为止。

（2）测量范围的确定。为了保证弹性元件能在弹性变形的安全范围内可靠地工作，在选择压力表量程时，必须根据被测压力的大小和压力变化的快慢，留有足够的余地，因此，压力表的上限值应该高于工艺生产中可能的最大压力值。根据"化工自控设计技术规定"，在测量稳定压力时，最大工作压力不应超过测量上限值的 2/3；测量脉动压力时，最大工作压力不应超过测量上限值的 1/2；测量高压时，最大工作压力不应超过测量上限值的 3/5。一般被测压力的最小值应不低于仪表测量上限值的 1/3。从而保证仪表的输出量与输入量之间的线性关系，提高仪表测量结果的精确度和灵敏度。

根据被测参数的最大值和最小值计算出仪表的上、下限后，不能以此数值直接作为仪表的测量范围。我们在选用仪表的标尺上限值时，应在国家规定的标准系列中选取。

（3）精度等级的选取。根据工艺生产允许的最大绝对误差和选定的仪表量程，计算出仪表允许的最大引用误差，在国家规定的精度等级中确定仪表的精度。一般来说，所选用的仪表越精密，则测量结果越精确、可靠。但不能认为选用的仪表精度越高越好，因为越精密的仪表一般价格越贵，操作和维护越费事。因此，在满足工艺要求的前提下，应尽可能选用精度较低、价廉耐用的仪表。选用举例如下。

①用于测量黏稠或酸碱等特殊介质时，应选用隔膜压力表、不锈钢弹簧管、不锈钢机芯、不锈钢外壳或胶木外壳。

按其所测介质不同，在压力表上应有规定的色标，并注明特殊介质的名称，氧气表必须标以红色"禁油"字样，氢气用深绿色下横线色标，氨用黄色下横线色标等。

②靠墙安装时，应选用有边缘的压力表；直接安装于管道上时，应选用无边缘的压力表；用于直接测量气体时，应选用表壳后面有安全孔的压力表；还应根据测压位置和便于观察管理的考虑，选择合适的表壳直径。

3. 使用注意事项

（1）仪表必须垂直；安装时应使用 17mm 扳手旋紧，不应强扭表壳；运输时应避免碰撞。

（2）仪表宜在周围环境温度为 -25 ～ 55℃条件下使用。

（3）使用工作环境振动频率小于 25Hz，振幅不大于 1mm。

（4）使用中因环境温度过高，仪表指示值不回零位或出现示值超差，可将表壳上部密封橡胶塞剪开，使仪表内腔与大气相通即可。

（5）仪表使用范围，应在上限的 1/3 ～ 2/3。

（6）在测量腐蚀性介质、可能结晶的介质、黏度较大的介质时应加隔离装置。

（7）仪表应经常进行检查（至少每三个月一次），如发现故障应及时修理。

（8）仪表自出厂之日起，半年内若在正常保管及使用条件下发现因制造质量不良失效或损坏时，由该公司负责修理或调换。

（9）需用测量腐蚀性介质的仪表，在订货时应注明要求条件。

思考题

1. 压力容器法兰有哪几种？说明它们各自的特点及应用。

2. 压力容器法兰的公称直径指的是什么？管法兰的公称直径指的是什么？

3. 压力容器法兰的公称压力是如何规定的？压力容器法兰的公称压力与其最大允许工作压力有何关系？

4. 管法兰的公称压力是如何规定的？管法兰的公称压力与其最大无冲击工作压力有何关系？

5. 法兰连接的密封面有哪几种形式？说明它们各自的特点及应用。

6. 法兰连接的密封垫片有哪些？说明它们各自的特点及应用。

7. 什么是开孔补强？其技术要求有哪些？

8. 压力容器为什么要设置人孔和手孔？

9. 化工设备的安全附件有哪些？

第三章 化工容器及设备

知识目标：掌握化工容器的分类和结构，化工容器常用标准与规范，内压容器筒壁厚度计算方法，容器的腐蚀原理。

能力目标：具备利用压力容器的有关标准和规范，查取所需资料的技能，对化工容器典型结构的分析能力，对化工容器常见的故障分析、判断及维修能力。

化工生产设备大体可分为两部分：转动设备和静止设备。静止设备就是容器设备。

第一节 容器的分类和结构

一、容器的分类

1. 按生产过程中的原理分类

（1）反应设备。主要是用来完成介质的物理、化学反应的设备。主要通过设备内的压力、温度或催化剂的作用使介质产生物理或化学反应。如氨合成塔工作压力 25 ~ 32MPa，温度 500℃，在催化剂的作用下氢气和氮气反应合成氨，常见的一种反应类容器如图 3-1 所示。

（2）换热设备。主要是用来完成介质热量交换的设备，也是化工生产使用最广泛的设备，为了节约能源将热量回收，主要由换热器来完成。如合成车间的废热锅炉，锅炉的省煤器，还有水冷却器等，常见的一种换热类容器如图 3-2 所示。

图 3-1 反应类容器

图 3-2 换热类容器

（3）分离设备。主要是用来完成介质的流体平衡和气体净化分离等的设备，主要用来分离气体中的水、灰尘等。分离类容器示意图如图3-3所示，气体通过a进入设备，旋转分离出杂质后通过b排出（c为排污口）。

（4）储运设备。主要是用来盛装生产和生活用的原料气体、液体、液化气体等。如液化气槽罐车、氨储槽等，储运类容器常见的一类如图3-4所示。

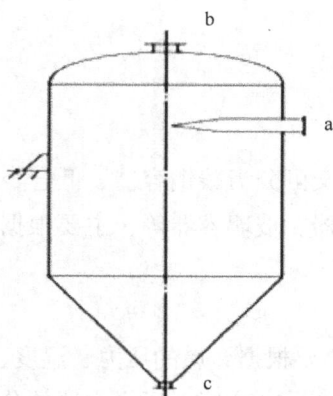

图 3-3　分离类容器

图 3-4　储运容器

2. 按容器的形状分类

（1）方形和矩形容器。方形和矩形容器多为储槽类，承压能力最差。

（2）球形容器。球形容器的承压能力最好，但制造、检验很不方便。一般多作为压力储罐和压缩机的缓冲罐。

（3）圆筒形容器。圆筒形容器也叫圆柱形容器。由圆柱形筒体和封头组成，该类容器制造检验方便，是化工生产中使用最广的容器。

3. 按承压性质和能力分类

（1）常压容器。它是指内部工作压力小于 0.1MPa 的容器。

（2）内压容器。内压容器又可分为低压容器（工作压力为 $0.1MPa \leqslant P < 1.6MPa$），中压容器（工作压力为 $1.6MPa \leqslant P < 10MPa$），高压容器（工作压力为 $10MPa \leqslant P < 100MPa$），超高压容器（工作压力为 $P \geqslant 100MPa$）。

（3）外压容器。是指工作时，内压小于外压的压力容器，如真空容器和海洋开发用的潜水器外壳等都属于这类容器。

4. 按容器的壁厚分类

按厚度可分为薄壁和厚壁容器。通常容器的筒体壁厚 δ 与最大截面圆的内径之比小于等于 0.1，即 $\delta/D_i \leqslant 0.1$ 或 $K = D_o/D_i \leqslant 1.2$（$D_o$ 为容器的外径，D_i 为容器内径）的容器称为薄壁容器，超过这一范围的称为厚壁容器。

5. 按壁温分类

（1）常温容器。指壁温在 −20 ~ 200℃条件下工作的容器。

（2）高温容器。指碳素钢或低合金钢温度超过工作温度 420℃，其他合金钢超过 450℃，奥氏体不锈钢超过 550℃的容器。

（3）中温容器。指壁温在常温和高温之间的容器。

（4）低温容器。指在 −20℃以下工作的容器，其中在 −40 ~ −20℃条件下工作的容器为浅冷容器，在 −40℃以下工作的容器为深冷容器，如液氧、液氨设备在 −180 ~ −190℃工作的为深冷设备。

6. 按支承形式分类

按支承形式可分为卧式容器和立式容器。

7. 按结构材料分类

从制造容器的材料可分为金属容器和非金属容器，金属容器又可分为碳钢容器、低合金钢容器、不锈钢容器、钛材容器等；非金属容器又可分为搪瓷容器、玻璃容器等，主要根据介质的腐蚀性和温度来选择，多为常压容器。

8. 按安全技术管理分类

按安全技术管理可分为第一类、第二类、第三类压力容器，主要根据介质的压力、温度、腐蚀性、毒性程度进行分类。《固定式压力容器安全技术监察规程》2009 版对压力容器的分类重新进行界定。

二、化工容器的结构形式

以下以应用最广的圆柱形容器为例进行介绍，其结构包括：

1. 筒体

筒体是构成化工容器的主要受压元件，按形状的不同可分为圆筒形、圆锥形、球形、椭圆形和矩形。用钢板卷制的筒体以筒体的内径为标准，用钢管作为筒体的以筒体的外径为标准。

2. 封头

封头或端盖是圆筒形容器的重要组成部分。常见的有半球形、椭圆形、蝶形、锥形及平板形，这些封头在强度及制造上各有特点，半球形封头受力最佳，但制造最难。封头形式的选择不单取决于强度与制造，在某些情况下取决于容器的使用要求。在实际生产中，中低压容器大多采用椭圆形封头；常压和高压容器以及压力容器中的人孔和手孔则常用平盖。除了用传统的冲压工艺制造封头外还采用旋压工艺制造各种形式的封头，化工设备常用的几种封头如图 3-5 所示。

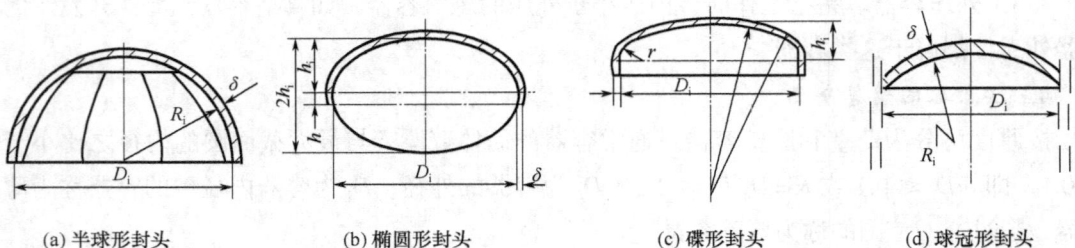

(a) 半球形封头　　(b) 椭圆形封头　　(c) 碟形封头　　(d) 球冠形封头

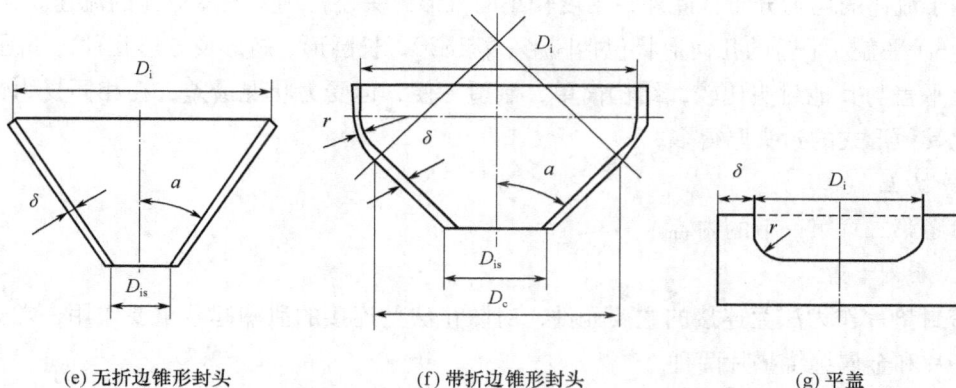

(e) 无折边锥形封头　　　　　(f) 带折边锥形封头　　　　　(g) 平盖

图 3-5　化工设备常用的几种封头

（1）半球形封头。半球形封头实际就是一个半球体，如图 3-5（a）所示。它的优点和球形容器相同，近年来随着制造水平的提高，采用半球形封头越来越多。如常用成型钢板拼焊压力不高但直径较大（$D > 2500mm$）的半球形封头。半球形封头厚度约为圆筒体壁厚的 1/2，但是为了焊接方便以及考虑到封头冲压过程中的减薄量，封头和筒体通常还是取同一厚度。

（2）椭圆形封头。椭圆形封头是由半个椭圆球壳和一段高度为 h 的直边部分组成，如图 3-5（b）所示。由于椭圆形曲线的曲率半径变化是连续的，所以封头中的应力分布是比较均匀的，其受力情况仅次于半球形封头，它是目前压力容器中应用最广泛的封头形式。长短轴之比为 2 的椭圆形封头称为标准椭圆封头，封头的深度（不包括直边部分）为容器内直径的 1/4。

（3）碟形封头。碟形封头又称为带折边球形封头，它由几何形状不同的三部分组成，如图 3-5（c）所示，第一部分是以 R_i 为半径的部分球面，第二部分是以 h 为高度的圆筒体，第三部分是以 r 为半径的连接部分，从几何形状来看，结构不连续，存在边缘应力，受力情况不如椭圆形封头，但当椭圆形封头模具加工较困难时一般以碟形封头代替。

（4）球冠形封头。球冠形封头是一块深度较小的球面体，如图 3-5（d）所示，它结构简单，制造方便，常用作两个独立受压容器的中间分隔封头。

（5）锥形封头。锥形封头有两种结构形式，一种是无折边的锥形封头，如图 3-5（e）所示，它一般应用于半顶角 $\alpha \leqslant 30°$ 且内压不大的场合，由于锥体与圆筒体边线连接，壳体形状突然不连续，在连接处附近产生较大的边缘应力，为了提高连接处的稳定性，常采用加强圈以增强连接处的刚性，另一种为带折边的锥形封头，如图 3-5（f）所示，与筒体连接的是半径为 r 的过渡圆弧和高度为 h 的圆筒体部分，这样可以降低连接处的边缘应力，一般用于半顶角 $\alpha > 30°$ 的场合。

锥形封头的受力情况比半球形、椭圆形和碟形封头差，采用其结构形式的目的是当容器内的工作介质含颗粒或粉末状物料或者黏稠的液体时有利于汇集和分离出这些物料。锥形封头有利于流体的均匀分布，此外，角度较小的锥形封头还常用来改变流体的流速。

（6）平盖。平盖的几何形状包括圆形、椭圆形、长圆形、矩形及方形几种，如图 3-5（g）所示。平盖与其他封头比较，结构简单，制造方便，但受力状况最差，在相同受力情况下平盖要比其他形式的封头厚得多。

3. 法兰

参考第二章第一节的内容。

4. 密封垫片

密封垫片作为法兰连接的主要元件，对防止法兰连接的泄漏起着重要作用，常分为非金属平垫片和金属缠绕垫片两种。

（1）非金属平垫片。非金属平垫片的材料包括天然橡胶与合成橡胶的石棉板、合成纤维压制板和改性或填充聚四氟乙烯板。

①石棉橡胶板（XB350、XB450）和耐油石棉橡胶板（NY400）。这种材料比橡胶具有更高的耐热性，并保持了适宜的弹性和良好的耐蚀性，制造方便，价格便宜，因此应用广泛，但石棉危害人体健康。

②合成纤维橡胶压制板。这种材料是用有机的和无机的非石棉纤维与不同种类的橡胶和填料混合压制而成的，它价格较低，但温度和压力介质都有局限性，化工行业应用较少。

③改性或填充的聚四氟乙烯板。聚四氟乙烯是含氟塑料中最重要的一种产品，它有极好的化学稳定性，良好的耐热性（−200 ~ 260℃），电绝缘性，表面不黏性，自润滑性和耐大气老化性等，但是不能直接用它制作垫片，因为其硬度低，流动性大，刚性尺寸稳定性差。

④非金属平垫片的使用条件如表 3-1 所示。

表3-1　非金属平垫片的使用条件

类别	名称		代号	使用条件	
				压力（MPa）	温度（℃）
橡胶	天然橡胶		NR	≤1.6	−50 ~ 90
	氯丁橡胶		CR	≤1.6	−40 ~ 100
	丁腈橡胶		NBR	≤1.6	−30 ~ 110
	丁苯橡胶		SBR	≤1.6	−30 ~ 100
	乙丙橡胶		EPDM	≤1.6	−40 ~ 130
	氟橡胶		Viton	≤2.5	−50 ~ 200
石棉橡胶	石棉橡胶板		XB350	≤2.5	≤300
			XB450	$P \cdot t \leq 650MPa \cdot ℃$	
	耐油石棉橡胶板		NY400		
合成纤维橡胶	合成纤维的橡胶压制板	无机	—	≤4.0	−40 ~ 290
		有机	—	≤4.0	−40 ~ 200
聚四氟乙烯	改性或填充的聚四氟乙烯板		—	≤4.0	−196 ~ 260

（2）金属缠绕垫片。金属缠绕垫片是目前应用广泛的一种密封垫片，为半金属密合垫中回弹性最佳的垫片，由V形或W形薄钢带与各种填充料交替缠绕而成，能耐高温、高压和适应超低温或真空下的条件，通过改变垫片的材料组合，可解决各种介质对垫片的化学腐蚀问题，其结构密度可依据不同的锁紧力要求来制作，为加强主体和准确定位，缠绕垫片设有金属内加强环和外定位环，利用内外钢环来控制其最大压紧度，对垫片接触的法兰密封面的表面精度要求不高。金属缠绕垫片的结构如图3-6所示，金属缠绕垫片允许的最高工作温度如表3-2所示。

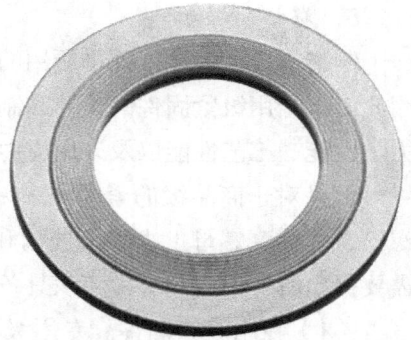

图3-6 带有金属内加强环和外定位环的金属缠绕垫片

表3-2 金属缠绕垫片允许的最高工作温度

金属带材料	非金属带材料	最高工作温度
0Cr18Ni9	特制石棉纸或普通石棉纸	500℃
0Cr17Ni14Mo2	柔性石墨带	650℃
00Cr17Ni14Mo2	聚四氟乙烯	200℃

金属缠绕垫片分为A、B、C、D四种形式。

①A型不带内外加强环，用于榫槽密封面。

②B型只带内环，用于凹凸密封面，厚度不能高于槽深。

③C型和D型用于突面密封，安装时不允许将法兰预紧到使环与法兰相碰，当非金属材料是聚四氟乙烯时，C型垫片不能用于突面密封面上，当$PN \geqslant 6.3$MPa时也必须使用D型，缠绕垫片的材料代号如表3-3所示。

表3-3 缠绕垫片的材料代号表

外环材料		金属带材料		非金属带材料		内环材料	
名称	代号	名称	代号	名称	代号	名称	代号
无外环	0	0Cr18Ni9	2	特制石棉纸	1	无内环	0
低碳钢	1	0Cr17Ni14Mo2	3	柔性石墨带	2	低碳钢	1
0Cr18Ni9	2	00Cr17Ni14Mo2	4	聚四氟乙烯	3	0Cr18Ni9	2
				特制非石棉纸	4	0Cr17Ni14Mo2	3
						00Cr17Ni14Mo2	4

如：1220，1表示外环材料是低碳钢，2表示金属带材料是0Cr18Ni9，2表示非金属材料是柔性石墨，0表示没有内环的C型垫片。

5. **螺栓和螺母**

制造螺栓、螺柱、螺母所用的材料的力学性能是影响螺栓、螺母承载能力的决定性因素。因此对于专用级紧固件的设计和制造，需要了解用于制造螺栓、螺母材料的钢号、化学成分、力学性能、工艺性能以及许用应力的确定。

但是对于商品级的紧固件来说，本来应该是属于材料的力学性能，被转移到作为商品的螺栓、螺柱、螺母上去了，选购和使用商品级紧固件不必追究它是用什么材料制造的，而只需要提出所要使用的螺栓应该具备怎样的力学性能即可。

（1）专用级紧固件。专用级紧固件采用双头螺柱或全螺纹螺柱，所用材料应符合 GB/T 3098.1—2010 要求。主要应用于法兰连接。常用螺栓规格与尺寸如表 3-4 所示。

表3-4 常用螺栓规格与尺寸

粗牙螺栓					细牙螺栓				
规格	外径（mm）	中径（mm）	小径（mm）	应力截面积（mm²）	规格	外径（mm）	中径（mm）	小径（mm）	应力截面积（mm²）
M10	10	9.026	8.376	58	M18 × 1.5	18	17.026	16.376	216
M12	12	10.863	10.106	84.3	M20 × 1.5	20	19.026	18.376	272
M14	14	12.701	11.835	115	M22 × 1.5	22	21.026	20.376	333
M16	16	14.701	13.835	157	M24 × 2	24	22.701	21.835	384
M18	18	16.376	15.294	192	M27 × 2	27	25.701	24.835	496
M20	20	18.376	17.294	245	M30 × 2	30	28.701	27.835	621
M22	22	20.376	19.294	303	M33 × 2	33	31.701	30.835	761
M24	24	22.051	20.752	353	M36 × 3	36	34.051	32.752	865
M27	27	25.051	23.752	459	M39 × 3	39	37.051	35.752	1030
M30	30	17.727	26.211	561	M42 × 3	42	40.051	38.752	1206
M33	33	30.727	29.211	694	M45 × 3	45	43.051	41.752	1398
M36	36	33.402	31.670	817	M48 × 3	48	46.051	44.752	1604
M39	39	36.402	34.670	976	M52 × 4	52	49.402	47.670	1828
M42	42	39.077	37.129	1121	M56 × 4	56	53.402	51.670	2144

注 容器法兰标准中规定使用的螺栓为M16、M20、M24、M27、M30、M36共6种，管法兰标准中规定使用的螺栓规格为M16、M18、M20、M24、M27、M30 × 2、M36 × 3、M39 × 3、M45 × 3、M48 × 3共10种。

（2）螺母材料。与螺栓匹配用的螺母材料应与螺栓材料相同或硬度略低，在容器法兰和管法兰标准中，螺栓与螺母材料如何配用，均有具体规定，选用标准法兰时应遵循相应标准规定。

（3）商品级紧固件。商品级紧固件是六角螺栓和六角螺母，其质量有 A、B 两个等级，不同于专用级紧固件的是，它不是借助于紧固件所用的材料来规范其机械性能，而是用紧固件所具备的部分机械性能来标记紧固件的性能等级，不同性能等级的紧固件都有不同的机械性能要求，商品级仅适用于一些连接的部位，或者说不太重要仅起连接作用的场合。

（4）螺栓、螺钉、螺柱的性能等级。螺栓（包括螺钉、螺柱，下同）的性能等级代号是由用"."隔开的两部分数字组成的。例如 3.6、9.8、12.9 等，如果将其视为带小数的数字时，则此数字的整数部分表示的是螺栓公称抗拉强度值（$\sigma_b/100$MPa），小数部分则表示螺栓公称屈服点（σ_s 或 $\sigma_{0.2}$）与公称抗拉强度（σ_b）的比值（简称屈强比），性能等级 3.6 的螺栓则表示此螺栓的公称抗拉强度是 300MPa，屈强比是 0.6，因此螺栓公称屈服点是 180MPa。

根据 GB/T 3098.1—2010 的规定，商品级螺栓、螺钉、螺柱共有 10 个性能等级，其中屈强比是 0.6 的共 3 个，即 3.6、4.6、5.6；屈强比是 0.8 的共 5 个，即 4.8、5.8、6.8、8.8、9.8；屈强比是 0.9 的共 2 个，即 10.9、12.9。

（5）容器螺栓。对于不同材料的法兰，在不同温度下，按照下列要求选择容器螺栓。

①对于用 16Mn、Q235R 制造的法兰，当工作温度达 200℃时，应选用 40MnB。

②对于用 15CrMo、15CrMoR 制造的法兰，当工作温度高于 350℃时，应选用 40MnVB，当工作温度高于 400℃时，螺栓材料改选 35CrMoA。

③不管什么材料制造的法兰，当工作温度大于 400℃时，螺栓材料都应选用 35CrMoA。

（6）紧固件的使用规定。按照以下要求合理选择紧固件。

①商品级六角螺栓的使用应符合以下要求：

a.$PN \le$ 1.6MPa。

b. 非剧烈循环场合。

c. 配用非金属软垫片。

d. 介质为非易燃、易爆及毒性程度不属极度和高度危害的场合。

②商品级双头螺柱及螺母的使用应符合以下要求：

a.$PN \le$ 4.0MPa。

b. 配用非金属软垫片。

c. 非剧烈循环场合。

③不符合上述要求时选用专用级螺柱与螺母应符合以下要求：

a. 使用缠绕垫、金属包覆垫、齿形组合垫、金属环垫等半金属或金属密封垫片时，应使用 35CrMoA 或 25Cr2MoVA 等高强度螺栓。

b. 高温、剧烈循环场合 $PN \ge$ 16.0MPa 的高压条件下，应选用全螺纹螺柱。

④不锈钢法兰使用的紧固件应遵循以下原则：

a. 工作温度不超过 230℃，且无腐蚀要求时，可选用铁素体（碳钢或合金结构钢）紧固件。

b. 温度高于上述值时，应选用与法兰线膨胀系数相近的材料制作紧固件，以防止因法兰与螺栓线膨胀量差别过大，导致螺栓附加力增大，压坏垫片或造成垫片压紧力减小，密封失效。

c. 未经冷加工硬化的普通奥氏体不锈钢紧固件只适用于非金属平垫片以及聚四氟乙烯包覆垫片和柔性石墨复合垫片。

d. 性能等级为 A2-70 级的奥氏体钢紧固件，由于奥氏体钢经过冷处理，其机械性能会随温度升高而降低，所以其使用温度不要超过 100℃。

第二节 压力容器筒壁厚度计算（内压）

一、圆柱形容器筒壁厚度的计算

（1）以内直径进行计算的压力容器筒壁厚度公式如下：

$$\delta = \frac{P_c D_i}{2[\sigma]_t \phi - P_c} + C$$

式中：δ——容器筒壁厚度，mm；

P_c——设计压力，MPa；

D_i——筒体的内直径，mm；

$[\sigma]_t$——设计温度下圆筒材料的许用应力，常见材料的许用应力如表 3-5 所示，MPa；

ϕ——焊接接头系数（双面焊对接接头和相当于双面焊的全焊透对接接头全部无损检测取 $\phi = 1$，局部无损检测取 $\phi = 0.85$；单面焊对接接头全部无损检测取 $\phi = 0.9$，局部无损检测取 $\phi = 0.8$）；

C——壁厚附加量，$C = C_1 + C_2$，C_1 为材料厚度的负偏差，通常取 1，C_2 为材料的腐蚀裕量，取 1~1.5，mm。

表3-5 常用材料许用应力

钢号	厚度 (mm)	在下列温度下的许用应力（MPa）							
		≤20℃	100℃	150℃	200℃	250℃	300℃	350℃	400℃
Q345R	3~16	185	185	183	170	157	143	133	125
	16~36	181	181	173	160	147	133	123	117
304	1.5~80	137	137	137	130	122	114	111	107
304L	1.5~80	120	120	118	110	103	98	94	91
316L	1.5~80	120	120	117	108	100	95	90	86

（2）以外直径进行计算的压力容器筒壁厚度公式如下：

$$\delta = \frac{P_c D_o}{2[\sigma]_t \phi + P_c} + C$$

式中：D_o——筒体的外直径，mm。

压力管道的筒壁厚度也以此公式进行计算。

二、球壳筒壁厚度的计算

（1）以内直径进行计算的球壳筒壁厚度公式如下：

$$\delta = \frac{P_c D_i}{4[\sigma]_t \phi - P_c} + C$$

（2）以外直径进行计算的球壳筒壁厚度公式如下：

$$\delta = \frac{P_c D_o}{4[\sigma]_t \phi + P_c} + C$$

三、封头

（1）以内直径进行计算的封头筒壁厚度（δ_h）公式如下：

$$\delta_h = \frac{k P_c D_i}{2[\sigma]_t \phi - 0.5 P_c} + C$$

式中：k——椭圆封头形状系数。

（2）以外直径进行计算的封头筒壁厚度公式如下：

$$\delta_h = \frac{k P_c D_o}{2[\sigma]_t \phi + (2k-0.5) P_c} + C$$

椭圆封头系数如表 3-6 所示。

表3-6 椭圆封头系数表

$D_i/2h$	2.6	2.5	2.4	2.3	2.2	2.1	2.0	1.9	1.8
k	1.46	1.37	1.29	1.21	1.14	1.07	1.00	0.93	0.87
$D_i/2h$	1.7	1.6	1.5	1.4	1.3	1.2	1.1	1.0	
k	0.81	0.76	0.71	0.66	0.61	0.57	0.53	0.5	

注 h为封头的直边高度，可查封头标准。

通过以上各式计算得到的厚度为计算厚度，计算厚度加上 C，再圆整成整数，即得到选用钢板的厚度值，一般取偶数值。

如：计算厚度为 4.3mm，厚度附加量为 2.5mm，则 4.3+2.5=6.8mm，圆整值为 7mm，取钢板厚度为 8mm。

第三节 化工容器常见故障

一、化工设备腐蚀与防护

1. 腐蚀原理

腐蚀不单会造成材料的大量损失，还会酝酿成安全事故，流程工艺设备和各种机械设备都存在腐蚀失效。腐蚀原理分为两大类。

（1）化学腐蚀。是指没有带电物质参与的腐蚀过程，例如，高温下钢材被氧化，高温高压下酸性环境下钢材的腐蚀，化学腐蚀的方程式如下：

$$4Fe+3O_2 = 2Fe_2O_3$$

$$C+2H_2 = CH_4$$

（2）电化学腐蚀。是指有带电物质参与的腐蚀过程，即金属材料在电解质溶液环境中的腐蚀，电化学腐蚀的方程式如下：

$$Fe^{2+}+2OH^- =\!=\!=\!=\!= Fe(OH)_2$$

常见的金属腐蚀绝大部分是电化学腐蚀，电化学腐蚀过程伴有电荷的转移即电子与离子的迁移。金属原子失去电子变为带正电的金属离子，称为氧化，电解质得到电子成为负离子，称为还原。

2. 腐蚀失效形态的分类

（1）全面腐蚀（均匀腐蚀）。其腐蚀特点有化学腐蚀也有电化学腐蚀，特点是接触到腐蚀介质的金属设备表面都会受到腐蚀，是一种全面积的腐蚀，但不一定非常均匀，这种腐蚀造成的金属损失量相比于各种局部腐蚀要多很多，是一种常见的腐蚀。

（2）晶间腐蚀。晶间腐蚀就是指沿晶界发生的腐蚀，包括晶界及其附近很窄的区域在内的区间发生的腐蚀，是奥氏体不锈钢极危险的一种破坏形式。一般认为，当温度升高时，碳在奥氏体不锈钢晶粒内部的扩散速度大于铬在奥氏体不锈钢晶粒内部的扩散速度，因为室温下碳在奥氏体中的溶解度很小（为 0.02% ~ 0.03%），而一般奥氏体中碳含量均超过 0.03%，所以多余的碳就不断向奥氏体晶间扩散，并在晶间处和铬化合析出碳化铬，由于铬的原子半径大，扩散速度小，来不及向晶间扩散，结果就使得在晶间附近的铬含量大为减少。当晶间含铬量少于 12% 时就失去抗腐蚀的能力。晶间含铬量少于 12% 的区域常称为"贫铬区"，不锈钢在 450 ~ 480℃的温度范围内停留一段时间后容易产生"贫铬区"。

（3）应力腐蚀。即在抗拉应力和特定介质共同作用下引起的腐蚀形态，应力腐蚀会使金属产生裂纹，导致容器突然发生破裂。

（4）疲劳腐蚀。疲劳腐蚀是交变拉伸应力与腐蚀性介质共同作用引起的腐蚀，也称腐蚀疲劳。金属发生疲劳腐蚀时，介质的腐蚀作用与材料的疲劳互相促进，一方面腐蚀使金属表面局部损坏并促使疲劳裂纹的产生和发展；另一方面，交变的拉伸应力促使腐蚀的产生，这样在腐蚀与交变应力的共同作用下，裂纹不断地扩展加深直至金属最后断裂。容器上容易产生疲劳腐蚀的部位也是焊缝、开孔及结构不连续等部位。

（5）氢脆和氢腐蚀。氢在钢中的富集而使钢材变脆的现象称为氢脆。氢腐蚀是钢材受到高温高压氢作用后，引起钢的金相组织发生化学变化。氢腐蚀后的材料在晶界处伴有大量的腐蚀裂纹。氢脆及氢腐蚀是一种钢材内部组织及性能变化的缺陷，难于检查发现。

检查氢腐蚀时，应根据腐蚀的类型，采用相应的检验方法，对容器上容易产生腐蚀的部位进行重点检查。重点部位有：

①容易积存水分、湿气或腐蚀性沉淀物的地方，包括内壁排液管周围、容器底部及死角、外壁支座附近等。

②防腐层损坏处，包括涂层脱落、镀层磨损、衬里开裂或凸起的地方。

③焊缝及热影响区、开孔及结构不连续部位。

④气体流速局部过大的部位，如焊缝渗漏、稀液有可能浓缩富集的部位。

容器外壁的腐蚀一般为均匀腐蚀或局部腐蚀，用直观检查的方法检查；容器内壁腐蚀比较复杂，除均匀腐蚀和局部腐蚀外，还有应力腐蚀和疲劳腐蚀，一般难以发现，必要时可作金相检验、化学成分分析和硬度测定。

3. 腐蚀的防范措施

防范腐蚀的措施主要有以下几点：

（1）采用含碳量低的奥氏体不锈钢材料。

（2）焊后热处理（也称固溶处理），将焊接接头加热到1050～1100℃进行固溶处理，使碳化铬重新熔入奥氏体中，然后迅速冷却。

（3）采用正确的焊接工艺，如小电流大焊速、短弧、多层焊、强制冷却。

二、裂纹

裂纹是压力容器最危险的一种缺陷，也是比较常见的缺陷，是导致容器发生脆性破坏的主要因素。同时，它会加速容器的疲劳破裂和腐蚀断裂。

1. 裂纹的分类

按其产生原因可以分为原材料裂纹、焊接裂纹、热处理裂纹、过载裂纹、疲劳裂纹、腐蚀裂纹等。

（1）原材料裂纹、焊接裂纹及热处理裂纹。在检查中发现的这类裂纹，大都是原材料、焊接或热处理中的微细裂纹在运行条件下发展起来的，有的是制造质量控制不严而漏检的。原材料裂纹大多是材料在轧制过程中形成的，这种裂纹可以在材料内部，也可以在表面。焊接裂纹有的是在容器制造时产生的，有的是制造时的微小缺陷在使用过程上发展而成的，也有的是在使用后焊补中产生的。

（2）过载裂纹。过载裂纹是外加载荷超过了金属的强度极限而产生的裂纹，常发生在部件受力最大部位或应力集中部位，如开孔边缘、板边转角圆弧处。

（3）疲劳裂纹。疲劳裂纹是因为结构不合理或材料存在缺陷造成局部应力过高，经过反复加载卸载或压力波动之后产生的裂纹。

（4）腐蚀裂纹。腐蚀裂纹是在金属被腐蚀过程中伴随产生的裂纹。起源于金属表面的细微缝隙处，从外观上难以发现。氢脆裂纹是容器运行过程中因氢腐蚀及氢损害而产生的裂纹，是一种内部裂纹。

2. 裂纹的检查

压力容器上最容易产生裂纹的部位是焊缝与焊接热影响区以及局部应力过高的部位，应对这些部位进行重点检查。焊接与焊接热影响区常会存在焊接裂纹，应重点检查每条焊缝的表面，包括熔注金属与母材交接处和热影响区。如咬边、错边、弧坑、焊缝的交口、角焊缝、接管焊缝和焊缝表面缺陷处。局部应力过高的部位也会产生疲劳裂纹和应力腐蚀裂纹。主要产生在结构不连续的地方，如容器的开孔周围、管板的桥带、封头的过渡部分及其附近、壳体与管板连接处、加焊附近的终止处等。

另外，还要根据容器的制造与使用情况，分析容器可能会产生什么样的裂纹，然后重点检查容易产生这种裂纹的部位。特别是易于积聚腐蚀物的部位。裂纹的检查可以用直观检查，一些明显的表面裂纹可用肉眼观察到，多数裂纹需借助无损探伤等技术手段才能发现和确定。对焊缝或母材内部裂纹要定期采用无损探伤检查。

三、变形

容器变形是指容器或其某一部件的几何尺寸与图样要求及标准规范不一致，且误差超出了图样及标准规范的规定。根据变形产生的原因，压力容器变形可分为两类：一类是由于应力引发的变形，包括火焰切割变形、加工失稳变形、焊接变形和热处理变形等；另一类是由于加工误差引发的变形，包括下料误差变形、成型误差变形和组装误差变形等。

上述变形，有的可通过难度较大的矫形来纠正，有的则无法改变，只能成为不合格品而造成浪费。所以，对压力容器制造变形要引起高度重视，必须认真制订并切实遵守制造工艺，力求避免变形的产生，确保压力容器制造质量符合图样和标准规范的要求。

1. 应力变形及预防

（1）火焰切割变形。

①筒节：大直径壳体短筒节下料（料较长且较窄）时，其端口的火焰切割加工边易发生变形。因切割高温冷却后，加工边产生收缩，直线边变为"弧线"边，筒节辊圆后，其端口就不在一个水平面，误差较大时，应采取对称切割或机械加工等方法避免产生变形。

②封头：成型封头火焰净料切割后，其端口周边会产生收缩，使封头口径变小。如采取火焰切割，则封头组装时口径要适当放大，以弥补切割后的收缩量。也可采取机械加工的方法避免产生变形。

（2）加工失稳变形。加工失稳变形往往是在已成型的封头或筒节上开大型孔（如容器的装卸孔）、由于开孔区及其附近稳定性减弱，会造成壳体局部或部件的变形。应尽量避免在单独筒节或单独封头上直接开大孔，可视情况将壳体组装成大段或整体后再开大孔；开大孔前须将开孔区用紧贴壳体的筋板进行加强，组焊接管后壳体处于整体稳定状态时，再把加强板撤掉。

（3）焊接变形。焊接工艺是容器焊接的技术要求和操作规定，包括：采用的焊接方法、焊接坡口、焊条种类及直径，焊接工艺参数、焊接顺序、焊道层数、焊前和焊后的处理、焊接环境要求以及防变形、反变形措施等。焊接工艺必须经过工艺评定达到合格，而且在焊接操作过程中必须严格执行工艺要求。

（4）热处理变形的预防措施。钢件在热处理过程中由于钢中组织转变时所造成的体积膨胀，以及热处理所引起的塑性变形，使钢件体积及形状发生不同程度改变。变形是热处理较难解决的问题，要完全不变形是不可能的，一般需要采取措施把变形量控制在一定范围内。

①热处理炉必须符合规范要求，炉内温度均匀准确，炉壁火焰喷嘴处应设挡火墙，严禁火焰直接接触或接近热处理件。

②长度较大的压力容器进炉后，要加临时支座支垫，所用数量视容器具体尺度而定。

③直径较大、厚度较薄的壳体，一般应进行内部加强。

④分段预制的压力容器，分段端口处应设加强支撑。

2. 加工误差变形

（1）下料误差变形。由于下料尺寸不准，使成型后的部件形状超出了标准规定。下料尺寸不准主要是由于计算或放大样有误，除了提高下料人员的技术水平，还应施行下料尺寸校对制，并尽可能采取下料尺寸计算机软件管理。

（2）成型误差变形。压力容器部件在加工成型中，由于操作不当或模具不标准而产生变形；热成型封头脱模温度有一定要求，如温度尚高就过早脱模会导致封头收缩较大，严重时可使其几何尺寸超标；机械辊制或压制的容器部件，因操作不当使之产生变形；模具设计考虑不周或有误，使成型后压力容器部件的几何尺寸不符合要求。

（3）组装误差变形。压力容器壳体组装时由于错口或不直度误差等超标所产生的变形，称为组装变形。其预防措施如下：

①壳体组装应使用定位卡具，直径较大、厚度较薄的壳体，组装时筒节还要加支撑，严格限制壳体对接边的错口。

②壳体卧式组装应在托辊上进行，并用直线检查其不直度。

③分段预制的压力容器，安装时要设定位卡具，并用经纬仪检查其不直度。

第四节 压力容器维护检修规程 *

一、总则

1. 制订目的

压力容器是化工生产过程中完成反应、换热、储存、分离等作用的一类特种设备，其介质一般具有易燃、易爆、高温、高压、有毒、危险及危害性大等特点。为贯彻国务院颁发的《锅炉压力容器安全监察暂行条例》确保压力容器安全运行，保护人民生命和财产的安全，特制订本规程。

2. 适用范围

本规程适用于化工厂中受劳动部门锅炉压力容器安全监察机构监察的最高工作压力为0.1 ~ 35MPa、工作温度为 -20 ~ 450℃的钢制固定式压力容器（以下简称"容器"）的维护、检验及修理。

本规程也适用于在用液化气的铁路槽车和汽车槽车的罐体（以下简称"槽车罐体"）。

化工厂中最高工作压力和工作温度不在上述规定范围之内的压力容器的维护、检验及检修应遵循国家有关部门颁发的相应的标推、规程和规范。

化工厂中压力容器的拆移修理和修理中的改造除遵循本规程外，还应遵循下列规程：

（1）国务院颁发的《锅炉压力容器安全监察暂行条例》。

（2）劳动人事部颁发的《锅炉压力容器安全监察暂行条例实施细则》。

（3）劳动部颁发的《压力容器安全技术监察规程》。

（4）劳动部颁发的《在用压力容器检验规程》。

（5）GB 150—2011《压力容器》。

（6）GB 50094—2010《球形贮罐施工及验收规范》。

二、完好标准

1. 零部件

零部件齐全、完整，各紧固件及零部件材质符合要求；安全附件齐全、安装正确、灵敏、可靠，且在有效检定期内；各种控制仪器、仪表、自动调节装置齐全、完整、灵敏、有效；附属管件、阀门、支架（座）等安装合理，稳固可靠，所有螺栓伸出长度符合要求；防腐层、绝热层及护壳完好，保温及防冻设施完整、有效且符合要求；基础、支座稳固可靠，无异常倾斜和下沉现象；容器表面适当位置应有压力容器铭牌（1986年前投用者除外）和注册登记牌。

2. 运行性能及安全状况等级

容器的安全状况等级必须达到3级（含3级）以上，对新投用的容器应达到2级（含2级）以上；工艺指标能达到设计要求或查定的要求；无跑冷和超温、超压现象；无明显变形、鼓包、凹陷和倾斜；无异常振动、声响等现象。

3. 技术资料

（1）容器应具有下列资料：

①登记卡（表）。

②竣工图和主要受压元件图。

③质量证明书、产品合格证及容器制造监督检验证明，现场组焊的容器（如球罐、大型塔器等）还应有现场组焊记录和质量检验报告。

④使用登记证。

⑤检验、检测记录以及有关检验的技术文件和资料。

⑥检修及事故处理记录以及有关技术文件和资料。

⑦容器变动和改造记录及有关技术文件。

⑧容器安全附件校验及修理、更换记录。

⑨容器（或容器所在系统）操作、维护、检修规程。

（2）容器图纸应符合现行（或当时）技术标准、规范并满足使用要求。技术档案、资料填写及时、正确，保管符合要求。当容器不具备b、c款规定的技术资料时，应具有相应的检验及技术鉴定资料，对1986年以前投用的容器不具备上述资料者，企业应结合容器定期检验逐步补齐上述相应资料，对因历史原因一时难以补齐的，至少应通过容器定期检验补全有关技术数据（如容器几何尺寸、开孔方位及接管技术性能表）和容器简图并满足容器使用登记的要求。

三、使用管理及维护保养

1. 使用管理

容器投用前，使用单位应按有关规定的要求逐台办理使用登记手续，取得《使用登记证》

后方可使用。

容器使用单位应指定具有压力容器专业知识的工程技术人在厂长和总工程师领导下负责本单位压力容器的技术管理工作，并做好以下工作：

（1）建立和健全容器技术档案。

（2）贯彻执行有关容器的技术法规和文件。

（3）编制和修改企业容器安全技术管理规章制度。

（4）参与容器检验、修理和操作人员的安全技术教育和培训工作。

（5）参与容器的安装、验收及试车工作。

（6）检查容器运行、维修和安全附件校验工作。

（7）负责容器检验、修理、改造和报废等技术审查工作。

（8）编制容器年度定检计划和检修计划并负责实施。

（9）向主管部门和当地劳动部门上报本企业容器管理年报、定期检验计划和实施情况。

（10）负责容器安全等级变更工作。

2. 日常维护保养

操作人员应通过技术培训和安全教育，对所使用的容器做到"四懂三会"，并经考试合格，持安全操作证上岗。

操作及维修人员应按"包机"制所要求的内容和项目对容器进行日常维护保养工作。

（1）操作人员必须严格按容器操作规程启动、停止和操作容器，严禁容器超温、超压、超负荷运行。

（2）操作人员要严格执行巡回检查制度，定时、定点、定线、定项对容器进行巡回检查，发现异常现象及事故隐患及时处理或上报并将有关情况记入当班记录。

（3）维修人员要坚持对容器的日常巡回检查，及时消除跑、冒、滴、漏和处理故障，对暂时不能消除的缺陷应向车间提出处理意见。

（4）认真填写岗位原始记录和交接班记录。

（5）认真加强对容器外表及周围环境的清洁和卫生工作。

（6）对需定期、定时排污和排空的容器应按有关规定和要求定期、定时进行。

容器（尤其对有衬里的容器）在开车、停车和试压时应按规定分级、分段升（降）压和温度，对于升压有壁温要求（或操作有壁温要求）的容器不得在低于规定壁温下升压，对于液化气体每次空罐充装时必须严格控制物料充装速度，严防充装速度过快、壁温过低而发生脆断。

3. 定期维护保养

（1）使用单位应结合设备整顿和设备修理定期解决和消除容器的跑、冒、滴、漏以及密封不良等现象，并根据容器本身情况定期对容器进行防腐、保温工作，容器主螺栓应定期加润滑脂，其他螺栓和紧固件也应定期进行防锈工作。

（2）对停用封存和备用的容器应定期进行检验、维护和进行"四防"（防冻、防尘、防潮、防腐）工作。

（3）常见故障处理方法如表3-7所示。

表3-7　常见故障处理方法

现象	原因	处理方法
超温、超压	操作控制不稳定或热量瞬时加入量增大 仪表或控制装置失灵，产生误操作 介质浓度变化，反应剧烈 系统压力平衡破坏，安全附件失灵	调整操作，使之稳定 检查、调整 调整介质浓度，稳定操作 修理或更换安全附件，调整系统压力
容器渗（泄）漏	密封元件损坏 容器附件损坏 容器发生振动，使紧固件松动	更换或修理密封元件 停车修理或更换 消除振动或停车处理
容器有过热、跑冷现象	绝热层损坏 偏流	修复绝热层 调整
异常振动声响	容器发生共振或气蚀 操作不正常 紧固件松动	查明原因，消除共振和气蚀 调整操作，恢复正常 拧紧

（4）紧急情况处理。发生下列异常现象之一时，操作人员有权采取紧急措施处理并及时上报。

①容器工作压力、介质温度或容器壁温超过规定值以及容器超负荷运行，经采取措施仍不能得到有效控制时。

②容器主要受压元件或盛装易燃、易爆、有害、毒性程度为中等危害介质的容器发现裂纹、鼓包、变形、泄漏等危及安全的缺陷时。

③容器所在岗位发生火灾或相邻设备发生事故已直接危及容器安全运行时。

④容器过量充装危及安全时。

⑤容器的接管、紧固件损坏难以保证容器安全运行时。

⑥容器液位失去控制，采取措施仍不能得到有效控制时。

⑦容器与相邻管道发生振动，危及容器安全运行时。

⑧安全装置失灵，无法调整，危及安全运行时。

⑨发生安全生产技术规程中不允许容器继续运行的其他情况。

四、检验

1. 检验单位、检验员、无损检测人员

从事容器和槽车罐体检验的单位和检验员均应得到主管部门的同意，并经资格鉴定、考核和认可。经资格认可的检验单位，可以从事批准范围内的检验工作。

经资格认可的检验员，应在资格证书允许的范围内从事相应项目的检验工作，出具的检验报告书有效。未获得检验员资格证书的检验人员，可在检验员指导下进行检验工作，但无权签署检验文件。无损检测人员应按《无损检测技术资格鉴定通则》的要求取得"技术资格证书"后，才能从事相应的无损检测工作。

2．检验性质和检验周期

（1）容器的检验性质根据劳动部《压力容器安全技术监察规程》的要求确定。

①外部检查：指专业人员在容器运行中的定期在线检查。

②内部检验：指专业检验人员在容器停运后的检验。

③耐压试验：指压力容器在内外部检验或修理完成后，进行超过容器最高工作压力的液压或气压试验。

（2）容器的检验周期 属于下列情况之一者，其内外部检验周期应适当缩短。

①工作介质对容器材料的腐蚀状况不明，设计者未能提供或未能准确提供腐蚀速度以及介质对材料的腐蚀速度大于 0.25mm/年的容器。

②材料的可焊性差，在制造或修复时曾多次返修的。

③容器投入使用以来首次进行检验的。

④容器使用条件差，管理水平低的。

⑤容器使用超过 15 年，经检验鉴定确认不能按正常检验周期使用的。

⑥持证检验员认为应该缩短的。

属于下列情况之一者，其内外部检验周期可以适当延长。

①非金属衬里在原定检验周期内使用完好的，但不应超过 108 个月。

②工作介质对材料的腐蚀速度低于 0.1mm/年，或有可靠金属衬里的容器，通过一两次内外部检验确认基本无腐蚀的，但不应超过 120 个月。

装有触媒的反应容器及装有填充物的大型容器，其定期内外部检验周期由使用单位根据设计图样和实际使用情况确定。

因特殊原因不能按期进行容器内外部检验和耐压试验的，使用单位必须提前 3 个月以充分的理由提出申请，经企业技术总负责人批准，并报上级主管部门同意，三类容器还应报当地劳动部门锅炉压力容器安全监察机构备案方可延长，但延长期一般不超过 12 个月，对容器安全状况等级低于 3 级的一般不得延长。

3．检验的程序、计划和方案

（1）检验程序。检验一般分为准备、实施和竣工验收三个阶段。

（2）检验计划。检验计划应按下列两项制订。

①容器的年度检验计划，应报上级主管部门和同级劳动部门锅炉压力容器安全监察机构备案。

②容器年度检验计划应和设备检修计划同时下达。

（3）检验方案。根据受检容器的重要性、结构复杂程度、施工工作量的大小以及技术档案资料审查情况，决定是否编制检验和施工方案，但属于下列情况之一者，必须逐台编制检验和施工方案。

①中压以上中型反应容器、储存容器和较重要的分离、换热容器。

②拟对主要受压元件进行改造的。

③容积大于等于 40m³ 按规定进行内外部检验或大修理的容器。

④槽车罐体的大修和检验。

大型、复杂容器检验和施工方案一般应包括以下内容。

①容器的主要技术参数。

②容器设计、制造、安装、使用、检验、修理和改造等的历史简况。

③方案制订依据。

④检验及施工性质、内容和方法（包括要求无损探伤和其他理化检验的部位、数量）。

⑤检验及施工前的要求及准备工作。

⑥缺陷鉴定和处理原则、质量标准及验收方法。

⑦安全附件的检修和调校要求。

⑧耐压试验和密封性能试验的要求。

⑨检验的安全注意事项及防护措施。

⑩物质准备明细（主要的施工用设备、仪器、专用工具、主要材料、安全和防护用品，以列表形式列出）。

⑪检验及施工工作程序或检验、施工工艺。

4. 检验的基本原则

容器的内外部检验应以宏观检查和壁厚测定为主，必要时可选择以下检验（测）方法。

表面探伤、超声波探伤、射线探伤、金相检验、硬度测定、元素分析、应力测定、耐压试验和其他最新检测技术。

容器的内外部检验和耐压试验应结合系统大修或设备单体大修时进行。必须进行无损探伤的部位、数量和方法由检验员确定。容器内外部检验中，凡已进行过资料审查、材质检查、结构检查、几何尺寸测量、焊缝埋藏性缺陷检验等项目并已有结论性意见（或数据）的，一般不再重复这些项目，若在使用和检验过程中出现异常情况的则应做相应检验。

5. 外部检查内容

（1）容器本体、接口部位、焊接接头等处有无裂纹。

（2）无绝热层容器的外表腐蚀情况，有绝热层容器的绝热效果和完好情况。

（3）容器或相邻管道有无异常振动和声响，有无相互摩擦。

（4）与容器有关的安全附件是否齐全、灵敏，其铅封是否完好并在有效期内。

（5）容器的支座、基础是否下沉、倾斜、破坏，紧固件是否完好。

（6）有检漏孔、信号孔的容器，有无泄漏痕迹，检漏管是否通畅。

（7）运行记录、工艺控制参数和开、停车情况。

（8）检查疏水（排污）和放空阀体是否完好、畅通。

（9）安全状况等级为4级的容器的监控情况。

（10）外高塔、罐的接地和避雷装置是否完好。

（11）易燃、易爆介质储罐、球罐及管线的接地和防静电装置是否良好。

（12）运行是否平稳、正常，有无异常现象发生。

（13）对有热膨胀位移的容器检查其膨胀位移支座、垫（滑）板移动及磨损情况。

（14）对容器有怀疑和认为有必要的部位进行表面测厚检查。

6. 内外部检验内容

包括外部检查的内容。审查技术资料、档案。结构检查内容有：

（1）封头（端盖）以及筒体与封头的连接情况。

（2）方形孔、人孔或检查孔以及开孔补强的合理性。

（3）角接、搭接结构。

（4）焊缝布置不合理的。

（5）密封结构。

（6）支座、法兰、排污口。

（7）其他可能产生高应力集中和复杂应力状态的结构。

几何尺寸检查内容有：

（1）纵、环缝对口错边量、棱角度。

（2）焊缝余高，角焊缝的焊缝厚度和焊脚尺寸。

（3）同一横截面上最大直径与最小直径差。

（4）封头表面的凹凸量、直边高度和纵向皱折。

（5）球形容器支柱的铅垂度和沉降量。

（6）高大塔体的铅垂度和母线的直线度。

（7）封头和筒体的实际厚度。

（8）不等厚度的对接接头未进行削薄过渡的超差情况。

（9）绕带式容器相邻钢带的间隙。

7. 材质检查

（1）遇下列情况之一时一般应做材质检查。

①材质不清者。

②材质清楚，但根据使用条件、工况和经验怀疑主体材质有老化倾向者。

（2）检查方法。视具体情况可采用化学分析、硬度测量、光谱分析和金相检验等方法。

（3）主要受压元件材质和种类的牌号一般应查明，材质不明者，对于无特殊要求的钢制压力容器，允许按钢号 A3（Q235）材质强度的下限值进行强度校核；对于槽、罐车和有特殊要求的容器，必须查明材质。

（4）表面缺陷检查。表面常见缺陷有：

①腐蚀（均匀腐蚀、点腐蚀、应力腐蚀、坑蚀等）。

②磨损。

③机械性损伤（划痕、弧坑、凹坑）。

④焊缝表面的气孔、夹渣、咬边、弧坑。

⑤变形（承压壳体鼓包）、鼓胀及金属衬里轴向皱折。

⑥表面裂纹。

表面检查要点：

①封头过渡区、气液相交界面、密封面。

②焊缝接头和多次返修部位，异种钢焊接部位和工卡具的焊迹处。

③角接（搭接）接头，对口错边量和棱角度严重超标部位。

④有内件的容器，着重检查其支承构件与筒体的连接部位。

⑤高温容器使用中发现有局部过热的部位，有耐腐蚀衬里容器的检漏管泄漏的对应区域。

检查方法：

①彻底清扫表面重点部位，使之显出金属原底（必要时可用钢丝刷或喷砂、磨削处理）。

②在必须的照明条件下用目视办法观察整个容器内部，借助 5 ~ 10 倍放大镜对重点部位仔细查看。

③壁厚测量和无损检测。

下列情况之一者，应对焊缝进行不小于焊缝长度 20% 的表面探伤检查。

①用湿度级别大于 540MPa 材料制造的。

②用 Cr — Mo 钢制造的。

③有奥氏体不锈钢堆焊层的。

④介质可能产生应力腐蚀的。

⑤错边量和棱角度严重超标的部位。

⑥焊缝返修部位。

如果局部表面探伤发现裂纹，应扩大探伤的范围；如仍发现裂纹，则应对该条焊缝的全部表面进行探伤，并抽查对应的容器外表面焊缝。

应力集中部位、变形部位、异种钢焊接部位、补焊区、电弧损伤处和易产生裂纹部位，应重点进行检查。

有晶间腐蚀倾向的，可采用金相检验或锤击检查。锤击检查时可用 0.15 ~ 1.0kg 重的手锤敲击焊缝两侧或其他部位。

绕带式容器的钢带始、末端焊接接头应进行表面裂纹检查。

8. 壁厚测量

容器未见明显均匀腐蚀（或年平均腐蚀速度在 0.1mm/ 年以内）时，需通过壁厚测量确定其实际腐蚀速度；已发现明显腐蚀的应测定其剩余壁厚以校核强度和推算其平均腐蚀速度。测定位置的选择应有代表性和复查的重复性，并应有足够的测点数，测定后应标图记录。

测定位置一般选择下列部位：

（1）液位经常波动的部位。

（2）易产生冲刷腐蚀的部位。

（3）制造时壁厚减薄部位和使用中易产生变形的部位。

（4）表面检查时发现有明显缺陷的部位。

采用超声波测厚仪测定壁厚时，如遇母材存在夹层缺陷，应增加测点或用超声波探伤仪查明夹层的分布情况和与母材自由表面的倾斜度。

测定临氢介质的容器壁厚时，如发现壁厚"增值"，应考虑氢腐蚀的可能性。

9. 焊缝埋藏缺陷的检查

有下列情况之一的，焊缝应进行超声波或射线探伤，必要时应相互复验。

（1）表面检查发现裂纹的部位和认为有必要进行埋藏缺陷检查的部位。

（2）上次检验中经过焊补处理的部位以及曾经进行过两次焊补返修的部位。

（3）穿透性裂纹的两端延长部位。

（4）错边量和棱角度有严重超标的焊缝部位。

10. 有覆盖层的容器的检查

检查项目：

（1）用目视方法检查覆盖层的完好情况。

（2）用目视方法检查外部绝热层护壳、防雨水结构的合理性和可靠性。

（3）在容器运行条件下，可用红外测温仪（或其他有效方法）测量外部绝热层的温度变化以判断绝热层的完好情况，也可推断容器内部耐火绝热层的完好状况。

（4）有耐腐蚀金属衬里的容器，可用 5 ～ 10 倍放大镜观察表面的粗糙度变化，也可用渗透探伤方法检查焊缝的针孔和裂纹，当已出现泄漏迹象时，应局部或全部拆除衬里层，查明本体的腐蚀状况或其他缺陷。

（5）用奥氏体不锈钢堆焊衬里的，应检查堆焊层的龟裂、剥离和脱落情况等。

（6）对于非金属材料衬里容器，如发现衬里破坏、龟裂或脱落，或在运行中本体壁温出现异常，应局部或全部拆除衬里，查明本体的腐蚀状况或其他缺陷。

有下列情况之一者可不拆除保温层。

（1）保温层完好，容器制造时已对焊缝进行过 100% 表面探伤未发现裂纹，且运行工况正常的。

（2）在以往的定期内外部检查中，已对有代表性的部位进行过局部抽查未发现裂纹等缺陷，且目前保温层仍完好的。

（3）有使用经验的。

（4）持证检验员认为没有必要的。

有下列情况之一者可局部拆除保温层。

（1）保温层局部破损、垮塌，使该部位的覆盖保护失效的。

（2）在容器运行中发现局部过热或跑冷的。

（3）发现容器局部变形的。

（4）持证检验员认为有必要的。

有下列情况之一者必须全部拆除保温层。

（1）保温层大面积破损失效的。

（2）局部拆除检查时发现容器表面出现裂纹、过热、严重腐蚀等缺陷的。

（3）局部拆除面积过大，难以保证恢复修补质量的。

11. 容器螺栓和紧固件的检查

高压螺栓、螺母应逐一进行清洗和尺寸测量，并检查其损伤和裂纹情况，必要时应进行表面无损探伤，重点检查螺纹及过渡部位有无环间裂纹。其他紧固件应检查其腐蚀情况、数量、规格和伸出长度是否满足使用要求。

12. 密封面和密封件的检查

清洗各密封面和密封件，用目视和放大镜仔细查看密封面有无腐蚀、压伤、径向划痕，必要时应做表面探伤。检查密封件的变形，材质劣化、腐蚀和损伤情况。

13. 安全附件

容器所用的安全阀、爆破片、压力表、液位计和测温仪表等安全附件应符合《压力容器安全技术监察规程》的规定。

容器所有安全附件应结合容器的大修或系统年度大修进行解体检查、清洗、修理或更换，并调校铅封。

安全附件的整定和检验应先在专用调校装置上校验合格，铅封后再安装于容器上；对于工作介质为蒸汽，温度高于100℃的安全阀，经上述校验后，还需热态调校合格方可铅封，然后投入使用；对无法进行热态调校的应考虑热补偿系数。

盛装易燃、易爆和毒性程度为中度、高度、极度危害介质的容器，安全阀和爆破片出口均应装有放空管并引至安全地点。对所有可直接排入大气的可燃性气体，放空管应定期吹扫，以保持畅通。

盛装易燃、介质毒害程度为中度、高度、极度危害的容器应采用板式液位计（或自动波面指示器），并应有防止泄漏的保护装置；液位计上应有上、下警戒线并经1.5倍最高工作压力试压合格后方可使用。

超过起跳压力而未动作的安全阀应重新进行整定、校验，合格后方可使用；对超过爆破压力而未爆破以及在使用中出现折皱或划痕的爆破片应立即更换，不得继续使用。

使用单位要定期进行容器安全附件检（校）验和更换工作。安全阀每年至少校验一次；爆破片应定期更换，更换周期由使用单位根据爆破片安装部位和使用条件具体确定；容器压力表的校验和维护应符合国家计量部门的有关规定；盛装易燃、易爆介质的容器接地电阻每年至少校测一次。

容器安全附件校验除工艺设计有特殊要求外，其整定值一般应符合下列要求。

（1）安全阀的起跳压力应调整为容器最高工作压力的1.05 ~ 1.10倍，当最高工作压力小于1.0MPa时安全阀的开启压力为（P+0.02 ~ 0.05）MPa，且不超过容器的设计压力。回座压力不低于容器最高工作压力的90%，且不小于实际正常工作压力。

（2）爆破片的设计爆破压力根据爆破片的型式和容器实际最高工作压力，由最低标定爆破压力加制造范围负偏差确定，具体数据见表3-8所示。

表3-8　最低标定爆破压力加制造范围负偏差

爆破片形式	普通正拱型	开缝正拱型	反拱型	正拱型受脉动载荷型
最低标定爆破压力Pa_{min}	1.43Pw	1.25Pw	1.10Pw	1.70Pw
爆破片设计爆破压力	1.43Pw+制造负偏差	1.25Pw+制造负偏差	1.10Pw+制造负偏差	1.70Pw+制造负偏差

注　Pw为容器实际最高工作压力，单位：MPa；制造负偏差由制造厂和用户共同商定。

（3）低压容器使用的压力表精度不应低于 2.5 级；中压及高压容器使用的压力表精度不应低于 1.5 级。压力表盘刻度极限值应为最高工作压力的 1.5 ~ 3.0 倍，最好选用 2 倍。表盘直径不应小于 100mm。

安全附件的校验内容：

（1）安全阀主要进行外观及零部件质量检验，包括宏观检查（主要检查安全阀的外观、阀座、阀瓣、弹簧、阀芯和密封面有无磨损、腐蚀、裂纹和其他缺陷）；性能检验（主要是安全阀开启压力和回座压力的校验）；1.5 倍最高工作压力水压强度试验（保压时间不少于 2min，一般在检修后需进行此项检验）；气密性试验及排放量检验。

（2）爆破片的校验主要是进行定期更换和正确安装。

（3）压力表的校验主要是测量其精度和动作灵敏程度。

（4）限位计的校验主要是检查其外观有无破损、裂纹及阀件固死现象，对自动指示液位计应按仪器、仪表校验有关规定检查其准确性和测量误差。

（5）所有安全附件应有产品合格证、铭牌或其他技术文件。

属于下列情况之一的安全附件不能安装和使用。

（1）无产品合格证和铭牌。

（2）安全阀规格和性能不符合要求。

（3）超期使用仍未进行校验者。

（4）爆破片已超过使用期限，或在使用期限中超过爆破压力未爆破者以及表面出现折皱划痕等危及安全运行者。

（5）有限止钉的压力表在无压力时，指针不能回到限止钉处；无限止钉的压力表，在无压力时，指针距零位的数值超过压力表的允许误差。

（6）表盘封面玻璃破裂或表盘刻度模糊不清者。

（7）压力表弹簧管泄漏或指针松动者。

（8）液位计玻璃板（管）有破碎、裂纹者。

（9）液位计阀件固死或不通者。

（10）液位计经常出现假液位者。

14. 耐压试验和气密性试验

属下列情况之一的容器可不做耐压试验。

（1）连续生产装置系统中无截断装置的。

（2）大型容器和球形储罐基础的承载能力在设计时未考虑液压试验的附加载荷或经校核计算不能承受液体附加载荷，且无法获得高参数、大容量惰性气体气源的。

上述不能做耐压试验的容器，检验员应根据容器的实际安全状况等级，酌情增加无损探伤和检测的数量，经企业技术总负责人批准并书面上报上级主管部门同意。

不能做耐压试验的容器在内外部检验和修理后，必须做气密性试验，其试验压力不得低于该容器实际最高工作压力。与生产工艺相互连通无法单独做气密性试验的，可在生产工艺开车过程中逐步升压考核。

凡应做耐压试验的容器，必须在内外部检验和危及安全的缺陷消除后方可进行试验。其试验压力按表 3-9 确定。

表3-9 耐压试验压力确定

容器主体材料	耐压试验压力 $Pr=\eta Pw$		容器主体材料	耐压试验压力 $Pr=\eta Pw$	
	液压	气压		液压	气压
钢、非铁基金属、锻钢	$1.25\,Pw$	$1.15\,Pw$	搪瓷、搪玻璃	$1.25\,Pw$	$1.0\,Pw$
铸铁	$1.0\,Pw$	—	液化气体槽车罐体	$1.50\,Pw$	—

注 1. 钢制低压容器耐压试验压力取 Pr 和（$Pw+0.1$）两者中较大者。
  2. 对不是按内压强度计算公式决定壁厚的容器（如考虑稳定性等因素设计的），应适当提高耐压试验压力。

耐压试验压力 Pr' 按下式计算：

$$Pr'=Pt\,\frac{[\sigma]}{[\sigma]_t}=\eta Pw\,\frac{[\sigma]}{[\sigma]_t}$$

式中：Pw —— 容器实际最高工作压力，MPa；

Pr' —— 容器实际使用最高壁温下的耐压试验压力，MPa；

Pt —— 试验温度下的耐压试验压力，MPa；

η —— 耐压试验压力系数，按表 3-9 选取；

$[\sigma]$ —— 试验温度下材料的许用应力，MPa；

$[\sigma]_t$ —— 容器实际使用最高壁温下材料的许用应力，MPa。

凡属下列情况之一者必须进行耐压试验。

（1）用焊接方法修理改造或更换容器受压部（元）件的。

（2）改变使用条件且超过原工艺参数的。

（3）容器更换全部衬里时。

（4）容器停止使用两年后重新使用的。

（5）新安装或移装的。

（6）因结构原因（小直径或无人孔的容器）无法进行内外部检验的。

（7）容器需进行验证性试验的。

对液化气体槽车罐体的耐压试验还应遵循化工部《液化气体铁路槽车安全管理规程》、

劳动部《液化石油气体汽车槽车安全管理规定》和《在用汽车槽车技术检验的要求》的有关规定。

由于容器过小或设计时未考虑设置人孔或不考虑拆除内件的容器，可按照下列原则进行检验。

小直径或无人孔大直径容器的检验内容：

（1）包括外部检查的内容。

（2）用灯光和内窥镜对表面和接管管口附近进行检查。

（3）用超声波测厚仪做多点测厚。

（4）有焊缝容器应根据壁厚、材质、直径大小和焊缝结构形式采用相应的无损探伤方法。

内部有难以拆卸内件的大容器的检验内容：发现容器主要受压元件存在必须施焊修理的严重缺陷时，应设法拆除内件，进入内部检验和修理，否则不得继续使用。对已发现缺陷难以修复或不宜进行修复确需进行缺陷评定的大型压力容器应按以下规定办理。使用单位对容器需进行缺陷评定时应提出书面申请，说明原因并经上级主管部门和所在地区省级劳动部门锅炉压力容器安全监察机构同意后方可委托具有资格的压力容器评定单位承担。负责压力容器缺陷评定的单位必须对评定结果、检验结论和压力容器安全性能负责，最终评定报告和结论需经承担缺陷评定的单位技术负责人审查批准，报告和结论在主送委托单位的同时应报送企业上级主管部门和企业所在地区省级劳动部门锅炉压力容器安全监察机构备案。

15. 容器的安全状况等级划分

安全状况等级划分是指容器经内外部检验并消除存在的超标缺陷，对容器的实际安全状况等级的评定，以决定容器可否继续使用、监控使用和确定下次检验周期。

（1）按主体材质评定：

①用材与原设计不符，但材质清楚，经强度核算合格，未发现新的缺陷，不影响定级；如使用中产生缺陷，并确认是用料不当所致，可定为4级或5级。槽车罐体和液化石油气储罐的主要受压元件用沸腾钢制造的，定为5级。

②对于材质不明的容器，经检验未发现新生缺陷（不包括正常的均匀腐蚀），按A3（Q235A）钢核算其强度合格，在常温下工作的一般容器，可定为2级或3级；经检验发现有缺陷，可根据缺陷的类型比照相应的条款评级；有特殊要求的容器定为4级；槽车罐体和液化石油气储罐可定4级或5级。

③材质劣化，如发现表层有珠光体球化、轻度脱碳、渗碳、氢损伤等，可根据劣化程度定为3级或4级；材质劣化严重，如发现有石墨化、氢致裂纹、晶间腐蚀裂纹等脆化缺陷时定为5级。

（2）按结构缺陷评定：

①封头主要参数不符合现行标准，经检验未发现新生缺陷，可定为2级或3级；如有缺陷，根据缺陷类型比照本规程相应条款评级。

②封头与筒体连接的容器，单面焊对接结构，存在未焊透时，槽车罐体定为5级，其他

容器根据未焊透情况定为 3 级至 5 级；采用搭接结构的，可定为 4 级或 5 级。不等厚度对接焊，按设计规定应削薄处理而未处理的，经检验未发现新生缺陷，可定为 3 级，否则定为 4 级或 5 级。

③焊缝布置不当或焊缝间距小于规定值，经检验未发现新生缺陷，可定为 3 级；如有缺陷，并确认是由于焊缝布置不当所引起的，则定为 4 级或 5 级。

④按规定应采用全焊透结构的角接焊缝或接管角焊缝，而未采用全焊透结构的主要受压元件，经检验未发现新生缺陷的，可定为 3 级，否则定为 4 级或 5 级。

⑤开孔位置不当，经检验未发现新生缺陷，对一般容器定为 2 级或 3 级；对有特殊要求的容器，可定为 3 级或 4 级；如孔径超过规定，其计算和补强结构经过特殊考虑的，不影响定级；未作特殊考虑或经补强但补强不够的，可定为 4 级或 5 级。

（3）按几何尺寸超标情况评定：

①错边量、棱角度或圆度的偏差符合 GB 150—2011《压力容器》规定的可评为 1、2 级，若容限超过上述值，属一般超标的，可定为 2 级或 3 级，属严重超标的，经该部位焊缝内外部无损探伤抽查，如无较严重缺陷存在，可定为 3 级，若伴有裂纹、未熔合、未焊透等缺陷，应通过应力分析或根据验证性试验和对比经验判断能否继续使用，在规定的操作条件下和检验周期内，能安全使用的定为 3 级，否则定为 4 级或 5 级。

②鼓包（蠕变除外）按下列情况评级。鼓包高度不超过筒体内径的 2.0%，且不超过 20mm 时，可定为 2 级，超过 20mm，视具体情况定为 3 级或 4 级；如发现有裂纹或严重过烧的，定为 5 级。

（4）按表面缺陷情况评定：

①裂纹不允许存在。打磨后不需焊补的，不影响评级，打磨后其深度超出最小壁厚（指设计计算壁厚，下同）焊补合格的，可定为 2 级或 3 级。

②焊缝咬边，按下列情况评级：

内表面咬边深度不超过 0.5mm、连续长度不超过 100mm、两侧咬边总长度不超过该焊缝总长度的 10% 者，对一般容器不影响定级，对有特殊要求的容器或槽车罐体，检验时未发现裂纹，可以定为 2 级或 3 级。

外表面焊缝咬边深度不超过 1.0mm、连续长度不超过 100mm、两侧咬边总长度不超过该焊缝总长的 15% 者，比照上面评级。

内外表面焊缝咬边超过上述标准或检验时发现有裂纹，打磨消除不需补焊的，不影响评定级，经焊补合格的，可定为 2 级或 3 级。

③机械损伤、焊迹、电弧灼伤，打磨后不需焊补的，不影响定级，焊补合格的可定为 2 级或 3 级。

④分散的点腐蚀，如同时符合下列条件的，不影响定级。腐蚀深度不超过最小壁厚的 20%；在直径为 200mm 的范围内，点蚀总面积不超过 $40.0cm^2$，沿任一直径方向点蚀长度之和不超过 40mm。

⑤大面积均匀腐蚀，应以实测最小壁厚（扣除到下一次检验期腐蚀裕量的 2 倍）作为强

度核算的依据，强度校核合格者不影响评级；经补焊合格的，可定为 2 级或 3 级；否则定为 4 级或 5 级。

（5）按埋藏缺陷情况评定：焊缝有埋藏缺陷的，按以下要求划分安全状况等级。

单个圆形缺陷（圆形缺陷的定义见 GB/T 3323—2005）的长径大于壁厚的 1/2 或大于 92mm 的定为 4 级或 5 级；圆形缺陷的长径小于壁厚的 1/2 或 9mm 的，其相应的安全状况等级如表 3-10 和表 3-11 所示。

表3-10 圆形缺陷安全状况

缺陷点安全状况等级（个） 实测厚度（mm） 评定区	10×10（mm）			10×20（mm）		10×30（mm）
	t≤10	10<t≤15	15<t≤25	25<t≤50	50<t≤100	t>100
2	6～9	12～5	18～21	24～27	30～33	36～39
3	10～12	16～18	22～24	28～30	34～36	40～42
4	13～15	19～21	25～27	31～33	37～39	43～45
5	>15	>21	>27	>33	>39	>45

注 圆形缺陷尺寸换算成缺陷点数，以及不计点数的缺陷尺寸规定见GB 3323—2005标准。

表3-11 按规定要求全部探伤的圆形缺陷及安全状况等级

缺陷点安全状况等级（个） 实测厚度（mm） 评定区	10×10（mm）			10×20（mm）		10×30（mm）
	t≤10	10<t≤15	15<t≤25	25<t≤50	50<t≤100	t>100
2	3～6	6～9	9～12	12～15	15～18	18～21
3	7～9	10～12	13～15	16～18	19～21	22～24
4	10～12	13～15	16～18	19～21	22～24	25～27
5	>12	>15	>18	>21	>24	>27

表 3-10 为按规定只要求局部探伤的压力容器（不包括低温压力容器）圆形缺陷与相应的安全状况等级；表 3-11 为按规定要求全部探伤的压力容器、低温压力容器和槽罐车圆形缺陷与相应的安全状况等级。非圆形缺陷（非圆形缺陷定义见 GB 3323—2005，此处指未见开

裂迹象的）与相应的安全状况等级如表 3-12 所示。

表3-12 非圆形缺陷及安全状况等级

缺陷位置	缺陷尺寸			安全状况等级	
	未熔合	未焊透	条状夹渣	一般压力容器	有特殊要求的压力容器
球壳对接焊缝、圆筒体纵焊缝以及与封头连接的环焊缝	$H \leq 0.1t$ 且 $H \leq 2$mm	$H < 0.15t$ 且 $H \leq 3$mm，$L \leq 2t$	$H \leq 0.2t$ 且 $H \leq 4$mm，$L \leq 3t$	3	4
圆筒体环焊缝	$H \leq 0.15t$ 且 $H \leq 3$mm，$L \leq 2t$	$H \leq 0.2t$ 且 $H \leq 4$mm，$L \leq 4t$	$H \leq 0.2t$ 且 $H \leq 5$mm，$L \leq 6t$	3	4

注 H 为缺陷在板厚方向的尺寸，也称缺陷高度；t 为板厚；L 为指缺陷长度。

（6）主要受压元件母材内的夹层，按下列情况评级：与自由表面平行的夹层，不影响定级；与自由表面夹角小于 10°的，可定为 2 级或 3 级；与自由表面夹角大于等于 10°的，需计算在正常操作条件下能否保证容器安全运行，能保证的可评为 3 级，否则只能评为 4 级或 5 级。

通过检验，安全状况等级评定为 4 级的容器，在可行的前提下，应尽量对缺陷进行修理，以提高其安全状况等级。容器进行缺陷安全状况等级划分时，应遵循"合理使用"的原则，着重考察容器是否与使用工况相适应，经过 1～2 次内外部检验，未发现由于使用原因产生裂纹、非正常腐蚀、变形、材质劣化等新生缺陷，且能安全使用到下一个检验周期者即可视为"合理使用"。

16. 强度校核

（1）有下列情况之一的，应进行强度校核。

①存在大面积腐蚀。

②强度计算资料不全，无强度设计资料或强度设计参数与实际情况不符。

③错边量和棱角度有严重超标。

④结构不合理，且已发现严重缺陷。

⑤检验发现有严重变形或检验员对强度有怀疑的。

（2）强度校核的基本原则。原设计已明确提出所采用的强度设计标准的，按原标准进行强度校核；原设计没有注明所依据的强度设计标准或无强度计算的，原则上可根据用途或类型，按当时的有关标准进行校核。

国外进口的或按国外技术规范设计的，原则上仍按原设计规范进行强度校核。

容器的材料牌号不明，可按该容器同类材料的最低强度标准值选取，对于壁温为 -20～200℃的一般容器，经检验确认材质能满足工况要求，可按 A3（Q235A）钢强度下限位进行核算。

剩余壁厚按实测的最小值减去到下一个使用周期的两倍腐蚀量，作为强度校核的壁厚。

强度校核压力，一般取容器实际最高工作压力；装有安全装置的，校核用压力不得小于其开启压力（或爆破片爆破压力）；盛装液化气体的，强度校核压力，应取原设计压力。

强度校核时的壁温，取实际最高壁温；低温压力容器，取常温值。

壳体直径按实测最大值选取。

强度校核时，应考虑附加载荷（温差应力、风载荷及地震载荷等）。

焊缝系数应根据焊缝的实际结构形式和检验结果参照原设计规定选取。

（3）强度校核应由检验员或具有设计经验和能力的人员担任，强度校核书应由计算人员、校核人员和审核人员签字负责。

（4）特殊结构不能以常规方法进行强度校核的，可采用有限元法或应力分析设计等方法校核。

（5）强度校核结果合格的，不影响评级；如不合格，评为 5 级。若降低操作条件，满足使用要求，可评为 3 级或 4 级。

17. 最终安全状况等级评定

容器最终安全状况等级评定，应在分项检验（含缺陷修理后的复检）评级完成后进行。在等级评定时，应着重验证容器是否适应工况要求，能否在法定检验周期内安全使用。

安全评定按表 3-13 内容填入分项的安全状况等级，以其中最低一个等级作为容器最终安全状况等级，并填入检验报告书中。

表3-13 安全评定表

评定项目内容	分项评定的安全状况等级	最终安全等级	评定项目内容	分项评定的安全状况等级	最终安全等级
主体材质检验			表面缺陷检验		
结构检查			埋藏缺陷检验		
几何尺寸检查			强度校核		

对于最终安全等级评定为 4 级的容器，应严格限制监控使用的期限和允许使用的工作参数（最高工作压力和温度等），逐级办理注册手续（安全状况等级为 4 级的液化气体槽车不得继续使用），并上报主管部门和当地劳动部门锅炉压力容器安全机构备案。对于耐压试验或强度核算不合格的，应定为 5 级，若不进行有效处理者不能继续使用。

18. 检验报告

容器检验（修理）后，应由检验（修理）单位填写检验（修理）报告，检验报告格式可参照劳动部颁发的《在用压力容器检验规程》，检验报告内容至少应包含以下结论。

（1）容器的安全状况等级。

（2）允许继续使用的参数。

（3）容器监控使用的限制条件。

（4）下次检验日期和检验性质。

（5）其他附加说明。

五、检修

1. 基本规定

容器的检修是指受压元件（含与受压元件连接的焊缝）性能的恢复和改善，其检修内容根据定期检验结果和容器实际使用状况确定，而容器的内件（包括填充物、触媒、衬里、保温层、防腐层等）更换与检修，应执行相应设备的维护检修规程。

2. 检修周期

（1）容器的检修一般应与检验周期一致。

（2）属于大型机组附属设备的容器，一般应结合机组大修进行检修。

（3）属于工艺主线路中的独立容器，根据内外检验结果及实际运行状况决定是否修理。

（4）装有触媒的反应容器，当其安全状况等级在 3 级以上，运行中未见异常，可结合触煤更换期确定其检修周期。

3. 检修一般要求

不涉及容器主要受压元件施焊的修理，一般由容器的使用单位自行处理。承担主要受压元件施焊的修理单位必须具备下列基本条件。

（1）具有与修理容器类别相适应的技术力量、工装设备和检测手段。

（2）具有健全的质量保证体系。

（3）有修理或制造该类容器的经验。

容器的修理和改造，如开孔、补焊、堆焊、更换筒节和封头等均应遵循有关规定，制订具体的施工方案和施焊工艺并进行相应的工艺评定或模拟性试验。

施焊工作、无损探伤和检验工作必须经过劳动部门考试合格，且具备相应资格和具有相应项目的人员担任。

一、二类压力容器的修理、改造方案需经企业负责压力容器安全技术管理的专管人员同意，报机动部门负责人批准后执行；对三类容器或采用挖补方法修理的容器以及绕带式和层板包扎容器、热套容器和带衬里的高压容器的碳钢壳体内壁需补焊和堆焊的，应经企业机动部门负责人同意，报企业技术负责人批准并报上级主管部门备案后方可执行。

焊接所用焊条应符合 GB 981—1984 的规定并与母材相匹配，补焊或堆焊的二、三类容器焊前应按有关规定进行烘烤和保温，焊接环境应符合 GB 150—2011《压力容器》的规定。

修理、改造所用材料（钢材、焊材）、阀门紧固件、安全附件等均应有质量证明书或复验证明（或报告），并满足设计和使用要求。

容器补焊或堆焊同一部位返修次数一般不得超过两次，若两次返修仍不合格者应重新研究制订施焊方案，必要时可做焊接工艺评定，新的施焊方案应经企业技术负责人批准（企业内有质保体系的也可由质保工程师批准）。

对腐蚀、冲刷严重的安全阀，修理完成后应以 1.5 倍最高工作压力进行水压试验，合格后方可进行校验、铅封并投入使用。

对有抗晶间腐蚀要求的奥氏体不锈钢容器修理后，修理部位仍应保证原有要求；对有防腐要求的奥氏体不锈钢及复合板制容器的修理，修理后应按要求进行酸洗、钝化处理。

装配容器的紧固件应事先涂润滑介质，紧固螺栓应按对角依次逐步拧紧，高压容器的主螺栓宜采用液压或电动工具拧紧。

容器的检修工作完成后，应按有关规定进行容器检验、签定及安全状况等级评定工作。

4. 常规修理的主要内容

（1）容器经检验后评定其安全状况等级低于 3 级者，相应超标项目（指硬件部分）的修理或更换。

（2）容器密封元件的更换或密封面的修理。

（3）容器主螺栓和高压容器紧固件的清洗（理）、检查和更换。

（4）容器安全附件的检查和修理。

（5）监控容器使用过程中出现的损坏现象的修理或更换。

（6）容器保温、防腐设施的修理。

（7）与容器相连的管件、阀门的修理。

（8）影响容器安全使用的外围设施（如基础支座、悬挂支撑及吊耳等的修理）。

（9）需变更工艺参数的零、部件的改动或更换。

（10）其他辅助性修理项目（如测试仪表修理或更换，构件加固及修理等）。

修理后的容器要进行检验和耐压试验，容器的耐压试验方法见"第五节容器压力试验方法及安全规则"，对球形容器还应做基础沉降量的测定。

5. 常见缺陷修理方法

（1）经定期内、外部检验的容器安全状况等级达到 3 级的，一般可不进行专门的修理，对安全状况等级低于 3 级的，一般应进行专门的修理，无法修理的应按规定进行监控，降压使用或予以报废，需定期修理的容器可按下列方法进行检修。

（2）磨削法消除缺陷　容器表面或内壁（包括焊缝）因腐蚀凹陷或发现微裂纹，工、卡具划伤，电弧擦伤等近表面缺陷。首先应检查和测量其缺陷深度、范围，然后可采用磨削法进行处理，磨削形状视缺陷尺寸和走向而定，对条状缺陷应磨成条状；面状缺陷应磨成蝶形，磨成条状的缺陷应圆滑过渡，磨削斜度一般为 1：4。

如采用磨削法将缺陷打磨圆滑过渡后其剩余最小壁厚仍大于强度核算的最小壁厚（球罐缺陷磨削深度小于球壳板厚度的 7% 且不大于 2.0mm）加预计使用期内两倍腐蚀裕量之和时，可不进行补焊，否则应进行补焊或堆焊。

容器的最小壁厚根据容器类型按 GB 150—2011《压力容器》的相应规定进行核算。

在任意 200mm 直径的圆周内打磨坑蚀或点蚀总面积不超过 $40cm^2$ 或沿任何直径方向打磨坑蚀、点蚀总长度不超过 40mm 且点蚀深度不超过容器强度核算壁厚的 1/5（对层板、热套或绕带式高压容器系指内筒壁厚），可忽略不计，但必须确认点蚀坑无裂纹，若超过上述数据可根据实际情况做降压使用、补焊、更换或判废处理。

对容器近表面缺陷一般采用手提砂轮消除；对容器及焊缝的埋藏缺陷可采用碳弧气刨消除；对于蚀坑、气孔、弧坑等小缺陷最好采用指形砂轮清除缺陷。对于用碳弧气刨消除缺陷的，一般还应用手提砂轮将清除表面的淬硬层磨去方可进行补焊和无损探伤工作，对于高强钢板厚大于30mm的还应采取预热碳弧气刨清根来消除缺陷。

（3）补焊或堆焊修复法。经打磨深度超过规定或焊缝内部存在线状缺陷（如裂纹、末熔合、未焊透等）且安全状况等级低于3级者应消除缺陷后予以补焊，补焊长度不应小于100mm，若补焊屈服强度 $\sigma_s > 400$MPa 的低合金钢材，其焊缝长度应适当增加。

容器补焊前对缺陷表面应先用酒精、丙酮或清洗剂清洗、除污，再打磨成规定角度；对材料脆性大的容器缺陷，在修正补焊坡口前应在裂纹长度方向各端点以外 10～50mm 处钻 $\phi5.0～\phi8.0$mm 的止裂孔，其深度与打磨深度相同；对高压容器和抗拉强度 $\sigma_b > 540$MPa 钢材的打磨坡口表面应进行磁粉探伤或渗透探伤，确认坡口表面缺陷已经消除方可进行补焊。

对于球罐修补时每处修补面积应在 50cm^2 以内，两处或两处以上缺陷修补时，其缺陷净距离应大于 50mm，球壳板上缺陷修补时，其修补面积应小于该块球壳板面积的 5%。

对球罐的内部超标缺陷，应将缺陷消除在 2/3 板厚以内（由球壳板外表面算起，当埋藏缺陷靠近内表面时，则从内表面算起），若缺陷消除深度超过 2/3 板厚仍残留缺陷时，应立即停止消除，先在外表面进行焊补，然后在其背面再次清除缺陷并经无损探伤确认合格后在内表面进行补焊，补焊长度应符合上述规定。

缺陷补焊时应根据不同的缺陷形状、分布状况选择不同的补焊方法。

①对缺陷尺寸不大，补焊数量不多，各缺陷坡口之间距离较大的采用单个补焊法。

②对缺陷点数较多，相互之间距离又较近者（20～30mm），为了避免焊接不利影响，可将相邻缺陷接起来作为一个缺陷坡口进行补焊。

③对某一部位有数个缺陷，且大小不一、分布不均匀的，补焊坡口又深浅、宽窄不一的，补焊时将局部宽（或深）的部位先补好，再将整个坡口补好。

④对某些缺陷很长或很多的环形焊缝，若补焊坡口已占去焊缝总长的 50% 以上，可将无缺陷的部分也磨出适当深度的坡口进行通长补焊，坡口深度一般取缺陷坡口深度的 1/2～2/3。

经补焊及热处理后的焊缝，应该打磨一下补焊部位，对采用高强钢制作的球罐，修补时应在修补焊道上加焊一道凸起的回火焊道，然后再磨去多余的焊缝高度，使其与主焊道平滑过渡且表面光洁。

缺陷打磨后应进行表面无损探伤，有延迟裂纹倾向的和用高强钢制的球罐补焊部位应在焊后 24h 进行无损探伤。补焊质量应符合标准要求。

对于大面积腐蚀凹坑，其深度小于 1/2 壁厚时可采用打磨堆焊法消除缺陷，当缺陷距堆焊边缘间距小于 100mm 或 3 倍容器壁厚时应视为连续缺陷通长堆焊，堆焊方法和坡口要求应符合上述要求。

堆焊应严格控制层间温度，采用手工电弧焊时层间温度不应超过 100℃，每层焊完后可将焊缝最高处打磨后再进行下一层的焊接。对较重要的容器焊接堆焊，层间仍应做表面无损探伤检查，合格后方可进行下一道焊接，堆焊工艺应通过焊接工艺试验确定。

  绕带式容器的内筒一般不宜采用堆焊修复缺陷，以防绕带预应力松弛。带衬里的高压容器碳钢壳体局部腐蚀后，一般不宜进行焊补修理。在缺陷深度不影响壳体强度时，可用钢质填充物（80% 钢粉、20% 环氧树脂及固化剂等）将腐蚀部位填平。

  焊补后需进行热处理的容器焊后应及时热处理；若不能立即进行，对抗拉强度 $\sigma_b >$ 540MPa 的材料，应进行后热处理，以去除氢扩散。后热温度一般控制在 250 ~ 350℃，保持 1 ~ 2h，此后用石棉覆盖，使其缓冷。

  需进行焊后热处理而条件不允许的，应在焊补前提出不做焊后热处理的焊接工艺，并经企业技术负责人批准，上报主管部门备案。

  若补焊或堆焊部位在使用中有可能渗氢，则焊前应做消氢处理。

  补焊或堆焊部位应略高于母材，之后打磨至与母材齐平（容器衬里层的堆焊或补焊除外，但容器衬里补焊或堆焊处应打磨），然后进行表面探伤，或用超声波、射线探伤检查其内部。

  补焊一般采用手工电弧焊，有条件的也可采用钨极氩弧焊进行补焊，补焊时应尽量采用小电流、短弧运条的方法以保证尽量低的焊接热输入量，减少焊接应力和焊接变形。当补焊坡口较大或较长时可在坡口两侧先堆焊，再从底层施焊，或由两名焊工从缺陷两端同时向中间施焊，有时也可采用层间锤击等方法以减小焊接应力和焊接变形。

  缺陷补焊是否需要预热和焊后热处理，应由材料的特性、焊接工艺条件、工件结构刚性、使用条件及图样规定等综合考虑。常用低合金高强度钢焊前预热和焊后热处理条件及温度如表 3-14 所示。

表3-14 常用低合金高强度钢焊前预热和焊后热处理条件及温度

强度等级（MPa）	钢号	板厚（mm）	预热温度（℃）	焊后热处理温度（℃）	
				电弧焊	电渣焊
300	09Mn2 09MnV	一般无厚板	不预热	不热处理	不热处理
350	16Mn 16MnR 14MnNb	≤40 >40	不预热 ≥100	不热处理或者 600 ~ 650回火	900 ~ 930正火 600 ~ 650回火
400	15MnV 15MnVR 14MnMoNb	≤32 >32	不预热 ≥100	不热处理或者 560 ~ 590回火 或630 ~ 650回火	950 ~ 980正火 560 ~ 590或630 ~ 650 回火
450	15MnVN 15MnVR	≤32 >32	≥100	不热处理或 630 ~ 650回火	
500	18MnMoNb 18MnMoLTbB 14MnMoV	任何厚度	≥150	600 ~ 650 回火	950 ~ 980正火 600 ~ 650回火
550	14MnMo17B	无厚板	≥150		

强度等级（MPa）	钢号	板厚（mm）	预热温度（℃）	焊后热处理温度（℃）	
				电弧焊	电渣焊
600	14MnMoVN	≤35	≥150	630~650回火	900~920正火 600~630回火
700	14MnMoNbB		≥150	600~630回火	600~630回火

对需要进行焊前预热和焊后热处理的焊缝，预热和后热处理的加热范围一般以焊缝中心线为基准，预热面积应大于补焊或堆焊周边100mm且不小于3倍壁厚的范围。热处理的加热范围也应满足上述条件，且要求容器内外壁表面温度均匀一致，加热带以外2~5倍加热宽度应予保温，以保证质量。

（4）更换筒节或挖补修复法。薄壁单层容器（容器外径与内径的比值小于1.1）局部腐蚀严重，采用补焊或堆焊较困难或不宜采用补焊（如容器筒节裂纹长度超过筒节长度的1/2时）或采用补焊、堆焊难以保证质量的，可采用更换筒节或封头的方法，更换筒节的长度不得小于300mm，所更换的筒节环缝距原筒节相邻环缝间距应大于300mm，施焊前应清除原筒节残存的有害于焊接的腐蚀产物，同时还应保证筒节的一端能自由伸缩。

容器局部较小面积存在较严重的腐蚀缺陷时可采用挖补的方法进行修复，容器的挖补应尽量挖设圆形或椭圆形孔，且椭圆形孔的长轴方向与环向应力方向相同。补焊曲率应与开孔部位一致，挖补一般采用嵌入式对接，不得采用搭接或嵌入加盖条焊接。

一般不采用挖补法，确需挖补时，挖补直径不小于300mm，同时需经企业技术负责人批准，并报上级主管部门或当地劳动部门锅炉压力容器安全监察机构备案。

受压元件不得采用焊接贴补的方法进行修理（衬里层局部修理除外）。

（5）金属衬里容器缺陷的修复。金属衬里容器若衬里层表面有裂纹、针孔、点蚀、焊缝内有夹渣等缺陷时，可通过磨削方法消除缺陷，或根据腐蚀速度和检验周期决定是否予以补焊或更换衬里，补焊方法如上所述。

更换大面积衬里可采用直接衬板焊接法和补板加盖压条法。采用直接衬板焊接法时，为防止新老衬里对接焊缝根部的合金元素被碳钢壳体稀释而影响其耐蚀性，一般可在该焊缝底部的基体金属上开槽，并堆焊过渡金属或加垫相近材质的薄垫板。

对于小范围穿透型缺陷，可采用盖板补焊法（即在缺陷上部加盖板补焊）修复，补焊时应考虑在被覆盖的衬里上开一至数个$\phi3.0 ~ \phi5.0$mm的排气孔。

金属衬里的大面积鼓包，在消除泄漏后用水压胀复，但胀复压力不得超过容器耐压试验压力，小面积鼓包可用机械法胀复，对奥氏体不锈钢衬里的容器严禁用火焰加热胀复。

凡经胀复、补焊或经更换的衬里，应检验衬里的修复质量。常用检验方法如下：

①空气检漏法。一般可选用肥皂水作为检漏介质。检漏时由检漏孔向衬里层间通入0.05MPa的空气，然后在焊缝上用肥皂水检查其泄漏情况。

②氨渗透法。是向衬里层间通入0.05MPa的氨气，然后采用酚酞指示剂进行检漏。采用

此法时，衬里层间最好先以氮气置换。

③有条件的企业也可采用超声波泄漏检测仪、嗅敏仪及氦质谱检漏仪检查衬里的修复质量。

（6）密封面和密封元件的修理。容器的密封面如有划痕等缺陷应修整到质量符合要求方可重新使用。一般的密封元件（如非金属垫片）通常不得重新使用，金属透镜垫经使用产生的压痕可用机械加工法修复，铜、铝垫片安装前应先进行热处理。选用垫片时应考虑材料对介质的耐蚀性。

6. 检修质量标准

（1）经修理的容器应达到完好设备标准，经过改造或更换筒节的容器其分项安全状况等级应达到 2 级（含 2 级）。容器表面无裂纹、鼓包、凹陷、变形和过烧等现象。焊缝表面不得有裂纹、气孔、弧坑和夹渣等缺陷，并不得保留有熔渣和飞溅物。

（2）标准抗拉强度 $\sigma_b > 540\text{MPa}$ 的钢制容器及 Cr—Mo 钢制容器、焊缝系 $\phi = 1.0$ 和低温容器，焊缝表面不得有咬边，其他容器焊缝表面的咬边深度不得大于 0.5mm，咬边连续长度不得大于 100mm，且焊缝两测的咬边总长不大于该焊缝长度的 10%。

（3）焊缝表面应圆滑过渡至母材，角焊缝焊脚尺寸应符合图样或相应标准规定；A、B类焊缝余高应符合表 3-15 规定，返修容器焊缝无损探伤合格标准如表 3-16 所示。

表3-15 A、B类焊缝余高

焊缝深度δ	焊缝余高e		焊缝深度δ	焊缝余高e	
	手工焊	自动焊		手工焊	自动焊
≤12.0	0 ~ 1.5	0 ~ 4.0	25≤δ<50	0 ~ 3.0	0 ~ 4.0
12<δ≤25	0 ~ 2.5	0 ~ 4.0	≥50	0 ~ 4.0	0 ~ 4.0

注 球罐焊缝余高应符合GB 50094—2010《球形储罐施工规范》的要求。

表3-16 返修容器焊缝无损探伤合格标准

对口处的名义厚度 δ_n	按焊缝类别划分的对口错边量b	
	A	B
≤10.0	≤δ_n/4	≤δ_n/4
10<δ_n≤20	≤3.0	≤δ_n/4
20<δ_n≤40	≤3.0	≤5.0
40<δ_n≤50	≤3.0	≤δ_n/8
>50.0	≤δ_n/16且≤10	≤δ_n/8且≤20

注 （1）式中δ_n为名义壁厚；
（2）球形储罐的对口错边量小于$0.1\delta_n$；
（3）复合钢板对口错边量b不大于钢板复层厚度的50%，且不大于2.0mm。

①焊缝应 100% 无损探伤检查。

② A、B 类焊缝的无损探伤合格标准参照 GB 150—2011《压力容器》确定。

③渗透探伤表面不得有任何裂纹和分层现象。

（4）容器 A、B 类焊缝对口错边量应符合表 3-16 规定。筒体纵、环焊缝棱角度 $E < (0.1\delta_n + 2)$ mm，且不大于 5.9mm。

（5）球形储罐对接焊焊缝棱角度 E 焊前小于等于 7.0mm，焊后小于 10.0mm。

（6）内压容器壳体在同一断面上最大与最小内径差额 $e < 1\%$ 设计内径，且不大于 25.0mm，球罐 $e < 1\%$ 设计内径，且不大于 80.0mm。

（7）壳体的直线度误差应符合表 3-17 规定。

表3-17　壳体的直线度误差

壳体长度H（m）	圆筒直线度误差 ΔL（mm）	壳体长度H（m）	圆筒直线度误差 ΔL（mm）
≤20	≤2H/1000，且≤20	50<H≤70	≤45.0
20<H≤30	≤H/1000	70<H≤90	≤55.0
30<H≤50	≤35.0	>90	≤65.0

注　球罐球壳支柱全长L的直线度误差：$\Delta L \leq L/1000$，且不大于10.0mm。安装球壳支柱应保证铅垂度，其允差Δ如下：当H≤8000mm时，Δ≤10.0mm；当H>8000mm时，Δ≤1.5H/1000。

六、试车（投运）及验收

1. 试车（投运）前的准备工作

（1）容器修理后需由检测（验）人员按相应的标准进行质量检验，合格后根据容器的修理情况和检验报告出具可以反映容器安全状况等级的临时书面报告（或正式书面报告），并按规定出具有效的检验报告书或处理意见。

（2）检验与修理工作完成后，使用单位对检修合格的容器应指定专人进行质量抽检或复检，确认合格后进行内外部清扫及封闭人孔、清理孔、排污及放空阀等，取消和拆除检修安全防护设施，为系统试车做好准备。

（3）使用单位、修理单位应分别按有关要求进行试车工器具和必需品的准备。

（4）检查系统检修项目及仪表、计器、安全装置是否检修、校验合格。

2. 试车（投运）

（1）主要容器应由使用单位按容器或系统操作技术规程及容器类别编制试车方案；一般容器的试车（投运）可随系统试车（投运）进行。

试车方案应包括试车程序和方法，检查项目和质量标准，安全注意事项和防护措施。

（2）企业对经修理、检验合格的容器应组织修理单位、使用单位、检验单位和机动部门进行系统试车及验收工作。

容器的试车应结合系统试车进行。在系统检修工作完成后进行必要的清洗、吹扫和置换，使用单位应指定操作工人严格按操作规程启动和操作，并根据试车方案进行系统试车工作。

系统试车过程中，有关人员要根据试车方案和操作规程定时、定点、定线、定项检查容器运行情况，并认真做好试车记录。对试车中发现的缺陷部位用平面展开图或其他方法表达清楚，以便再次进行修复。

试车不合格的容器应进行返修处理，直至合格。

3. 验收

（1）一、二类容器连续正常运行 24h，三类容器连续正常运行 48h，方可办理验收手续。

（2）容器检修、改造后承修单位应在一周内向使用单位和机动部门交付如下竣工文件和资料：

①检修施工方案和修理及质量验收记录。

②修理所用材料、备品、配件清单及质量证明文件（代用材料还应有审批资料）。

③所有检验（测）报告、记录（包括检修前的安全交接证明资料）等。

④尚存在及需改进的问题和意见。

⑤试车及验收证明。

七、维护、检验、检修安全注意事项

1. 维护安全注意事项

（1）操作人员和维修人员应结合"四懂三会"教育，熟悉和了解工作岗位内容器的特点，介质的物理、化学性质，对使用易燃、易爆介质的容器要遵守有关安全规定。

（2）容器运行时严禁用铁器敲击，防止产生静电和明火。

（3）严禁利用容器做电焊工作的零线以及起重装置的锚点，室外高塔、罐要有可靠的避雷设施和接地线，易燃、易爆介质储罐及管线要有可靠的接地线和防静电装置。

（4）全系统开、停车时，容器的降温（压）、升温（压）必须严格按操作规程进行，不得在容器带压情况下拆卸和拧紧螺栓及其他紧固件（设计图样上有规定者除外）。

（5）对介质毒性程度为中度、高度、极度危害的容器进行检查和维护时要遵守有关安全规定。

（6）容器操作中发生意外事故和泄漏，操作人员要严格按事故处理应急措施行事，不可盲目、急躁，以免事故扩大和发生人身伤亡。

（7）操作人员上岗检查时要严格按要求穿戴防护用品。

2. 检验、检修安全注意事项

（1）在编制容器的检验修理方案时，应遵循原化学工业部《化工企业安全管理制度》的要求，根据具体情况拟订相应的安全措施。

（2）必须切断与容器有关的电气设备的电源。检验和修理用的电源应由使用单位指定的电工拆、接。

（3）容器检验和修理前必须按规定办理好检修任务单和安全交接手续。

（4）容器内介质排净后，应加设盲板隔断与其相连的管道和设备，并有明显的隔断标志。

（5）对于盛装易燃，危害程度为中度、高度和极度腐蚀或窒息性介质的容器，必须进行相应的置换、中和、消毒、清洗等处理，经取样分析合格后方可进行检修，检修中还应定期取样分析以保证容器中有毒、易燃介质含量符合 GB 5044—1985《职业性接触毒物危害程度分级》。

（6）容器检修动火时必须按原化学工业部《化工企业安全管理制度》的规定办理动火证。

（7）容器检修前应将容器人孔全部打开，拆除容器内件，清除容器内的杂物、污物。

（8）进入容器工作只准使用不超过 24V 电压的防爆灯具、检验仪器和修理工具，用电源电压超过安全电压时，必须采取防止直接接触带电体的保护措施。

（9）进入容器工作的人员应遵守进塔入罐的安全要求，容器内有人工作，容器外应有掌握基本急救知识的人员监护，容器内外应设置可靠的联络信号，监护人员在工作期间不得擅自离开岗位。

（10）在拆卸容器零部件时（尤其是拆卸主螺栓和密封元件时）应注意采取保护措施（如涂润滑脂和增设防碰、划伤密封面的设施），以免容器部件损伤。

（11）进入容器检修注意通风，对通风不良的容器检修时应设置通风装置，以防出现意外。

（12）在高空作业时应按有关规定配戴防护用品，必要时还应在工作场所设立安全防护网。

（13）对工作现场周围有易燃、易爆介质的，在检修前应设立防护措施（如加设防火水帘及湿麻袋等），并按有关规定设置必要的消防器材。

（14）采用射线探伤时，应用明显标志隔离出透照区，并设置安全标志。

（15）检验和修理需要搭设的脚手架、平台、装载人员的升降装置，必须牢固可靠，符合企业安全技术规程的要求。

（16）在拆卸吊装时，必须严格检查起重机具，做到安全文明检修；拆卸的紧固件和密封面必须妥善保护（管），不得人为损伤或丢失。

（17）槽车罐体检验修理时，应采取措施防止车体滑动；对有可能自行回转的容器，应采取制动措施。

（18）检修人员应严格遵守检修有关安全规定，严禁施工人员向空中和低处抛扔工具或杂物，以免发生人身伤亡事故。

（19）使用电动工具时，应有相应的防护措施，并掌握必要的操作和安全防护知识，以防砂轮片破碎飞出造成伤亡和设备损坏。

（20）容器压力试验安全注意事项参见"第五节容器压力试验方法及安全规则"。

3. 试车（投运）安全注意事项

（1）系统试车（投运）前，使用单位应按操作规程和有关规定对容器进行吹扫和置换并取样分析，合格后方可进行试车工作。

（2）重要容器开、闭罐前应组织有关人员进行严格检查，确认无误后方可开始工作。

（3）系统试车（投运）前应先检查容器安全防护装置，超温、超压报警及泄放装置，确保其安全、可靠。

（4）试车（投运）工作要严格按操作规程和试车方案进行，不得违章操作。

（5）试车（投运）现场应配备必要的消防器材和安全防护装置。

（6）不得在带压情况下紧固螺栓和敲击容器。

第五节　容器压力试验方法及安全规则 *

一、基本规定和要求

（1）容器的压力试验分为耐压试验和气密性试验两种。容器的耐压试验又分为液压试验和气压试验。

（2）耐压试验一般采用液压试验，当无法采用液压试验时，有关人员应仔细核对和审查检修质量证明文件和资料以及容器原有技术文件（必要时还需进行强度核算），并经企业技术负责人批准后方可进行气压试验。

（3）由于结构或支承原因，不能向容器内安全充灌液体或运行条件不允许残留试验液体的容器可按设计图样规定采用气压试验。

（4）耐压试验时，各部位紧固螺栓必须装配齐全且符合要求，试验时应在容器顶部和压力源出口各装一块量程相同的压力表；对塔类设备还应在塔底装一块压力表。

（5）液压试验介质应尽量采用洁净水，对奥氏体不锈钢及其衬里容器，水中氯离子含量不得超过 251mg/kg，若有特殊要求时，应按规定要求选定水质。

（6）试验介质温度应低于液体沸点温度，一般不应低于 15℃（碳钢、16MnR 钢不低于 5℃），对新钢种或因板厚使材料脆性转变温度升高者，试验温度应高于材料脆性转变温度。

（7）气压（或气密性）试验气体应为干燥、洁净的空气、氮气或其他惰性气体，盛装易燃、介质毒性程度为中等危害的在用压力容器，若不进行彻底的清洗和置换，则严禁使用空气试验介质。

（8）碳钢和低合金钢制容器的气压试验用气体温度不得低于 15℃（气密性试验时不得低于 5℃）；其他材料制压力容器，试验气体温度应符合设计图样规定。

（9）介质毒性程度为极度、高度危害和设计上不允许有微量泄漏的压力容器，必须做气密性试验。

（10）气密性试验一般应在液压试验合格后进行，对在检验或修理中已做过气压试验的容器可免做气密性试验。

（11）对高强钢制容器，必要时耐压试验合格后还应进行 20% 的无损探伤复验。

（12）耐压试验（及复验）合格的容器，在办理质量确认手续后，使用单位方可进行系统试车的准备。

二、压力试验方法

1. 容器液压试验方法

容器充满液体（在容器最高点设排气孔，将空气排净，容器外表面保持干燥），待容器壁温与液体温度相同时，才能缓慢地升压至最高工作压力，确认无泄漏后方可升至试验压力，根据容器容积大小保压 10 ~ 30min，然后降至最高工作压力，至少保持 30min 同时进行检查，检查期间压力应保持不变，不得采用连续加压以维持试验压力不变的做法，不得在压力下锤击容器焊缝和紧固螺栓。

2. 容器气压试验方法

容器应缓慢升压到规定试验压力的 10%，保压 5 ~ 10min，并对所有焊缝和连接、密封部位进行初次检查，如无泄漏可连续升至规定试验压力的 50%，如仍无异常现象，其后按每级为规定试验压力的 10% 逐级升压至试验压力，同时根据容器容积大小保压 10 ~ 30min，然后降至最高工作压力至少保持 30min 同时进行检查，检查期间压力应保持不变，不得采用连续加压维持试验压力不变的做法。

3. 容器气密性试验方法

首先应使试验系统保持平衡，向容器内缓慢通气，达到试验压力的 10% 且不小于 0.1MPa 时暂停进气，对连接、密封部位以及焊缝等进行检查，若无泄漏或异常现象可继续升压，升压应分梯次逐级提高，每级一般可为试验压力的 10% ~ 20%，每级之间应适当保压以观察有无异常现象，在升压过程中，严禁工作人员在现场作业或进行检查，在达到试验压力后，首先观察有无异常现象，然后由专人进行检查和记录，保压时间一般为 10 ~ 30min，保压过程中试验压力不得下降，禁止采用连续加压以维持试验压力不变的做法。

三、合格标准

在最高工作压力或规定压力下用肥皂泡或其他检漏液检查容器表面焊缝、密封元件达到以下标准即为合格。

（1）各部分均无渗（泄）漏。

（2）无可见的异常变形。

（3）试验过程无异常声响。

四、安全规则

1. 容器壳体的平均一次总体薄膜应力要求

（1）液压试验时的应力不得超过所用材料在耐压试验温度下屈服点的 90%。

（2）气压试验时的应力不得超过所用材料在耐压试验温度下屈服点的 80%。

2. 安全规则的其他要求

（1）容器进行耐压试验时，应在试压容器周围设立安全防护栏（线）和明显标志，在试验压力下任何人不得接近容器，待降至最高工作压力后方可进行各项检查。

（2）气压试验一般不推荐采用，必须采用时由使用单位先制订出详细的试验方案，经企业技术负责人批准后方可进行。

（3）进行气压或气密性试验时，试验用压力源的出口压力应与试验的容器相适应，当压力大于容器设计压力的两倍时，应在试验装置中增设缓冲装置，以保证试验工作的正常进行。

（4）当采用可燃性液体进行液压试验时，试验温度必须低于可燃性液体的闪点。试验场地附近不得有火源，同时应在试验现场配备适用的消防器材和装备。

（5）耐压试验时若发生异常应立即停止试验，待查明原因，处理妥当后方可继续试验。

（6）不得在带压情况下紧固螺栓和敲击容器焊缝。

思考题

1．三类压力容器划分的依据是什么？

2．化工容器由哪些主要部件组成？各部件的作用是什么？

3．容器封头有哪些？各有何特点？

4．密封垫片的种类有哪些？各有何特点？

5．化工设备腐蚀的原理是什么？如何做好化工设备的防护？

6．什么是化工设备的裂纹？裂纹的分类有哪些？

7．什么是化工设备的变形？变形的种类有哪些？

8．如何做好化工设备的检修和维护工作？

9．化工设备容器压力试验方法及安全规则有哪些？

第四章　换热设备

知识目标：掌握换热设备的基本原理、换热设备的种类、换热设备的结构组成及作用特点。
能力目标：会进行换热设备的有关计算，具备对换热设备的故障进行分析、判断及维修的能力。

　　使热量从热流体传递到冷流体的设备叫换热设备。在化工生产中，一般都有化学反应过程。为了使化学反应顺利进行，适宜的反应温度是非常重要的外部条件。即使在一些采用物理方法处理的生产过程中，提高或降低物料的温度，也有利于获得更好的处理效果（如传质过程等）。因此，在工艺流程中常需要将低温流体加热或将高温流体冷却，将液体汽化成气体或将气体冷凝成液体，这些过程都与热量传递密切相关，都可通过换热设备来实现。

　　换热过程包括加热、冷却、蒸发、冷凝、干燥等。相应设备可分为加热器、冷却器、蒸发器、冷凝器、干燥器及锅炉、再沸器等。在化工类工厂中，换热设备的投资占总投资的 10% ~ 20%；在炼油厂中，占总投资的 35% ~ 40%。化工生产对换热设备提出的要求有以下几点：

　　（1）能实现所规定的工艺条件。
　　（2）结构设计合理、传热效率高、流体阻力小。
　　（3）设备的强度、刚度、稳定性足够，可满足安全生产的要求。
　　（4）便于制造、安装、操作及日常维护。
　　（5）节省材料、成本低廉、经济性好。

第一节　传热原理

一、传热能力

　　发生在换热器内的工艺过程是热量传递，热量传递是热量从热流体到冷流体的运动，热量总是从热液体传递到冷流体以达到均匀。热量是能量的一种形式，因此，换热器是一个能量传递装置。

　　为了理解热量传递的原理，形象地了解一下热量从热流体向冷流体的运动。可以认为换热器内的热量传递就好像一部分热流体流过换热管并与冷流体混合。离开热流体的热量很明显与进入冷流体的热量相同。

　　另一个需要记住的术语是传热能力。换热器的传热能力是指 1h 内传递的热量。传热能力通常用 W（瓦）或 Btu（英热单位）/h 表示。瓦是热能的国际单位制（SI）单位。一瓦等于一焦耳每秒。一焦耳是将 0.24g 水的温度提高 1℃所需的热量。英热单位（Btu）是热能的英制单位，它是将 1lb（磅）水的温度提高 1 ℉所需的热量。

换热器内传递的热量是热流体放出的热量。显然，同样的热量被冷流体吸收。所以，换热器的传热能力既是 1h 内离开热流体的热量——W（Btu）/h，又是 1h 内进入冷流体的热量。

换热器的传热能力由下列三个参数决定：

（1）两流体的传热温差。

（2）传热系数，取决于换热器的类型和两种流体的物性。

（3）换热管或换热板的传热面积。

计算换热器发生的传热量的公式为：

传热能力=流体的平均温差 × 传热系数 × 传热面积

二、传热温差

换热器内流体之一是热流体，另一个是冷流体。两个流体之间的温差是驱动或推动热量从热流体到冷流体的动力。如果两个流体温度相同，温差显然是 0，将没有热量传递。换热器内传递的热量与冷热流体之间的温差成正比。

传热温差越大，传热量越大；或者换一个角度说，较小的换热器（也是较便宜的）可在高传热温差下使用。因此，换热器要设计成使两种流体之间的传热温差最大。如图 4-1 所示，有两个保温罐。热水在左室，冷油在右室。两种液体之间的温差约为 93－38＝55℃（200－100＝100 ℉）。这种情况下的换热器就是分隔两种液体的分隔壁。分隔壁处水的温度很快被冷却至 70℃（158 ℉）左右；紧邻分隔壁处的油的温度将升高至 60℃（140 ℉）左右。因此，换热器内的温差仅是 70－60＝10℃（158－140＝18 ℉），即使温差能达到该值的 5 倍，离换热器流体温差仍有一段距离。如果在每个室内用搅拌器剧烈搅动每一侧流体，使每种液体的温度在每个室的整个空间内都相同，那么将在换热器内得到最大的传热温差。热传递将达到最大速率。

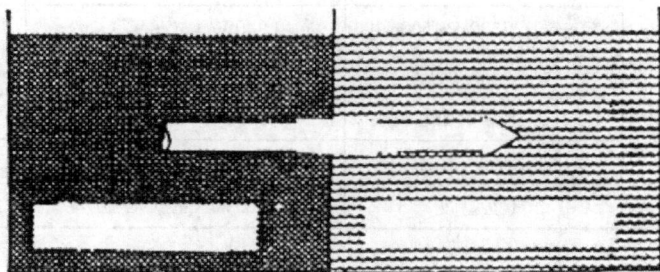

图 4-1 热量的传递

三、传热系数

传热系数以往称总传热系数，国家现行标准规范统一定名为传热系数。传热系数 K 值，是指在稳定传热条件下，围护结构两侧空气温差为 1K 或 1℃，1h 内通过 $1m^2$ 面积传递的热量，单位是 W/（m^2·K）或 W/（m^2·℃）。换热器的传热系数为热流体和冷流体每度温差 1h 通过 1m^2（1 平方英寸）换热器面积传递的热量。管壳式换热器的典型传热系数如表 4-1 所示。

表4-1　管壳式换热器的典型传热系数

换热器		SI制	英制
水冷却器	700kPa[100psi]天然气	226W/（m^2·℃）	40Btu/（sq ft·h·℉）
	3500kPa[500psi]天然气	310W/（m^2·℃）	55Btu/（sq ft·h·℉）
	7000kPa[1000psi]天然气	512W/（m^2·℃）	90Btu/（sq ft·h·℉）
	C$_2$，C$_3$，C$_4$	512W/（m^2·℃）	90Btu/（sq ft·h·℉）
	天然汽油	455W/（m^2·℃）	80Btu/（sq ft·h·℉）
	石脑油	455W/（m^2·℃）	80Btu/（sq ft·h·℉）
	煤油	480W/（m^2·℃）	85Btu/（sq ft·h·℉）
	原油	340W/（m^2·℃）	60Btu/（sq ft·h·℉）
	胺	790W/（m^2·℃）	140Btu/（sq ft·h·℉）
	空气	115W/（m^2·℃）	20Btu/（sq ft·h·℉）
	水	1075W/（m^2·℃）	190Btu/（sq ft·h·℉）
水冷凝器	C$_2$，C$_3$，C$_4$	735W/（m^2·℃）	130Btu/（sq ft·h·℉）
	再生塔顶气	425W/（m^2·℃）	75Btu/（sq ft·h·℉）
	石脑油	425W/（m^2·℃）	75Btu/（sq ft·h·℉）
	胺再生塔顶气	595W/（m^2·℃）	105Btu/（sq ft·h·℉）
	重沸器—蒸汽	850W/（m^2·℃）	150Btu/（sq ft·h·℉）
	重沸器—导热油	595W/（m^2·℃）	105Btu/（sq ft·h·℉）
其他	贫油/气体	455W/（m^2·℃）	80Btu/（sq ft·h·℉）
	贫油/富油	515W/（m^2·℃）	90Btu/（sq ft·h·℉）
	气—气，700kPa[100psi]	285W/（m^2·℃）	50Btu/（sq ft·h·℉）
	气—气，3500kPa[500psi]	340W/（m^2·℃）	60Btu/（sq ft·h·℉）
	气—气，7000kPa[1000psi]	395W/（m^2·℃）	70Btu/（sq ft·h·℉）
	气体制冷器—丙烷冷剂	395W/（m^2·℃）	70Btu/（sq ft·h·℉）
	贫油制冷器—丙烷冷剂	540W/（m^2·℃）	95Btu/（sq ft·h·℉）
	贫胺/富胺	705W/（m^2·℃）	125Btu/（sq ft·h·℉）

四、传热面积

传热面积就是指换热器本身同介质接触部分的面积，尺寸越大传热面积也就越大。影响传热量的最终因素是换热器的面积，例如，10 根换热管的换热器的传热量明显比 5 根换热管的换热器高两倍。换热器的传热面积是单元内换热管的总外表面积，常使用的换热管的每线性米（英尺）的外表面积如表 4-2 所示。

表4-2 换热管外表面积

SI制		英制	
换热管尺寸 （外径，mm）	每米换热管外表面积 （m²）	换热管尺寸 （外径，in）	每英尺换热管外表面积 （in²）
12	0.0377	1/2	0.1309
14	0.0440	5/8	0.1636
16	0.0503	3/4	0.1963
18	0.0565	7/8	0.2291
20	0.0628	1	0.2618
25	0.0785	$1\frac{1}{4}$	0.3272
30	0.0942	$1\frac{1}{2}$	0.3972
35	0.1100	2	0.5236
40	0.1257	$2\frac{1}{2}$	0.6545

五、压力降

管程和壳程流体的流动应为湍流，才能使热流体和冷流体之间的温差达到最大。为了使流动达到湍流，必须保持相当高的流速，结果使每侧流体流过换热器时都会有一个压力降，两侧流体的出口端压力都会低于入口端压力。大多数换热器的压力降设计为 35 ~ 70kPa（5 ~ 10psi）。压力降是对换热器进行故障检查的一个很好的参数。压力降减小表明流量降低，或者很可能管子破裂；压力降增加表明流量增加或有腐蚀、结垢、结蜡、水合物堵塞。要精确测量压力降，应按图 4-2 所示安装差压计。当使用新的换热器或换热器清洗之后，应读取差压计的读数并在明显的位置上记录下来，以便将来的正常工作状态下的压差能与这些读数进行比较。

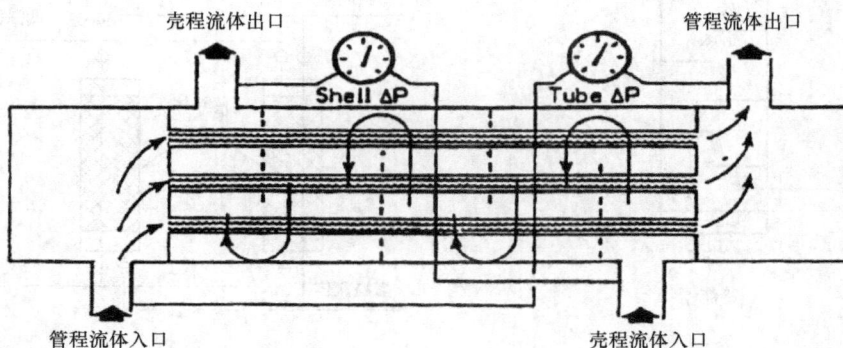

图 4-2 压力降测量

第二节　换热设备的种类

由于工业生产的目的和要求不同，换热设备的类型也多种多样，按传热方式不同，可分为直接接触式、蓄热式及间壁式换热设备三大类。

一、直接接触式换热器

直接式换热设备是利用冷、热两种流体直接接触，在相互混合的过程中进行换热，如图4-3所示。这类换热设备又称混合式换热设备，通常做成塔状，如目前工业上广泛使用的冷却塔、气压冷凝器等。为了增加两流体的接触面积，以达到充分换热，在直接接触式换热设备中常放置有填料和栅板，有时也可把液体喷成细滴。直接接触式换热设备具有传热效率高、单位体积提供的传热面积大、设备结构简单、价格便宜等优点，仅适用于工艺上允许两种流体混合的场合。

二、蓄热式换热器

蓄热式换热器利用冷热两种流体交替通过换热器内的同一通道而进行热量传递，如图4-4所示。当热流体通过时，把热量传给换热器内的蓄热体（如固体填料、多孔格子砖等），待冷流体通过时，将积蓄的热量带走。由于冷、热流体交替通过同一通道，不可避免地会有两种流体的少量混合。因此，不能用于两流体不允许混合的场合。蓄热式换热设备结构简单、价格便宜、单位体积传热面积大，故较适合用于气—气热交换的场合，如回转式空气预热器就是一种蓄热式换热设备。

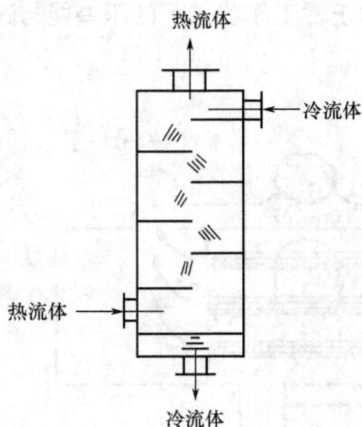

图4-3　直接式换热器　　　　图4-4　蓄热式换热器

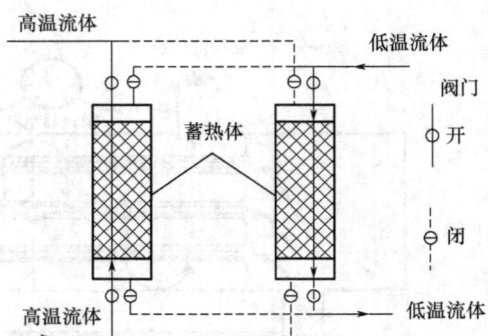

三、间壁式换热器

这类换热设备是利用间壁将冷、热流体隔开，互不接触，热量由热流体通过间壁传递给冷流体。这种换热设备使用最广，常见的有管式和板面式换热器。

1. 管式换热设备

管式换热设备具有结构坚固、操作弹性大及使用材料范围广等优点。尤其在高温、高压和大型换热设备中占有相当的优势。但这类换热设备在换热效率、设备结构的紧凑性和金属消耗量等方面均不如其他新型的换热设备。从结构上看，此类换热设备还可以细分为蛇管式、套管式和列管式等。

（1）蛇管式换热器。是把换热管（金属或非金属）按需要弯曲成所需的形状，如圆盘形、螺旋形和长的蛇形等。它是最早出现的一种换热设备，具有结构简单、制作容易和操作方便等优点。对需要传热面积不大的场合比较适用，同时，因管子能承受高压而不易泄露，常被高压流体的加热或冷却所采用。按使用状态不同，蛇管式换热设备又可分为如图 4-5 所示的沉浸式蛇管换热器和如图 4-6 所示的喷淋式蛇管换热器。

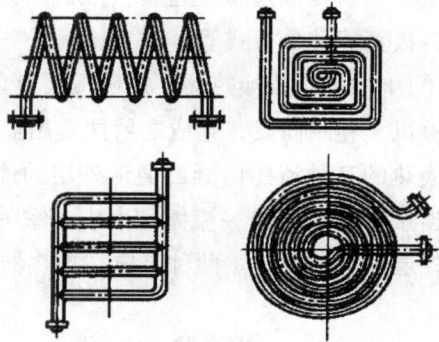

图 4-5 沉浸式蛇管换热器

（2）套管式换热器。套管式换热器是由两种直径不同的管子组装成同心管，两端用 U 形管把它们连接成排，如图 4-7 所示。在进行换热时，一种流体走管内，另一种流体走内外管的间隙，内管的壁面为传热面，一般按逆流方式进行换热。它的优点是结构简单、工作适应范围大，传热面积增减方便，两侧流体均可提高流速，能获得较高的

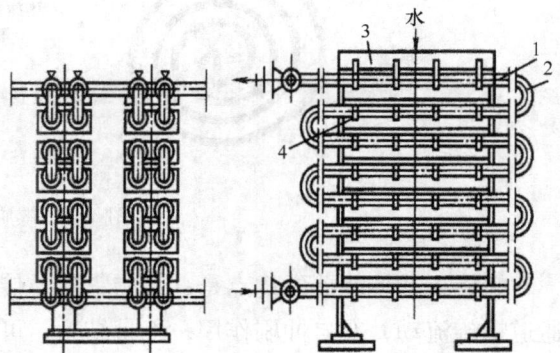

图 4-6 喷淋式蛇管换热器
1—直管 2—U 形管 3—水槽 4—齿轮

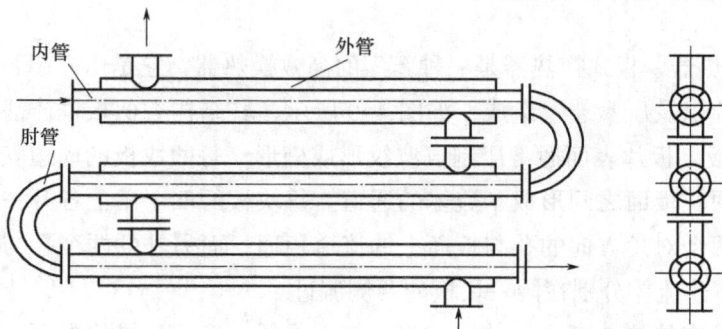

图 4-7 套管式换热器

传热系数；缺点是单位传热面的金属消耗量太大，检修、清洗及拆卸都比较麻烦，在可拆连接处容易造成泄露。该类换热设备通常用于高温、高压、小流量流体和所需传热面积不大的场合。

（3）列管式换热器。列管式换热器又称为管壳式换热器，是一种通用的标准换热设备。它具有结构简单、坚固耐用、造价低廉、用材广泛、清洗方便、适应性强等优点，在各工业领域得到了颇为广泛的应用。

2. 板面式换热设备

这类设备是通过板面进行传热的。按照传热板面的结构形式可分为螺旋板式、板式、板翅式、板壳式及伞板式等。

（1）螺旋板式换热器。螺旋板式换热器是用焊在中心已分隔挡板上的两块金属薄板在专用卷板机上卷制而成，卷成之后两端用盖板焊死，这样便形成了两条互不相通的螺旋形通道，参与换热的某种流体由螺旋通道外层的连接管进入，沿着螺旋通道向中心流动，最后由中心室的连接管流出；另一流体则由中心室另一端的接管进入，沿螺旋通道从中心向外流动，最后由外层连接管流出。两种流体在换热器中以逆流方式流动，如图4-8所示。

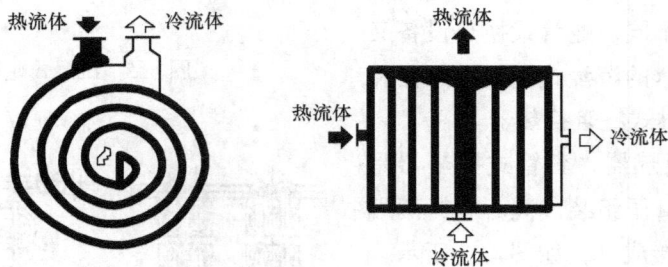

图4-8　螺旋板式换热器

螺旋板式换热器的优点是：结构紧凑，传热效率高；制造简单；材料利用率高；流体单通道螺旋流动，有自冲刷作用，不易结垢；可呈全逆流流动，传热温差小。适用于液—液、气—液流体换热，对于高黏度流体的加热或冷却、含有固体颗粒的悬浮液的换热，尤为适合。螺旋板式换热器的不足之处是要求焊接质量高，检修比较困难，质量大、刚性差，运输和安装时应特别注意。

（2）板式换热器。板式换热器是一种新型的高效换热器，它是由一组长方形的薄金属传热板片、密封垫片以及压紧装置组成，如图4-9所示，其结构类似板框压滤机。板片为1～2mm厚的金属薄板，板片表面通常压制成波纹形或槽形，每两块板的周边安上垫片，通过压紧装置压紧，使两块板面之间形成了流体的通道。每块板的四个角上各开一个通孔，借助于垫片的配合，使两个对角方向的孔与板面上的流道相通，而另外的两个孔与板面上的流道隔开，这样，使冷、热流体分别在同一块板的两侧流过。

板式换热器具有传热效率高、结构紧凑、使用灵活、清洗和维修方便、能精确控制换热温度等优点，应用范围十分广泛。其缺点是密封周边太长，不易密封，渗漏的可能性大；承

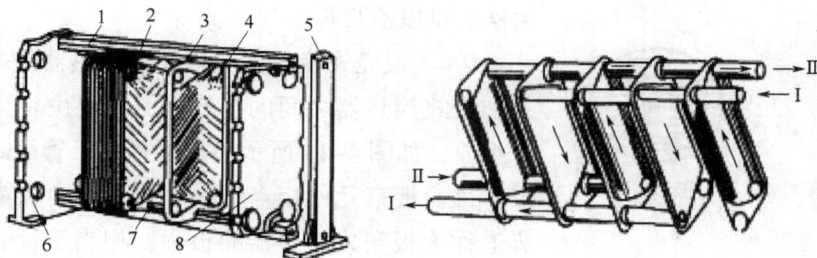

图 4-9　板式换热器

1—上导杆　2—垫片　3—传热板片　4—角孔　5—前支柱　6—固定端板　7—下导杆　8—活动端板

压能力低；使用温度受密封垫片材料耐温性能的限制不宜过高；流道狭窄，易堵塞，处理量小；流动阻力大。

（3）板翅式换热器。板翅式换热器如图 4-10 所示，它是一种新型的高效的换热器。这种换热器的基本结构是在两块平行金属板（隔板）之间放置一种波纹状的金属导热翅片，在翅片两侧各安置一块金属平板，两边以侧条密封而组成单元体，对各个单元体进行不同的组合和适当的排列，并用钎焊焊牢，组成板束，把若干板束按需要组装在一起，然后焊在带有流体进、出口的集流箱上，便构成逆流、错流、错逆流结合的等多种板翅式换热器。

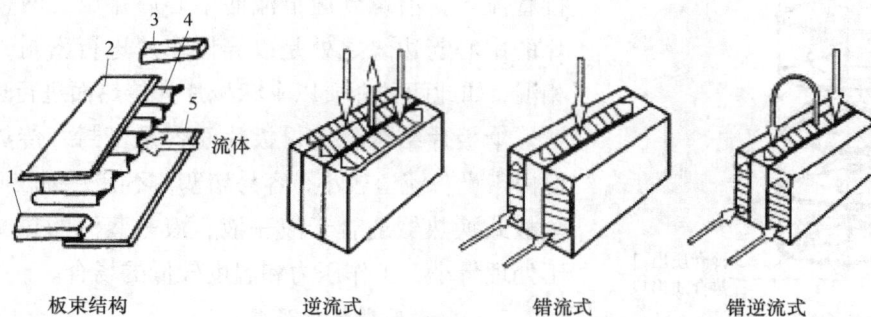

板束结构　　　　逆流式　　　　错流式　　　　错逆流式

图 4-10　板翅式换热器

1，3—侧板　2，5—隔板　4—翅片

板翅式换热器中的基本元件是翅片，冷、热流体分别流过间隔排列的冷流层和热流层而实现热量交换。由于翅片不同几何形状使流体在流道中形成强烈的湍流，使热阻边界层不断破坏，从而有效地降低热阻，提高传热效率。另外，由于翅片焊于隔板之间，起到骨架和支撑作用，使薄板元件结构有较高的强度和承压能力，能承受高达 5MPa 的压力。

板翅式换热器是一种传热效率较高的换热设备，其传热系数比管壳式换热器大 3 ~ 10 倍。板翅式换热器一般用铝合金制造，因此，结构紧凑、轻巧，适应性广，可用作气—气、气—液和液—液的热交换，亦可用作冷凝和蒸发，同时适用于多种不同的流体在同一设备中操作，特别适用于低温或超低温的场合。其主要缺点是流道小、易堵塞、结构复杂、造价高、不易

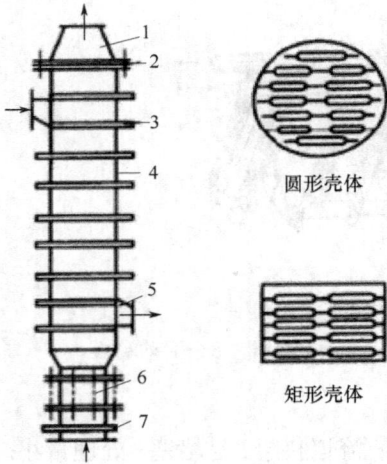

图 4-11 板壳式换热器
1—头盖 2—密封垫片 3—加强筋
4—壳体 5—管口 6—填料函 7—螺纹法兰

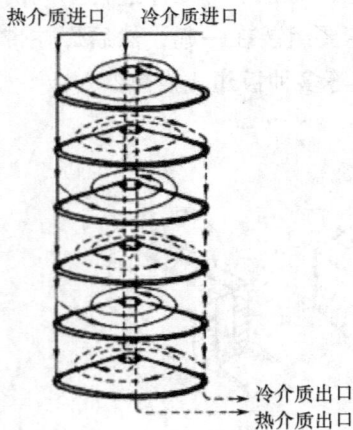

图 4-12 伞板式换热器

清洗、难以检修等。

（4）板壳式换热器。板壳式换热器是一种介于管壳式和板式换热器之间的换热器，主要由板束和壳体两部分组成，如图 4-11 所示。板束相当于管壳式换热器的管束，每一板束元件相当于一根管子，由板束元件构成的流道称为板壳式换热器的板程，相当于管壳式换热器的管程；板束与壳体之间的流通空间则构成板壳式换热器的壳程。板束元件的形状可以是多种多样的。

板壳式换热器具有管壳式和板式换热器两者的优点：结构紧凑、传热效率高、压力降小、容易清洗。缺点就是焊接技术要求高。板壳式换热器常用于加热、冷却、蒸发、冷凝等过程。

（5）伞板式换热器。伞板式换热器是由板式换热器演变而来，它以伞状板片代替平板片，如图 4-12 所示。伞板式换热器流体出入口和螺旋板式换热器相似，设在换热器的中心和周围，工作时一种流体由板中心流入，沿螺旋通道流至圆周边排出；而另一种流体则由圆周边接管流入，沿螺旋通道流向中心后排出。两种介质在板片的中心与边缘之处是以异性垫片进行密封，使之各不相混，如此两种介质以伞状板片为传热面进行逆流传热。

伞板片结构稳定，板片间容易密封，传热效率高。但由于设备流道较小，容易堵塞，不宜处理较脏的介质。伞板式换热器适合于液—液、液—蒸汽的热交换，常用于处理量小、工作压力和温度较低的场合。

3. 其他类型换热设备

这类换热设备一般是为满足特殊工艺要求设计的，具有特殊结构，并使用特殊材料制造，如石墨换热器、聚四氟乙烯换热器和热管换热器等。

第三节 管壳式换热器

管壳式换热器虽然在传热效率、结构紧凑性、金属消耗量等方面不及板面式换热器等其他新型换热装置，但是它具有结构坚固、操作弹性大、材料范围广、适应性强等自身独特的优点，因而它能够在各种换热器的竞相发展中得以继续存在，目前仍然是化工生产中换热设备的主要形式，特别是在高温、高压和大型换热器中占有绝对优势。实际操作时，一种流体在管束及与其相通管箱内流动，其所经过的路程称为管程；另一种流体在管束与壳体之间的间隙中流动，其所经过路程称为壳程。

一、管壳式换热器的分类

按其结构不同管壳式换热器可分为固定管板式、浮头式、U 形管式、填料函式换热器等四种。

1. 固定管板式换热器

固定管板式换热器的管束两端通过焊接或胀接固定在管板上，管板连同管束都固定在壳体上，封头、壳体上装有流体的进出口接管，如图 4-13 所示。折流挡板的作用是为了提高壳程流体的流速，迫使壳程流体遵循规定的路径流过，多次地错流流过管束，有利于提高传热效果。它的优点是结构简单，在同一内径的壳体中布管数多，管程清洗容易，造价较低，堵管和更换管子方便。但壳程清洗困难，且管程和壳程介质温差较大时，温差应力也大，故常需设置温差补偿装置。固定管板式换热器适用于壳程介质清洁，两流体温差较小的场合。

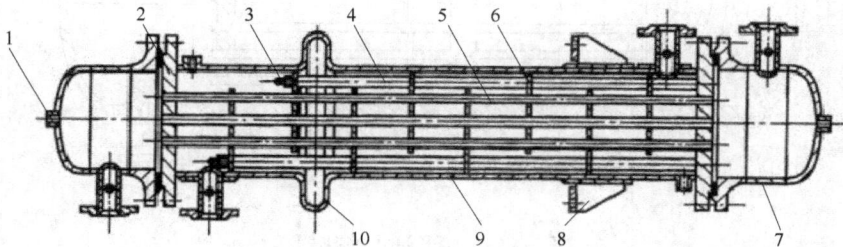

图 4-13 固定管板式换热器

1—排液孔 2—固定管板 3—拉杆 4—定距管 5—管束 6—折流挡板 7—封头管箱 8—悬挂式支座 9—壳体 10—膨胀节

2. 浮头式换热器

浮头式换热器一端管板与法兰用螺栓固定，另一端可在壳体内自由移动（称为浮头），如图 4-14 所示。浮头式换热器由浮头管板、钩圈和浮头端盖组成。此结构的优点是管束可以抽出，便于管子内外清洗，管束伸长不受约束，不会产生温差应力。缺点是结构较复杂，造

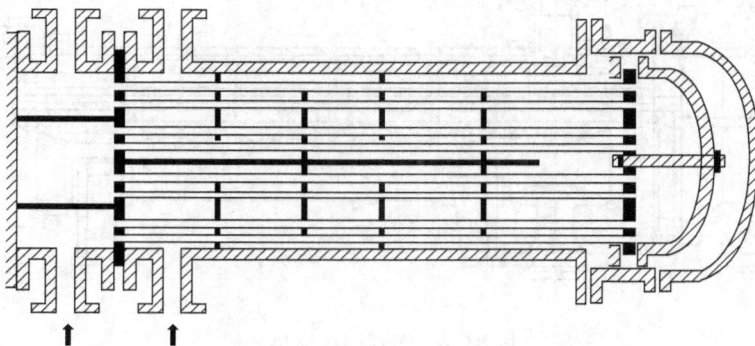

图 4-14 浮头式换热器

价较高，若浮头密封失效，将导致两种介质的混合，且不易觉察。浮头式换热器适用于两流体温差较大，且容易结垢需经常清洗的场合。

3. U形管式换热器

U形管式换热器内只有一块管板，管束弯成U形，管子两端都固定在一块管板上，如图4-15所示。其优点是管束可以抽出清洗，操作时不会产生温差应力。缺点是由于受弯管曲率半径的影响，布管较少，管板利用率低，壳程流体易形成短路，管内难于清洗，拆修更换管子困难。U形管换热器适用于两流体温差大，特别是管内流体清洁的高温、高压、介质腐蚀性强的场合。

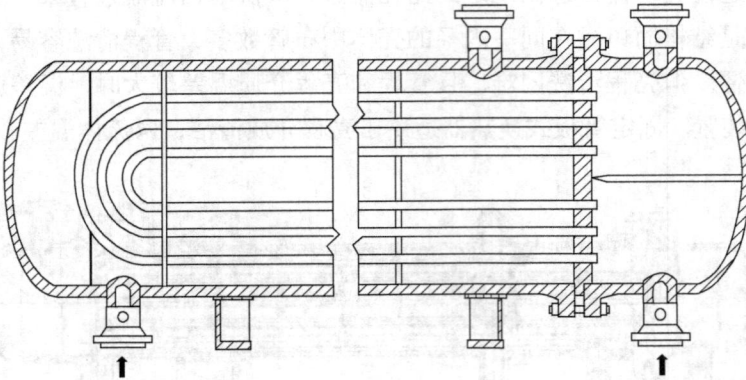

图 4-15　U形管式换热器

4. 填料函式换热器

填料函式换热器如图4-16所示。两管板中一块与法兰通过螺栓固定连接，另一块类似于浮头，与壳体间隙处通过填料密封，可作一定量的移动。此结构的特点是结构较简单，加工、制造、检修、清洗较方便，但填料密封处易产生泄漏。填料函式换热器适用于压力和温度都不高，非易燃、难挥发的介质传热。

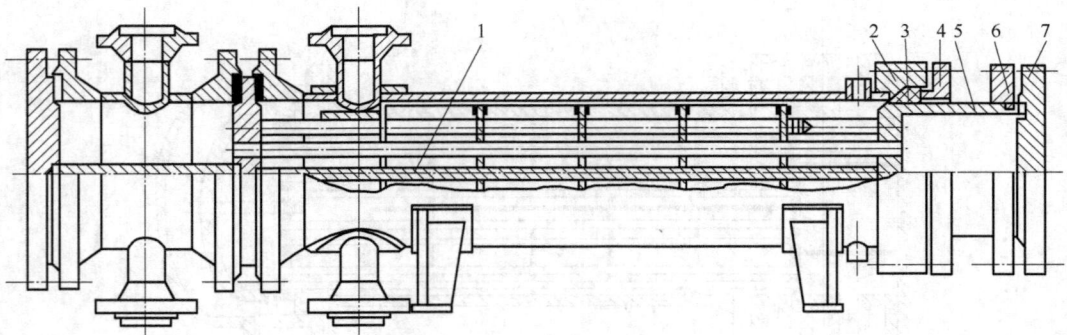

图 4-16　填料函式换热器

1—纵向隔板　2—填料压盖　3—填料　4—填料函　5—浮动管板　6—活套法兰　7—部分剪切环

二、管壳式换热器的结构

管壳式换热器主要由壳体、管束、管板、折流板、挡板、管箱、封头等部件组成。根据其结构特点，一般来说，当换热器壳体的公称直径大于400mm时，壳体由钢板卷制而成；当壳体公称直径小于400mm时，其壳体可由管材制作。

1. 壳体

管壳式换热器壳体的壁厚应按GB 150—2011的规定进行强度计算，同时还应满足最小厚度的要求。提出最小厚度的目的是为了增加壳体的刚性，减少变形，以利于管板和管束的安装。尤其是浮头式和U形管换热器，由于得不到管板的加强，又常需要折断，故保证最小厚度显得更为重要。壳体的最小厚度如表4-3所示。

表4-3　碳钢和低合金钢壳体的最小厚度　　　　　　　　单位：mm

公称直径D	400<D<700	700<D<1000	1000<D<1500	1500<D<2000	2000<D<2500
浮头式U形管式	8	10	12	14	16
固定管板式	6	8	10	12	14

2. 换热管

换热管是换热器的传热元件，需要根据工艺条件（介质压力、温度、物性）来选择。

（1）换热管结构。换热管一般采用无缝钢管。为了强化传热效果，可制成翅片管（图4-17）、螺旋槽管等。翅片管能加大流体湍动程度，增大给热系数，强化传热效果。当管内外给热系数相差较大时，翅片应布置在给热系数较小的一侧。

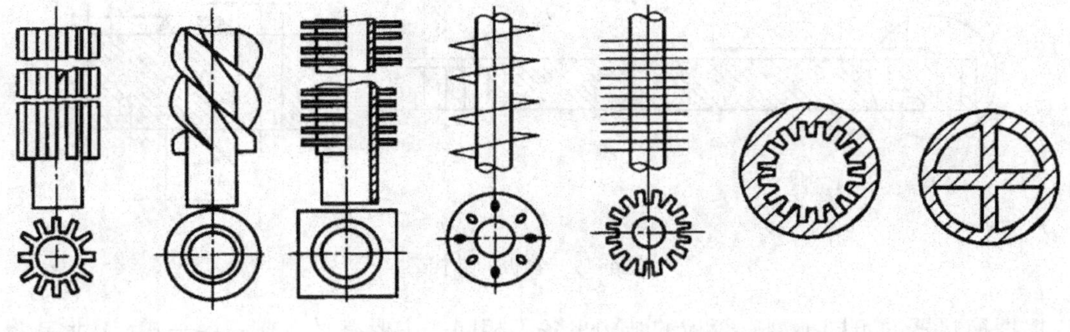

(a) 轴向外翅片管　(b) 螺旋状外翅片管　(c) 径向处翅片管　(d) 开孔外翅片管　(e) 扭曲外翅片管　(f) 内翅片管　(g) 十字形内翅片管

图4-17　换热管

（2）换热管尺寸。换热管尺寸一般用外径与壁厚来表示，常用碳素钢管规格为$\phi19\times2$、$\phi25\times2.5$、$\phi38\times2.5$（单位为mm）；不锈钢管规格为$\phi25\times2$、$\phi38\times2.5$（单位为mm）。管长规格有1.5、2.0、3.0、4.5、6.0和9.0（单位为m）。采用小管径，可增大单位体积的传热面积，使传热系数提高，结构紧凑，金属消耗少。但流体阻力增加，不方便清洗，容易堵塞。一般情况下，小管径用于较清洁的流体，而大管径适用于流体黏度大或污浊易结垢的介质。

（3）换热管常用材料。换热管的材料应根据工艺条件和介质腐蚀性来选择。常用的金属材料有：碳素钢、低合金钢、不锈钢和铜、铝、钛等有色金属及其合金；非金属材料有：石墨、陶瓷、聚四氟乙烯等。

（4）换热管的排列。换热管在管板上的排列主要有正三角形、转角正三角形、正方形和转角正方形四种主要形式（图 4-18 中的流向箭头垂直于折流板切边）。除此之外，还有等腰三角形和同心圆的排列方式。其中正三角形排列的管数最多，故应用最广。而正方形排列最便于管外清洗，多用于壳程流体不洁净的情况下。换热管之间的中心距一般不小于管外径的 1.25 倍。

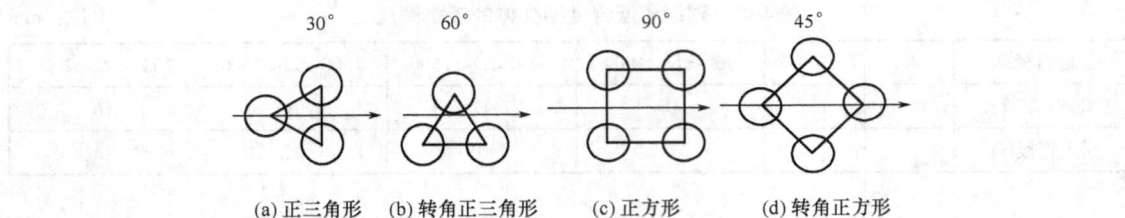

(a) 正三角形　　(b) 转角正三角形　　(c) 正方形　　(d) 转角正方形

图 4-18　换热管的排列方式

3. 管板

管板一般为一开孔的圆形平板或凸形板，如图 4-19 所示，其作用主要是连接和固定换热管，并分隔管程与壳程。其结构形式与换热器类型及与壳体的连接方式有关。

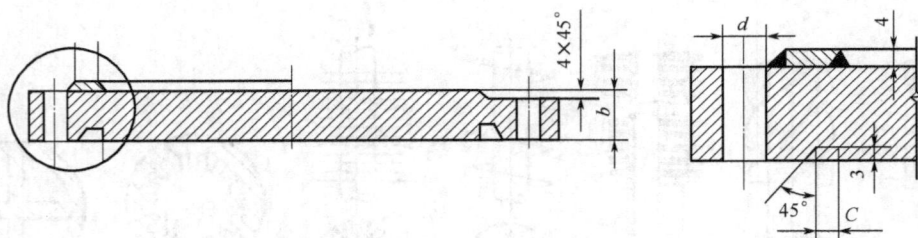

图 4-19　管板的结构

根据换热器的不同类型，管板的结构也各不相同，主要有平板式、浮头式、U 形式、双管板和高温高压换热器管板，其中最常用的是平板式，其上规则排列着许多的管孔，管板的主要尺寸是管板的厚度 b。

管板常用的材料有低碳钢、普通低合金钢、不锈钢、合金钢和复合钢板等。工程设计中为了节省耐腐蚀材料，常采用不锈复合钢板，复合钢板可直接轧制或堆焊一覆盖层，其中基层为碳钢或普通低合金钢，用以承受机械载荷，而覆层为不锈钢，用于抵抗介质的腐蚀。

4. 管箱

管箱是位于换热器两端的重要部件。它的作用是接纳由进口管来的流体，并分配到各换热管内，或是汇集由换热管流出的流体，将其送入排出管输出。常用的管箱结构如图 4-20 所示。

管箱的结构与换热器是否需要清洗和是否需要分程等因素有关。图 4-20（a）所示管箱是双程带流体进出口管的结构。在检查及清洗管内时，需拆下连接管道，故只适应管内走清洁流体的情况。图 4-20（b）为在管箱上装箱盖，检查与清洗管内时，只需拆下箱盖即可，但材料消耗较多。图 4-20（c）是将管箱与管板焊成一体，在管板密封处不会产生泄漏，但管箱不能单独拆卸，检查与清洗不便，已较少采用。图 4-20（d）为一种多程隔板的安置形式。

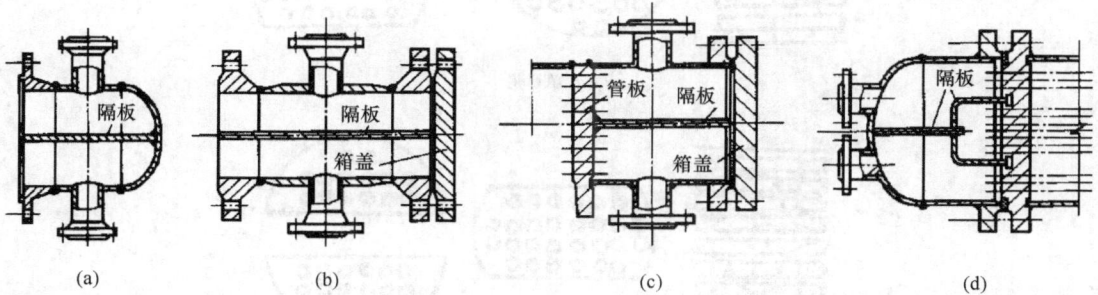

图 4-20　管箱结构图

5. 折流板与支承板

在换热器中设置折流板是为了提高壳程流体的流速，增加流体流动的湍动程度，控制壳程流体的流动方向与管束垂直，以增大传热系数。在卧式换热器中，折流板还起着支撑管束的作用。常用的折流板有弓形与圆盘—圆环形两种，其结构如图 4-21 所示。

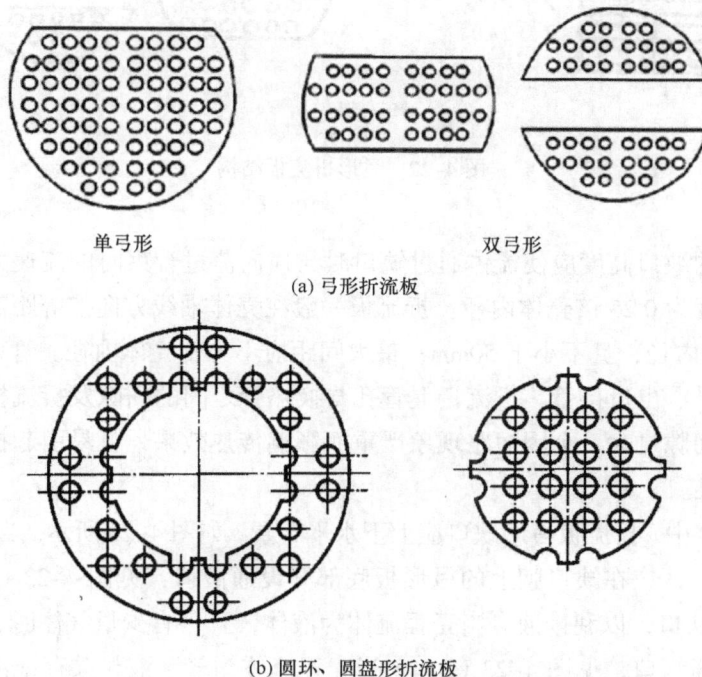

单弓形　　　　　　　双弓形

(a) 弓形折流板

(b) 圆环、圆盘形折流板

图 4-21　折流板结构图

弓形折流板有单弓形、双弓形和三弓形三种形式，多弓形适用于壳体直径较大的换热器，其安装位置可以是水平、垂直或旋转一定角度，如图 4-22 所示。

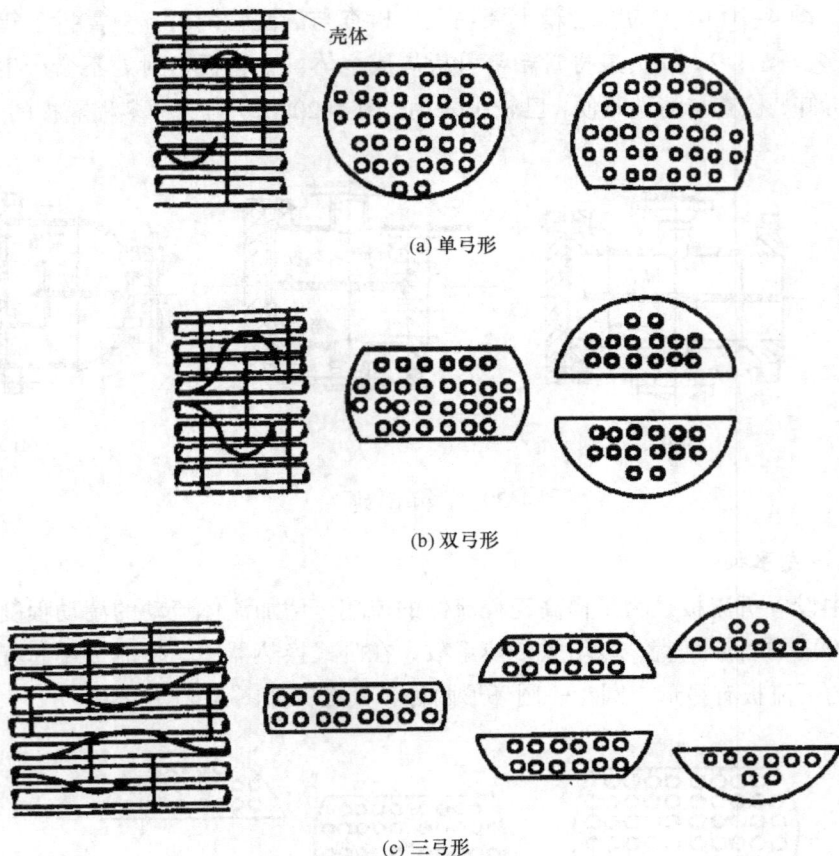

(a) 单弓形

(b) 双弓形

(c) 三弓形

图 4-22　弓形折流板结构

　　弓形折流板的缺口高度应使流体通过缺口时与横向流过管束时的流速大致相等，一般情况下，取缺口高度为 0.25 倍壳体内径。折流板一般在壳体轴线方向按等距离布置。最小间距不小于 0.2 倍壳体内径，且不小于 50mm；最大间距应不大于壳体内径。管束两端的折流板应尽量靠近壳体的进、出口接管。折流板上管孔与换热管之间的间隙及折流板与壳体内壁的间隙要符合要求。间隙过大，会因短路现象严重而影响传热效果，且易引起振动，间隙过小会使安装、拆卸困难。

　　在卧式换热器中，折流板弓形缺口应上下水平布置，如图 4-23 所示。当壳程流体为气体，且含有少量液体时，应在缺口朝上的弓形板底部开设通液口，见图 4-23（a）。通液口通常为 90° 的扇形小缺口，以利排液。当壳程流体为液体，且含有少量气体时，应在缺口朝下的折流板顶部开设通气口，见图 4-23（b）。当壳程流体为气、液相共存或液体中含有固体颗粒时，折流板缺口应左、右垂直布置，且在底部开设通液口，见图 4-23（c）。

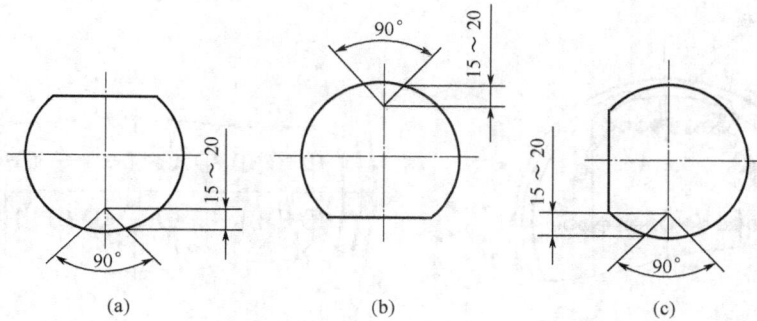

图 4-23　折流板缺口的布置

折流板通过拉杆和定距管固定。拉杆和定距管结构如图 4-24（a）所示。拉杆一端的螺纹拧入管板，折流板用定距管定位，最后一块折流板靠拉杆端螺母固定。也有采用螺纹与焊接相结合连接或全焊接连接的结构，如图 4-24（b）所示。当换热管径较小时（$d_0 \leqslant 14\text{mm}$），可采用将折流板点焊在拉杆上而不用定距管。

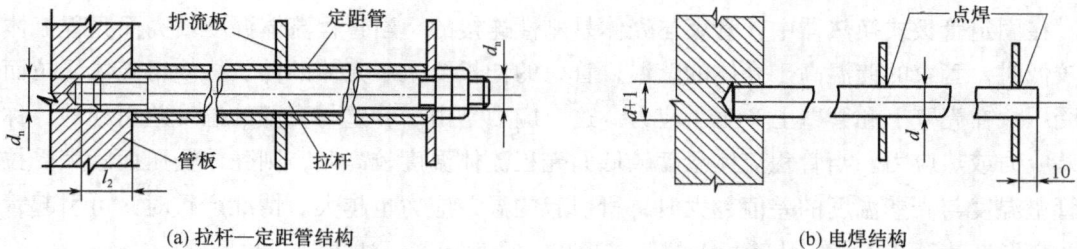

图 4-24　拉杆结构

换热器内一般都装有折流板，既起折流作用，又起支承作用。但当工艺上无折流板要求而换热管比较细长时，应考虑有一定数量的支承板，以便于安装和防止管子过大变形。支承板的结构和尺寸，可按折流板处理。

6. **挡板**

当选用浮头式、U 形管式或填料函式换热器时，在管束与壳体内壁之间有较大环形空隙，形成短路现象而影响传热效果。对此，可增设旁路挡板，以迫使壳程流体垂直通过管束进行换热。旁路挡板数量可取 2～4 对，一般为 2 对。挡板可用钢板或扁钢制作，材质一般与折流板相同。挡板常采用嵌入折流板的方式安装。先在折流板上铣出凹槽，将条状旁路挡板嵌入折流板，并点焊固定。旁路挡板结构如图 4-25 所示。

在 U 形管换热器中，U 形管束中心部分有较大的间隙，流体在此处走短路而影响传热效率。对此，可采取在 U 形管束中间通道处设置中间挡板的办法解决。中间挡板数一般不超过四块。中间挡板可与折流板点焊固定，如图 4-26 所示。

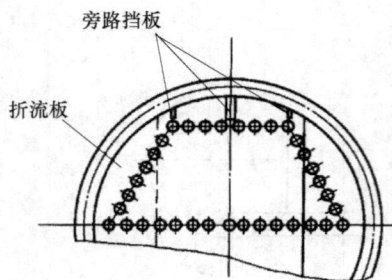

图 4-25　旁路挡板

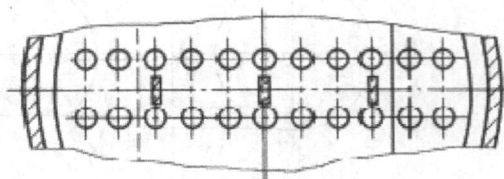

图 4-26　中间挡板

7. 接管

接管或接口的一般要求是：接管应与壳体内表面平齐；接管应尽量沿壳体的径向或轴向设置；接管与外部管线可采用焊接连接；设计温度高于或等于 300℃时，必须采用整体法兰。对于不能利用接管进行放气和排液的换热器，应在管程和壳程的最高点设置放气口和最低点设置排液口，其最小公称直径为 20mm。

8. 温差补偿装置

在固定管板式换热器中，管束与壳体是刚性连接的。当管程流体温度较高而壳程流体温度较低时，管束的壁温高于壳体的壁温，管束的伸长要大于壳体的伸长。使得壳体受拉而管束受压，在壳壁上和管壁上产生了应力。这个应力是由于管壁与壳壁的温度差引起的，称为温差应力或热应力。当管程流体温度较低而壳程流体温度较高时，则壳体受压而管束受拉。当管壁温度与壳壁温度的差值越大时，所引起的温差应力也越大。情况严重时，可引起管子弯曲变形，甚至造成管子从管板上拉脱或顶出，导致生产无法进行。

在设计换热器时，应根据冷、热流体的温度，确定壳体和管子的壁温，然后计算由温差引起的温差应力，再校核在温差应力作用下，管束与管板的连接强度。若在连接处强度不足，则应采取温差补偿措施。

工程上应用最多的温差补偿装置是膨胀节。膨胀节是装在固定管板式换热器壳体上的挠性构件，由于它轴向柔度大，当管束与壳体壁温不同而产生温差应力时，通过协调变形而减小温差应力。膨胀节壁厚越薄，弹性越好，补偿能力越大，但膨胀节的厚度要满足强度要求。

膨胀节通常焊接在外壳的适当部位，结构形式多种多样，常见的有鼓形、Ω 形、U 形、平板形和 Q 形等几种，如图 4-27 所示。图 4-27（a）、（b）所示两种结构简单、制造方便，但它们的刚度较大、补偿能力小，不常采用。图 4-27（c）、（d）所示为 Ω 形膨胀节，适用于直径大、压力高的换热器。图 4-27（e）所示为 U 形膨胀节，U 形膨胀节结构简单，补偿能力大，价格便宜，所以应用最为普遍，目前 U 形膨胀节已有标准可供选用。若需要较大补偿量时，还可采用多波 U 形膨胀节，如图 4-27（f）所示。

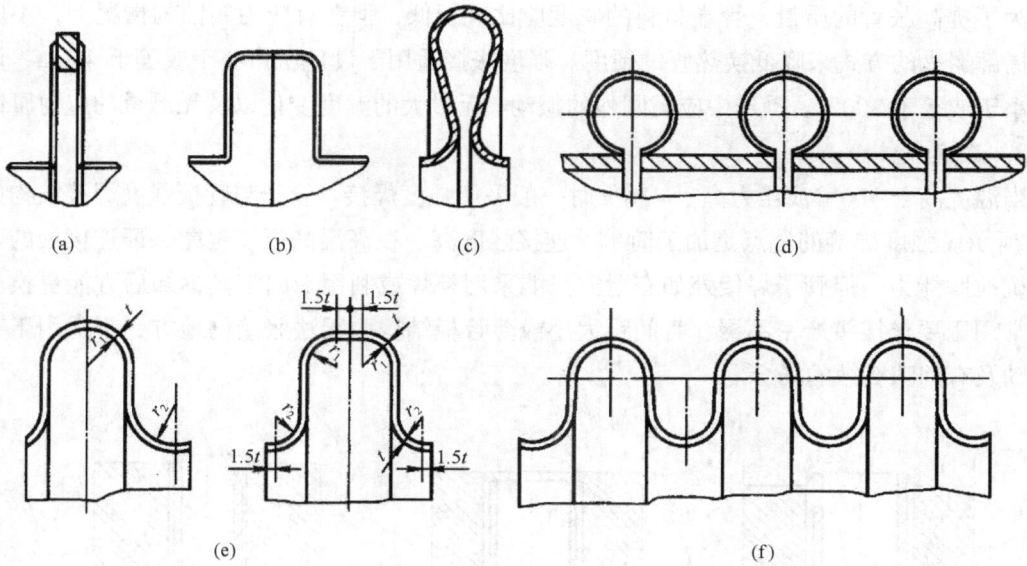

图 4-27 几种膨胀节的结构

三、换热管与管板连接

工程实践表明，换热器在使用过程中，经常出现管板和管子连接处的泄漏现象，影响工艺操作的正常进行，甚至迫使工厂停工。一旦有爆炸性、放射性或腐蚀性的物质泄露，不仅损失产品和热量，而且还会危及人身及设备的安全。因此，换热管和管板的连接结构是否合理、是否能保证良好的紧密性也就显得非常重要。换热管和管板常用的连接方法主要有强度胀接、强度焊接和胀焊结合等。

1. 强度胀接

强度胀接是利用胀管器进行的，其基本原理是迫使换热管扩张产生塑性变形与管板贴合。胀接时首先挤压伸入管板孔中的管子端部，使管端产生塑性变形，同时使管板孔产生弹性变形，这时管端直径增大，紧贴于管板孔。当取出胀管器后，管板孔弹性收缩，使管子与管板间产生一定的挤压力而紧紧贴合在一起，从而达到管子与管板连接的目的。图 4-28（a）、（b）为胀接管孔结构及胀接前后示意图。

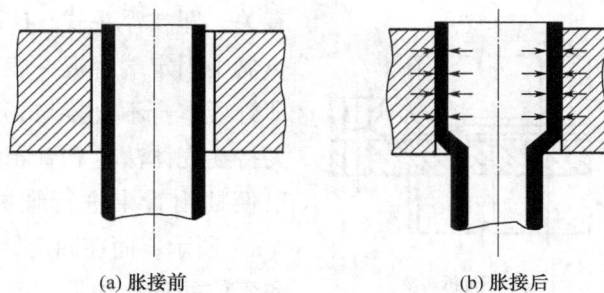

(a) 胀接前   (b) 胀接后

图 4-28 胀接管孔胀接前后示意图

为了提高胀管的质量，管端材料的硬度应比管板低，但在有应力腐蚀的情况下，不应用管端局部退火的方式来降低换热管的硬度。强度胀接适用于设计压力小于或等于 4MPa，设计温度小于或等于 300℃，操作中应无剧烈的振动、无过大的温度变化以及无严重的应力腐蚀。

2. 强度焊接

当温度高于 300℃ 或压力高于 4MPa 时一般采用强度焊接。管子与管板强度焊接结构如图 4-29 所示。强度焊接的优点是加工简单、连接强度高、在高温高压下也能保证连接处的密封性和抗拉脱能力，但管子焊接处如有泄露只能采用补焊或利用专门工具拆卸后方能更换。因此，常用于要求接头严密不漏、管间距太小或薄管板结构中无法胀接的地方，不适用于有较大振动及有间隙腐蚀的场合。

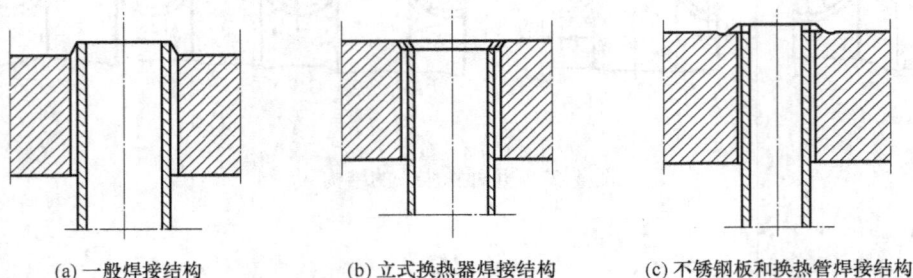

(a) 一般焊接结构　　(b) 立式换热器焊接结构　　(c) 不锈钢板和换热管焊接结构

图 4-29　强度焊接管孔结构

3. 胀焊结合

采用强度胀接虽然管子与管板孔贴合较好，但在压力与温度有变化时，抗疲劳性能差，连接处易产生松动；而采用强度焊接时，虽然强度和密封性能好，但管子与管板孔壁处有环形缝隙，易产生间隙腐蚀。故工程上常采用胀焊结合的方法来改善连接处的状况。按目的不同，胀焊结合有强度胀加密封焊、强度焊加密封胀、强度胀加强度焊等几种方式。按顺序不同，又有先胀后焊与先焊后胀之分，但一般采用先焊后胀，以免先胀后焊时残留的润滑油影响后焊的焊接质量。

四、壳体与管板的连接

壳体和管板的连接方式与换热器的类型有关，即在浮头式、U 形管式和填料函式换热器中固定端管板一般采用可拆连接结构，即管板本身不直接与壳体焊接，而是把管板夹持在壳体法兰和管箱法兰之间进行固定，以便抽出管束进行维护和清洗，如图 4-30（a）所示；而在固定管板式换热器中，管板和壳体的连接均采用不可拆的焊接结构，如图 4-30（b）所示。

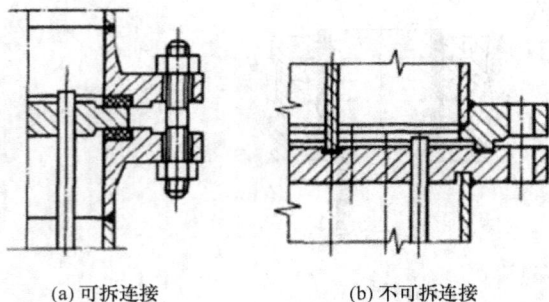

(a) 可拆连接　　(b) 不可拆连接

图 4-30　壳体与管板的连接示意图

第四节　换热器的应用、操作及故障分析 *

换热器通常用于下列三种情况：

（1）为工艺过程提供热量传递。如分馏塔和甘醇汽提塔重沸器、分馏器回流冷凝器、气体制冷器。

（2）回收能量。如气—气换热器、贫富甘醇换热器、贫富胺液换热器、贫富油换热器、分馏塔进料预热器。

（3）冷却热物流。如散热器、压缩机出口冷却器、产品冷却器。

针对某一特定工况的换热器类型的选择通常与经济性有关。但是，每个换热器的选型都受环境支配。例如，如果在一个无水的地点设工艺冷却器，则需选择空冷器。

一、换热器的应用

1. 管壳式换热器

处理装置中使用最多的换热器是管壳式换热器。它可以设计成各种不同的结构，并为某一特定工况量身定做。对低温或腐蚀场合，可以使用特殊的材料。它们可制成长或短的、卧式或立式的。与其他类型换热器相比，管壳式换热器的优点是，由于它们是为某一特定工况设计，其操作性能比其他类型的换热器会更令人满意。管壳式换热器的缺点是价格较高，改用在其他工况较困难。

2. 套管换热器

套管换热器通常用于要求传热面积小于 $40m^2$（400sq ft）的场合，广泛应用于撬装工艺设备中，如天然气脱水器、制冷轻烃回收装置、气体净化装置等。

套管换热器的优点是：价格低，易维护，容易扩充改造，容易用于另一工况，容易运输。

套管换热器的缺点是：可能不与工艺要求完全相符，金属材料的选择受限制，尺寸大，占用空间大。

3. 空冷器

当没有其他的工艺冷却剂（例如水）可用时，可采用空冷器。空冷器的常见用途为：发动机散热器，撬装设备和海上平台的工艺冷却器，分馏塔冷凝器等。

空冷器的主要缺点是冷却器出口流体的温度受环境空气温度的限制。它所能实现的最小的接近温差约为 11℃（20℉），这意味着出口工艺流体温度至少比环境空气温度高 11℃（20℉）。

在安装时，必须仔细考虑空冷器在装置内的安装位置，避免其从附近的加热炉或发动机吸入热空气。它们应位于任何加热源的上风侧，应位于墙壁或建筑物的上方，这些障碍物会将空冷器出口的空气导入风机的吸入端。

4. 板式换热器

板式换热器是规格最多的换热器种类之一，因为它能通过对现有换热器增加或减少换热板改变传热面积。此外，它们安装和维护所需空间小。

每个换热板靠垫片厚度与相邻板隔离，如果流体中含有固体颗粒将发生堵塞。垫片也是一种可能的泄漏源，因此这类换热器一般不能用于压力超过 2070kPa（300psi）的场合。如果流体之一是烃类或其他易燃物质，换热器的安装位置应保证可能从垫片泄漏出来的流体不被附近的发动机、加热炉或其他火花源点燃。

板式换热器上的每个平板制成波纹形，以确保流体流动为湍流。由于平板的间距仅为一个垫片的厚度，热量可快速地从热流体传入冷流体，传热系数大于管壳式换热器，换热板面积要小得多。

管壳式换热器的接近温差很少低于 5.5℃（10°F），而板式换热器的接近温差可低至 1℃（2°F）。如果换热器用于回收热量（如脱水装置的贫富甘醇换热器），较低的接近温差将更节省燃料。

5. 板翅式换热器

板翅式换热器通常由铝制成，适用于低温换热，替代不锈钢承受深冷温度。板翅式换热器比采用不锈钢的管壳式换热器更经济。这类换热器内部部件之间的间距非常小且制造精度相当高，使换热器相当于一个过滤器，可拦截工艺流体中的固体颗粒。只要固体颗粒仍在换热器入口段的附近，就可用反吹的方法脱除。

二、换热器操作

1. 管壳式、套管式、板式和板翅式换热器

在多数情形下，换热器可通过简单地通入工艺流体而投用。应先通入接近环境温度的流体，以降低热冲击的可能性。如果热流体比冷流体高 55℃（100°F）以上，热流体的流量应逐渐增加，防止热量的突然冲击引起换热管振动，换热器的启动过程如图 4-31 所示。

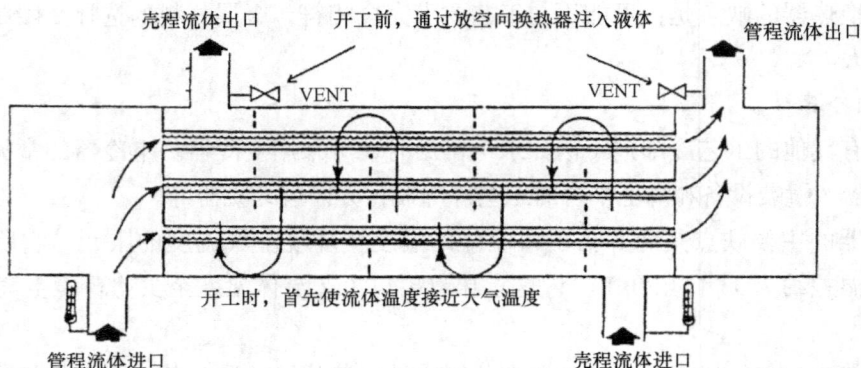

图 4-31 换热器启动步骤

　　如果有一种流体是液体，应该检查换热器的液体侧是否有气袋。可通过关闭液体出口管线上的阀门，打开液体进口管线上的阀门，打开换热器最高点上的放空阀来进行观察。当放空阀有稳定的液体物流出时，即可关闭。

　　当换热器停车时，最接近环境温度的流体最后关闭。如果换热器停用期间仍存有流体，则液体出口管线上的阀门要保持打开状态，使其能够泄放换热器停用期间可能出现的液体积聚压力。

　　多数重沸器设有温度调节器来调节管程热流体的温度。温度调节器可在壳程液体液位没过换热管时投用，通过缓慢增加管程热流体的流量来预热换热管。

　　以下以管壳式换热器为例，其常规操作检查内容如下。

　　（1）观测流体入口和出口温度，找出非正常变化的原因。

　　（2）通过压力表观测每侧压力降，找出非正常变化的原因。

　　（3）根据需要减小或增大流体流量以获得所需的温度。例如，在夏季增大冷却器的水流量，冬季则减小水流量。

　　（4）如果换热器无保温，壳程流体又是液体，可用手触摸上部，若感觉到某个区域的温度比其他区域的温度高或低（取决于壳程流体是被加热还是被冷却），则表明有气袋出现。可打开换热器顶部的放空阀来消除气袋。

　　2. 空冷器

　　空冷器按以下步骤启动：

　　（1）打开风机。检查是否有振动或不正常的噪声。

　　（2）将流体通入换热管。

　　（3）调节百叶窗，使工艺流体出口温度控制在设计值。

　　在停车时，首先关断流体，然后关闭风机。

　　常规操作检查内容如下：

　　（1）观测空冷器入口和出口温度，找出非正常变化的原因。

　　（2）调节百叶窗或其他风量控制装置，控制工艺流体的出口温度。

　　（3）检查换热管或管箱是否泄漏。

　　（4）检查风机是否出现噪声和振动。

　　（5）检查换热管翅片是否损坏或阻塞。

　　（6）定期检查风机叶片的转速、倾角及污垢或脏物的累积情况。

　　三、换热器的故障分析

　　1. 管壳式和板式换热器常见故障分析

　　当换热器出现问题时，传热能力公式中三个传热因子中的一个或几个的数值会减小。其"症状"是：热流体不能被冷却到所要求的温度，冷流体不能被加热到所要求的温度，接近温差增加，常见几种换热器的故障原因及解决措施如表4-4所示。

表4-4 常见换热器发热故障及原因

传热因子	下降的原因	解决措施
传热系数	换热管表面有脏物或黏土	反冲洗
	换热管内表面有污垢	拉杆、钻或喷射方法清洗换热管
	换热管外表面有污垢或脏物	用化学药剂清洗
	换热管被冰或水合物覆盖	注入甲醇（对完全堵塞的换热管该法不起作用）
	换热管被压缩机出口气体夹带的润滑油覆盖	排放换热器内的润滑油
传热面积	换热管被脏物、污垢、菌类堵塞	反冲洗，拉杆、钻或喷射方法清洗
	换热管被水合物或冰堵塞	加温至水合物形成温度或冰点之上
	换热管结蜡	加温至浊点之上
传热温差	一侧或两侧流体的流动未达到湍流	增大流量
		在换热管内安装扰流器
	热流体的进口温度降低或冷流体的进口温度升高	调节温度至正常值

检查操作过程中出现的故障要逐项排查，通常先检查简单的原因（温度、压力、流量等），再检查复杂的原因，直到找到故障原因并给予解决。

当换热器的运行数据表现出操作有问题时，首先要做的是用精确的温度计测量每侧流体的进口和出口温度。如果温度读数表明无问题，再检查每侧流体的流量，确认流量是否在正常范围内。如果流量是在正常操作范围，下一步是要明确换热器的壳程或管程是否出现问题。压力降的增加几乎都发生在结垢的一侧。如果水是换热器的流体之一，该换热器传热量未达设计值，则问题通常是在水的一侧。在水侧会发生腐蚀、结垢、灰尘积聚、菌类或其他物质的生长。这种形式的结垢一般会在几个星期内积聚起来，除非水循环系统有一个操作的波动。反冲洗水冷却器经常是去除换热器内杂质的行之有效的方法。水通常走换热器的管程，可通过拆掉管箱，目测检查换热管来确定结垢的类型。换热管可用水冷钻冲洗，或用带有高压喷头的特殊工具清洗，该高压喷头可吹掉换热管表面上的污垢或其他物质。

如果换热器结垢侧的流体是水以外的其他物质，则必须查明结垢的原因。含游离水的气体物流在温度低时会形成水合物，油冷却器中冷却流体进口温度低于油的浊点时会形成固体蜡。当出现水合物和固体蜡时，可停掉换热器的冷却物流，继续走热物流，使换热器加温，可将水合物和蜡除去。

如果换热器的壳程由于污垢、腐蚀或结焦而引起集垢，通常可用酸或化学溶剂循环通过壳程来进行清洗。为了选择正确的化学溶剂和使用方法，应向这方面的专家咨询。

处理污垢或腐蚀的最好方法是向物流中注入抑制剂来预防污垢或腐蚀。换热器的泄漏会导致高压流体进入低压物流。大量泄漏将导致低压流体压力的增加，通常可通过压力表读数的增加或低压液体流量的明显减少显现出来。少量泄漏可能不会引起低压流体压力的升高，可通过在换热器出口对低压流体取样分析是否有高压流体的存在来确认换热器是否泄漏。例如，假设一台原油/水冷却器发生泄漏，油压力高于水压力，对换热器出口的水进行取样分析，如果发生泄漏就会发现水中含油。

如果两侧流体的组成相同，如气—气换热器，则可能需要对出口低压流体进行取样分析，检测物流中是否含有高压流体。

如果确认有换热管泄漏，则将换热器停掉，拆掉管箱，然后对壳程加压，有壳程流体流出的管子即为泄漏的换热管，可对泄漏管的两端压入锥形金属堵头进行堵管，故障检查的步骤如表4-5所示。

表4-5 故障检查步骤

传热能力损失的原因	解决步骤
一侧或两侧流体的流量降低	检查流量。提高至设计值
一侧或两侧流体的出口温度改变	检查温度。如有必要则需解决
液体侧有气袋	用手触摸换热器外表面，确认是否出现气袋。气袋附近区域的温度与其他部位是不同的。可放空气体
换热器水侧由于腐蚀、污垢、脏物或菌类的积聚形成结垢。这种条件的形成通常需几星期的时间，而后逐渐恶化	通过测量压力降进行核实
	如有可能可采用高压力降对壳程进行反冲洗
	关断并清洗结垢侧。管程可用拉杆或喷射的方法清洗。壳程通常需用化学溶剂循环清洗
气体冷却器被水合物堵塞。即使出口气体温度高于水合物的形成温度，这种条件在冷却流体温度低于水合物形成温度时也可能会存在	核实冷却流体温度是否低于水合物形成点和堵塞侧的压力降是否升高
	停止冷却流体的流动，直到升温至水合物形成温度以上
	向入口气流中注入甲醇来预防水合物的形成
原油冷却器被固体蜡堵塞。即使出口油温高于它的浊点，这种条件在冷却流体温度低于油的浊点温度时也会出现	核实冷却流体温度是否低于浊点，油侧的压力降是否升高
	停掉冷却流体或提高其温度，使换热器只走热油，直到换热器升温至浊点温度以上
一个或多个换热管泄漏。高压流体将流向低压流体，低压侧的压力通常会提高	通过观测压力或分析低压流体是否含有高压流体来确认是否发生泄漏
	停掉换热器，对泄漏的换热管堵管

2. 空冷器的常见故障分析

空冷器上发生的问题主要有三种：

（1）驱动机、皮带轮、减速器、叶片等处发生机械故障。这些不是换热器本身的问题，在此不进行讨论。

（2）横穿换热管的空气的无效流动。这是很难诊断的换热器问题。最好的解决办法是预防。检查风机转速，更换皮带，或做其他必要的修理；保持风机叶片清洁，设置正确的倾角；保持换热管外的清洁；翅片被脏物阻塞时应进行清洗。

（3）无效的热传递，这是由空冷器出口流体温度的增加显示出来的。

查找原因的步骤为：

（1）检查入口流体流量或温度是否增加。

（2）检查空气流动是否正常，百叶窗是否打开，风机是否在全转速下旋转，叶片是否清洁，倾角是否合适，翅片是否清洁并无损坏。

（3）检查换热管是否有泄漏。泄漏时常显示污点，会引起出口空气看起来有烟雾。当然，液体大量泄漏将落到地面上，很容易被发现。

（4）如果问题依然存在，表明换热管内发生腐蚀或堵塞。通常可通过检查管程压力降是否增加来进行确认。空冷器通常有 4 ~ 8 管程。每个管程的压力降都要检查，看是否有一个或多个管程的压力降比其他管程的高。

第五节　低温换热器故障[*]

在制冷或深冷气体处理装置中，热量传递是要求最苛刻的工艺过程之一。产品收率取决于冷却后气体温度降低的程度，而 80% 以上的冷却是发生在换热器内，从而为获得最大的产量换热器必须正确操作。

本部分将叙述气体冷却系统的换热器，其他种类工艺换热器的操作和故障检查方法前面已有叙述。

一、进口气体—出口气体换热器

该换热器的作用是从离开装置的冷气体中回收冷量，通过将冷量传递到进口物流中来实现。接近温差通常设计为 5℃（10 °F）左右。换句话说，就是换热器距 100% 回收冷气体中的冷量还有 5℃（10 °F）。在新装置投产后要尽快考核冷气体换热器，建立该单元的实际性能，作为将来对比的基础，以上工作是很重要的。

在低温贫油吸收气体处理装置中，进口气体物流通常含有水分，在气—气换热器内会形成水合物。为预防在换热器内生成水合物，可在换热器的入口端注入甘醇。注入甘醇的量和注入方式对换热器的传热系数会有很大影响，最终影响的是传热量。注入过多甘醇会降低传热量。

寻找理想的甘醇注入流量是不太容易的，也是较繁琐的。首先在较高流量下注入，然后缓慢降低流量，直到水合物形成，最后缓慢增加流量。水合物的存在通过以下两个方式体现出来：

（1）由于传热量的损失引起接近温差增加。

（2）进口物流（管程）压力降增加。

当水合物形成时，经常堵塞一些换热管内气体的流动。这时，即使增加注入甘醇的流量也不起作用，因为被堵塞的换热管内的流体没有流动。此时必须使制冷装置停车，让换热器升温，直至水合物融化。

进入深冷气体分离装置的气体已经过脱水器脱除水分，因此不会发生冻堵。但是，若脱水器操作不正常，使水分脱除不彻底，则会使一个或多个气体换热器发生冻堵。如果冻堵在早期阶段被察觉，只要气流能将甲醇带到冰冻点，那么向进口气体中注入甲醇就可解决该问题。如果换热器有一段被完全冻堵，则需采用加温方法将冰或水合物融化。

二、气体制冷器

气—气换热器冻堵的原理同样适用于制冷器。此外，制冷器还经常遇到以下两个操作问题：壳程内冷剂液位问题和管外壁润滑油的积聚。

1. 制冷器的液位指示

为了使制冷器的传热能力达到最大，制冷剂的液位必须在换热管管束之上。没有浸入液体中的换热管几乎不发生热量传递。但是，观测换热器内制冷剂的液位不是一件容易的事情。制冷剂在壳程非常剧烈地沸腾，因此几乎呈泡沫状态。

如果将一盆水放在炉子上加热直到剧烈沸腾，盆内水的液位将提高，有可能溢出盆外而溅到炉子上。制冷器也会发生同样的状况。制冷剂侧的液位计所处的环境温度与容器内流体不同，所以液位计内的流体没有沸腾，所显示的液位比制冷器内的液位要低，相当于炉子上水盆开始沸腾前的液位。而换热器内的液位则相当于水盆开始沸腾后的液位。所以，液位计不能准确测量制冷器内制冷剂的液位。

由于液位计不能准确测量制冷器内制冷剂的液位，只能通过上下调节制冷剂的液位，直到找到工艺物流被冷至最低温度的点，该点液位就是合适的制冷剂液位控制点，不论液位计指示的液位是多少。

2. 制冷器中的润滑油

进入制冷器的制冷剂来自于压缩机。多数压缩机的气缸需要润滑，注入气缸的润滑油有一部分会进入液体制冷剂中。在环境温度下，润滑油将溶解于制冷剂中，但在制冷器的温度下润滑油溶解度较低，结果会从制冷剂中分离出来。

如果制冷剂是丙烷，润滑油将沉积在制冷器的底部；如果制冷剂是氟利昂，润滑油将漂浮在制冷器的上部。不管是哪种情况，制冷器内的沸腾将搅动容器内的流体，使部分润滑油分散在整个容器中。润滑油在低温下黏度较高，趋向于在换热管上凝聚，起到绝缘层的作用，阻止热量的流通，降低制冷器的传热能力，出口气体温度将高于设计值。

有几种脱除制冷剂中润滑油的装置。这里不试图描述，仅是指出在任何时间它们都应处于操作状态。

即使使用某种除油装置，通常还会有些润滑油进入制冷器中。将这些润滑油脱除的唯一办法是停掉冷却器后排放。因此，在每次单元停车时，应该排净累积的润滑油。停车后在制冷剂仍然处于低温时，应将润滑油尽快排干净。制冷剂升温时，润滑油将溶解在其中。

从丙烷为致冷剂的制冷器中排除润滑油不成问题。因为润滑油沉积在底部，可从排放管线中排出，以丙烷为致冷剂的制冷器从底部排除润滑油的过程如图 4-32 所示。然而，从氟利昂为致冷剂的制冷器中排除润滑油比较困难，润滑油比液态氟利昂轻，它将漂浮在氟利昂的顶部。需调节制冷器内氟利昂的液位，使其接近容器器壁的油排放孔，然后排放润滑油。

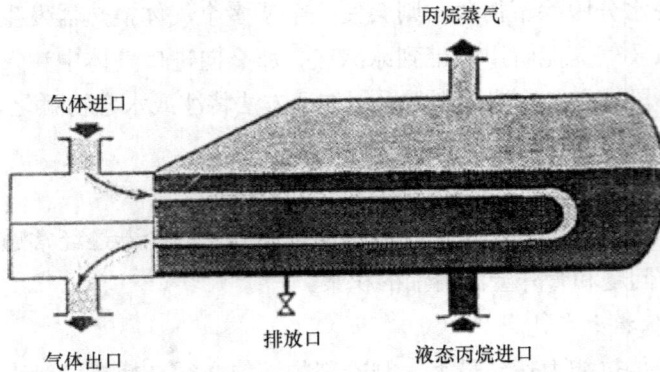

图 4-32　从丙烷为致冷剂的制冷器底部排除润滑油示意图

思考题

1. 换热设备有哪些类型？各适用于什么场合？

2. 间壁式换热设备有哪几种主要形式？各有什么特点？

3. 管壳式换热设备有哪几种主要形式？各有什么特点？适用于哪些场合？

4. 板面式换热设备有哪几种主要形式？各有什么特点？

5. 固定管板式换热器由哪些主要部件组成？各有何作用？

6. 换热管与管板有哪几种连接方式？各有哪些特点？

7. 什么是温差应力？常用的温差应力补偿装置有哪些？各有何特点？

8. 折流板的作用是什么？有哪些常见形式？如何安装固定？

9. 换热器在使用过程中容易出现哪些问题？如何防止？

第五章 塔设备

学习目标： 了解塔设备的作用和基本要求，熟悉不同类型塔设备的基本结构、主要特性和适用场合，了解塔设备及主要零部件选用的基本思路。

能力目标： 能根据工艺条件，合理选择塔设备的类型、塔板结构形式和填料塔类型的能力；能掌握塔设备强度校核的计算能力。

第一节 概述

进行传质、传热的设备称为塔设备。塔设备是化工生产中必不可少的大型设备。在塔设备内气液或液液两相充分接触，进行相间的传质和传热，因此在生产过程中常用塔设备进行精馏、吸收、解吸、气体的增湿及冷却等单元操作过程。

塔设备在生产过程中维持一定的压力、温度和规定的气、液流量等工艺条件，为单元操作提供了外部条件。塔设备的性能对产品质量、产量、生产能力和原材料消耗以及三废处理、环境保护等都有重要的影响。据统计，一般塔设备的投资费用约占化工设备投资总费用的25% ~ 35%，有时高达50%，钢材消耗约占全厂设备总质量的25% ~ 30%。

一、化工生产对塔设备的基本要求

（1）生产能力大。在较大的气、液负荷或波动时，仍能维持较高的传质速度。

（2）流体阻力小，运转费用低。

（3）能提供足够大的相间接触面积，使气、液两相在充分接触的情况下进行传质，达到高分离效率。

（4）结构合理，安全可靠，金属消耗量少，制造成本低。

（5）便于安装、操作、调节，故障率低。

二、塔设备的分类和构造

塔设备有很多分类方法，若根据用途可将其分为吸收塔、解吸塔、精馏塔和萃取塔等；若根据操作压力可将其分为减压塔、常压塔和加压塔等。

1. 按用途分类

（1）精馏塔。实现精馏操作的塔设备称为精馏塔。例如原油常减压工艺中的常压塔、减压塔可将原油分为汽油馏分、煤油馏分、柴油馏分及减压馏分等；铂重整装置中的各种精馏塔可以分离苯、甲苯、二甲苯等。

（2）吸收塔、解吸塔。利用混合气体中各组分在溶液中溶解度不同，用某种液体选择性吸收气体组分，实现气体分离的操作叫做吸收，将吸收了气体的吸收液通过加热等方法使其中的气体释放出来的过程称为解吸。实现吸收和解吸操作过程的塔设备称为吸收塔和解吸塔，如从炼厂气中回收汽油、从裂解气中回收乙烯和丙烯以及气体净化等都需要吸收塔、解吸塔。

（3）萃取塔。对于各组分间沸点相差很小的液体混合物，利用一般的分馏方法难以奏效，这时可在液体混合物中加入某种沸点较高的溶剂（称为萃取剂），利用混合液中各组分在萃取剂中溶解度的不同，将它们分离，这种方法称为萃取（也称为抽提）。实现萃取操作的塔设备称为萃取塔，如丙烷脱沥青装置中的抽提塔等。

（4）洗涤塔。用水除去气体中无用的成分或固体尘粒的过程称为水洗，所用的塔设备称为洗涤塔。

需要说明一点，有些设备就其外形而言属塔式设备，但其工作实质不是分离而是换热或反应。如凉水塔属冷却器，合成氨装置中的合成塔属反应器。这些不是本章中讨论的内容。

2. 按操作压力分类

塔设备根据其完成的工艺操作不同，其压力和温度也不相同。但当达到相平衡时，压力、温度、气相组成和液相组成之间存在着一定的函数关系。在实际生产中，原料和产品的成分和要求是工艺确定的，不能随意改变，压力和温度有选择的余地，但两者之间是相互关联的，如一项先确定了，另一项则只能由相平衡关系求出。从操作方便和设备简单的角度来说，选常压操作最好，从冷却剂的来源角度看，一般宜将塔顶冷凝温度控制在 30 ~ 40℃，以便采用廉价的水和空气作为冷却剂。所以塔设备根据具体工艺要求，设备及操作成本总和考虑，有时可在常压下操作，有时则需要在加压下操作，有时还需减压操作。相应的塔设备分别称为常压塔、加压塔和减压塔。

3. 按结构形式分类

塔设备尽管其用途各异，操作条件也各不相同，但就其结构而言大同小异，主要由塔体、支座、内部构件及附件组成。根据塔内部构件的结构可将其分为板式塔和填料塔两大类，如图 5-1、图 5-2 所示。塔

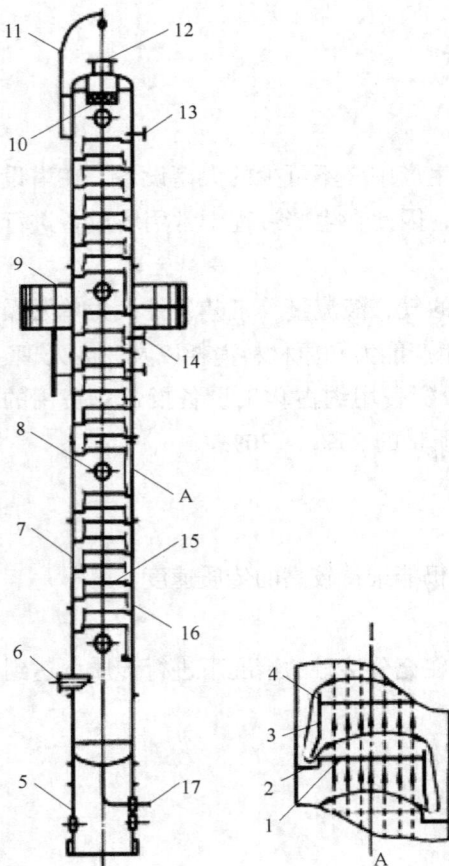

图 5-1 板式塔结构图
1—塔板盘 2—受液盘 3—降液板 4—溢流堰
5—裙座 6—气体进口 7—塔体 8—人孔
9—扶梯平台 10—除沫器 11—吊柱
12—气体出口 13—回流管 14—进料管
15—塔盘 16—保湿圈 17—出料管

体是塔设备的外壳，由圆筒和两封头组成，封头可以是半球形、椭圆形、碟形等。支座是将塔体安装在基础上的连接部分，一般采用裙式支座，有圆筒形和圆锥形两种，常用的是圆筒形，在高径比较大的塔中用圆锥形。裙座与塔体采用对接焊接或搭接焊接连接，裙座的高度由工艺要求的附属设备（如再沸器、泵）及管线的布置情况而定。

在板式塔中装有一定数量的塔盘，液体借自身的重量自上而下流向塔底（在塔盘板上沿塔径横向流动），气体靠压差自下而上以鼓泡的形式穿过塔盘上的液层升向塔顶。在每层塔盘上气、液两相密切接触，进行传质，使两相的组分浓度沿塔高呈阶梯式变化。

填料塔中则装填一定高度的填料，液体自塔顶沿填料表面向下流动，作为连续相的气体自塔底向上流动，与液体进行逆流传质，两相组分的浓度沿塔高呈连续变化。

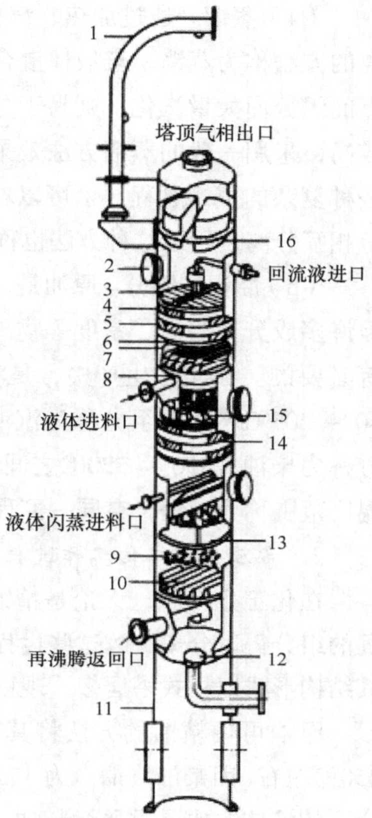

三、塔设备的工作过程

1. 塔设备工艺术语

（1）溶液的沸腾。不同性质的液体在同一压力下其沸点是不同的，所以两种以上相互溶解的液体组成的溶液，在同一压力下各组分的沸点自然也是不相同的。沸点低的组分其挥发度高，因此同一压力和温度下，其在溶液所形成的蒸气中的分子比例大于它在溶液中的分子比例，而沸点高的组分由于挥发度低，故在溶液蒸气中的比例小于其在溶液中的比例。利用溶液的这一特性，通过在一定压力下加热的方式，可将溶液中各组分相互分离。

图 5-2 填料塔结构图
1—吊柱 2—人孔 3—液体分布器
4—床层定位器 5—规整填料
6—填料支托栅板 7—液体收集器
8—集液器 9—散管填料
10—填料支托装置 11—支座
12—除沫器 13—槽式液体再分布器
14—规整填料 15—盘式液体再分布器
16—防涡流器

（2）溶液的相平衡。在气、液系统中，单位时间内液相汽化的分子数与气相冷凝的分子数相等时，气、液两相达到一种动态平衡，这种动态称为气、液的相平衡状态。这时其系统内各状态参数，如温度、压力及组成等都是一定的，不随时间的改变而改变。液相中各组分的蒸气分压等于气相中同组分的分压，液相的温度等于气相的温度，当任一相的温度变化时，势必引起其他组分量的变化。

（3）传质。在炼油、化工生产中，将物质借助于分子扩散的作用从一相转移到另一相的过程称为传质过程。液体混合物的蒸馏分离，即利用液体溶剂的选择作用吸收气体混合物中的某一部分，利用萃取方式分离液体混合物的过程等，都属于传质过程。

（4）蒸馏。通过加热、汽化、冷凝、冷却的过程使液体混合物中不同沸点的组分相互分离的方法称为蒸馏。若液体混合物中各组分沸点相差较大，加热时低沸点的组分优先于高沸点的组分而大量汽化，则易于分离。但若液体混合物中各组分沸点相差不大或分馏精度要求较高，采用一般的蒸馏方法效果不好，这时应采用精馏的方法。精馏就是多次汽化与冷凝的一种复杂的蒸馏过程，也可以看成是蒸馏的串联使用。因为通过蒸馏（精馏）可以将不同组分相互分离，所以这种方法也称为分馏。

（5）馏程和馏分。原油是烃类和非烃类组成的复杂混合物，每种成分都有其自身的特性，但许多成分其沸点、密度等物理特性都很相近，若要将其逐一分离出来是很困难的，也是没有必要的。在实际生产中，是将原油分为几个不同的沸点范围加以利用，如原油中沸点在40～205℃之间的组分称为汽油；180～300℃之间的组分称为煤油；250～350℃之间的组分称为柴油；350～520℃之间的组分称为润滑油；520℃以上的组分称为重质燃料油。这些温度范围称为馏程，在同一馏程内的馏出物称为馏分。

2. 常压分馏塔的工作过程

在化工生产中，无论是精馏还是吸收、解吸或萃取，其目的都是为了使混合液中不同馏程的组分得以分离，故这些过程都称为分馏过程，所以在化工厂中使用最多的是各种分馏塔，其结构形式以板式塔居多。现以常压分馏塔为例说明塔设备的工作过程。

原油可用精馏的方法将其分为若干个馏分，如汽油、煤油、柴油等。先将原油加热至350℃左右（因柴油终馏点为350℃），送入常压塔中，使汽油、煤油、柴油都蒸发出来成为油气，余下的液体主要是重质燃料油。高温油气混合物上升经过一层层塔盘，在每层塔盘上和上层塔盘上流下来的温度较低的液体相接触，油气被冷却，温度稍降一些，其中较重（沸点较高）的组分就会被冷凝成液体从油气中分离出来，同时塔盘上的液体被加热，温度稍增高一些，其中较轻（沸点较低）的组分就会蒸发成气体从液体中分离出去。这样每经过一层塔盘，油气中较重组分就会减少一些，较轻组分增加一些；而液体中较重组分则增加一些，较轻组分减少一些。油气不断上升，每经一层塔盘都有这样的变化，于是油气越往上其轻组分越多、重组分越少，直至塔顶，油气的成分就是汽油组分。出塔后经冷凝器冷却便可得到汽油。液体不断下流，每经一层塔盘也都会有相反的变化，于是液体越往下其重组分越多，轻组分越少。液体来自塔顶回流，即将冷凝下来的汽油抽出一部分再打回到塔顶的塔盘上，其不断下流，不断变重，到某一层塔盘时成为煤油组分，一部分抽出来经冷却得到煤油产品，其余的继续下流到更下面的某一层塔盘时成为柴油组分，一部分抽出经冷却得到柴油产品。剩余的继续下流至塔底流出，称为常压重油。

第二节　板式塔

一、板式塔分类

板式塔种类繁多，通常按如下方法分类。

（1）按气、液在塔板上的流向分为气—液呈错流和逆流的塔板，如图5-3所示。

（2）按液体流动形式可分为单溢流型和双溢流型板式塔。

（3）按塔盘结构可以分为泡罩塔、筛板塔、浮阀塔、舌形塔、浮动舌形塔和导向筛板塔等。

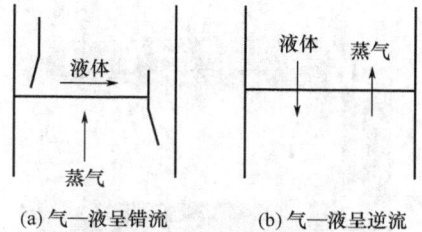

图 5-3 错流式和逆流式板塔

1. 泡罩塔

泡罩塔是最早应用于工业生产的典型板式塔。泡罩塔盘由塔板、泡罩、升气管、降液管及溢流堰等组成。生产中使用的泡罩形式有多种，最常用的是圆形泡罩如图5-4所示。

泡罩塔盘上的气液接触状况如图5-5所示。气体由泡罩塔下部进入塔体，经过塔盘上的升气管，流经升气管与泡罩之间的环形通道而进入液层，然后从泡罩边缘的齿缝流出，搅动液体，形成液体层上部的泡沫区，再进入上一层升气管。液体则由上层降液管出口流入塔板，横向流经布满泡罩的区域，漫过溢流堰进入降液管，再流入下层塔板。

图 5-4 圆形泡罩

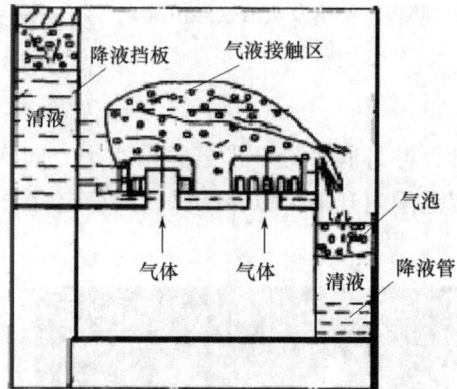

图 5-5 泡罩塔板上气液接触状况

泡罩塔操作的要点是使气、液量维持稳定。若气量过小而液量过大，气体不能以连续的方式通过液层，只有当气体积蓄、压力升高后，才能冲破液层通过齿缝溢出。气体冲出后，压力下降，只有等待气体压力再次升高，才能重新冲破液层溢出，形成脉冲方式，并可能产生漏液现象；若气量过大而液量过小，则难以形成液封，液体可能从泡罩的升气管流入下层塔板，使塔板效率下降。气量过大还可能形成雾沫夹带和液泛现象。

泡罩塔的优点是：相对于其他塔形操作稳定性较好，易于控制，负荷有变化时仍有较好的弹性，介质适应范围广。其缺点是：生产能力较低，流体流经塔盘时阻力与压降大，且结构较复杂，造价较高，制造加工有较大难度。

2. 筛板塔

筛板塔的塔盘为一钻有许多孔的圆形平板。筛板分为筛孔区、无孔区、溢流堰、降液管

图 5-6 筛板塔结构及气液接触情况
示意图

区等几个部分。筛孔直径一般为 $\phi3 \sim \phi8mm$，通常按正三角形布置，孔间距与孔径的比值为 3 ~ 4。

筛板塔内的气体从下而上，通过各层筛板孔进入液层鼓泡而出，与液体接触进行气、液间的传质与传热。液体则从降液管流下，横经筛孔区，再由降液管进入下层塔板。筛板的结构及气液接触状况如图 5-6 所示。

筛板塔与泡罩塔相比，生产能力提高 20% ~ 40%，塔板效率提高 10% ~ 15%，压力降下降 30% ~ 50%，且结构简单，造价较低，制造、加工、维修方便。故在许多场合都用筛板取代泡罩塔。筛板塔的缺点是操作弹性不如泡罩塔，当负荷有变动时，操作稳定性差；当介质黏性较大或含杂质较多时，筛孔易堵塞。

3. 浮阀塔

浮阀塔是 20 世纪 50 年代发展起来的板式塔，现已广泛应用于精馏、吸收、解吸等传质过程。浮阀塔塔盘结构的特点是在塔板上开设有阀孔，阀孔里装有可上下浮动的浮阀（阀片）。浮阀可分为十字形浮阀和条状浮阀，如图 5-7 所示。目前应用最多的是 F_1 型浮阀。气体经阀孔上升，冲开阀片经环形缝隙沿水平方向吹入液层形成鼓泡。当气体流速有变化时，浮阀能在一定范围内升降，以保持操作的稳定性，如图 5-8 所示。

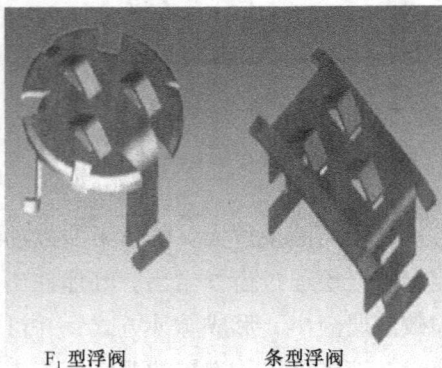

F₁型浮阀   条型浮阀

图 5-7 浮阀

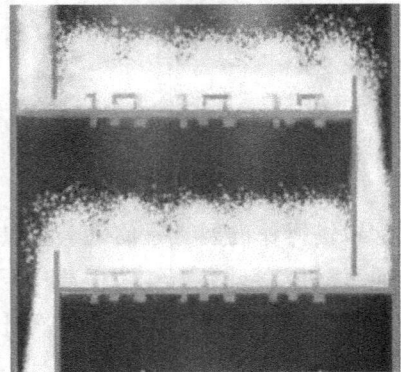

图 5-8 工作时的阀片

浮阀塔生产能力大，操作弹性好，液面落差小，塔板效率高（比泡罩塔高 15% 左右），流体压降和流体阻力小，且结构简单，造价较低，是一种综合性能较好的塔形。现已在生产中得到广泛应用。

4. 舌形塔

舌形塔属于喷射形塔，于 20 世纪 60 年代开始应用。与开有圆形孔的筛板不同，舌形塔板的气体通道是按一定排列方式冲出的舌片孔，见图 5-9（a）所示。舌孔有三面切口和拱形切口两种，如图 5-9（b）和图 5-9（c）所示。常用的三面切口舌片的开启度一般为 20°，如图 5-9（d）所示。

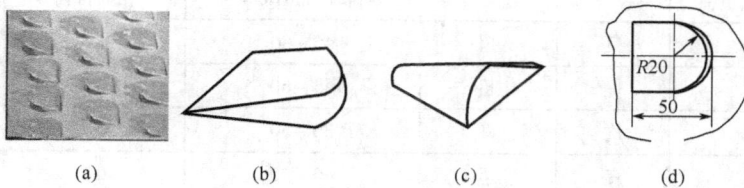

| (a) | (b) | (c) | (d) |

图 5-9　舌形塔盘及舌孔形状

由于舌孔方向与液流方向一致，故气体从舌孔喷出时，可减小液面落差，减薄液层，减少雾沫夹带。

舌形塔盘物料处理量大，压降小，结构简单，安装方便。但操作弹性小，塔板效率低。

5. 浮动舌形塔

浮动舌形塔盘是在塔板孔内装设了可以浮动的舌片（图 5-10）。浮动舌片既保留了舌形塔倾斜喷射的结构特点，又具有浮阀操作弹性好的优点。

浮动舌形塔具有处理量大、压降小、雾沫夹带少、操作弹性大、稳定性好、塔板效率高等优点。缺点是在操作过程中浮舌易磨损。

6. 导向筛板塔

导向筛板塔是近年来开发应用的新型塔形。它是在普通筛板塔的基础上改进而成的。其结构特点是：在塔盘上开有一定数量的导向孔，通过导向孔的气流与液流方向一致，对液流有一定的推动作用，有利于减小液面梯度；在塔板的液体入口处增设了鼓泡促进结构，有利于液体刚流入塔板就可以生产鼓泡，形成良好的气液接触条件，以提高塔板利用率，减薄液层，

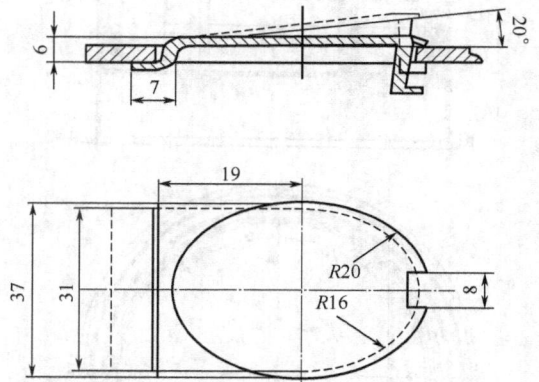

图 5-10　浮动舌片结构

减小压降。与普通筛板塔相比，塔板效率可提高 13% 左右，压降可下降 15% 左右。

导向孔的形状如同百叶窗，类似于舌片冲压而成，所不同的是，开口为细长的矩形缝。缝长有 12mm、24mm、36mm 三种。导向孔开缝高度常为 1 ~ 3mm。导向孔的开孔率一般为 10% ~ 20%。鼓泡促进器是在塔板入口处形成的凸起部分。凸起高度一般为 3 ~ 5mm，斜面的正切一般在 0.1 ~ 0.3，斜面上通常仅开有筛孔而不开设导向孔。

板式塔的结构形式多种多样，各种塔盘结构都具有各自的特点，且都有各自适宜的生产条件和范围，在具体选择塔盘结构时应根据工艺要求选择。表5-1对几种常用塔形的性能进行了比较，供使用时参考。

表5-1　板式塔性能比较

塔形	与泡罩塔相比的相对气相负荷	效率	操作弹性	85%最大负荷时的单板压降（mmH₂O）[①]	与泡罩塔相比的相对价格	可靠性
泡罩塔	1.0	良	超	45～80	1.0	优
浮阀塔	1.3	优	超	45～60	0.7	良
筛板塔	1.3	优	良	30～50	0.7	优
舌形塔	1.35	良	超	40～70	0.7	良
栅板塔	2.0	良	中	25～40	0.5	中

①1mmH₂O=9.80665Pa。

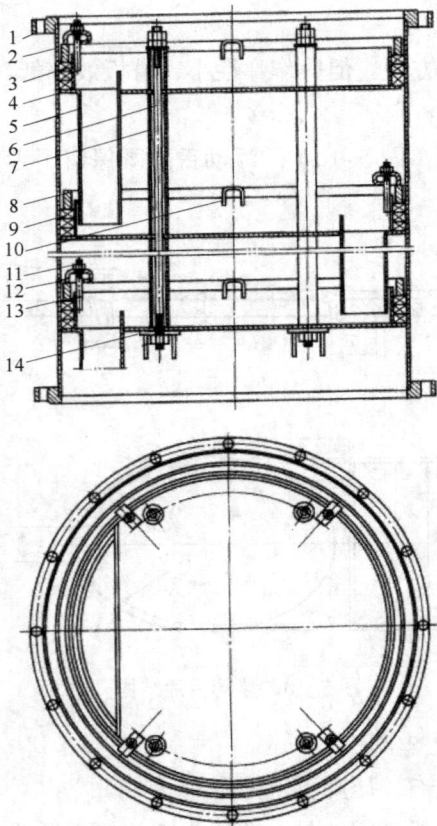

图 5-11　定距管式塔盘
1—法兰　2—塔体　3—塔盘圈　4—塔盘板　5—降液管
6—拉杆　7—定距管　8—压圈　9—石棉绳　10—吊环
11—螺母　12—压板　13—螺柱　14—支座

二、板式塔的主要结构

1. 塔盘

塔盘由气液接触元件、塔板、受液盘、溢流堰、降液管、塔盘支承件和紧固件组成。塔盘是板式塔完成传质、传热过程的主要部件。板式塔塔盘可分为穿流式与溢流式两大类。穿流式塔盘上无降液管装置，气液两相同时通过孔道逆流，处理量大，压降小。但塔板效率较低，操作弹性较差。溢流式塔盘上装有供液相流体进入下层塔板的降液管，液层高度可通过堰高来调节，有利于传质和传热。本节介绍溢流式塔盘，溢流式塔盘根据塔径大小及塔盘结构特点，可分为整块式和分块式两种。

（1）整块式塔盘。整块式塔盘用于内径范围为 700～800mm 的板式塔。塔体由若干个塔节组成，每个塔节内安装若干块塔盘，每个塔节之间通过法兰连接。根据塔盘的组装方式不同，整块式塔盘又可分为定距管式和重叠式两种。

①定距管式塔盘，结构如图5-11所示。塔盘通过拉杆和定距管固定在塔节内的支座上，定距管起着支承塔盘的作用并保持塔板间距。塔盘与塔壁间的缝隙，以软填料密封并用压圈压

紧。塔节的长度取决于塔径，当塔径为 300 ~ 500mm 时，只能伸入手臂安装，塔节长度为 800 ~ 1000mm 为宜；当塔径为 500 ~ 800mm 时，人可进入塔内，塔节长度一般为 2000 ~ 2500mm。为避免安装困难，每个塔节的塔板数一般不超过 6 块。

②重叠式塔盘，结构如图 5-12 所示。在每一塔节的下部焊有一组支座，底层塔盘安置在塔内壁的支座上，然后依次装入上一层塔盘，塔盘间距由焊在塔盘下的支柱保证，并用调节螺钉来调整塔盘的水平度。塔盘与塔壁之间的缝隙，以软质填料密封后通过压板及压圈压紧，如图 5-12 所示。

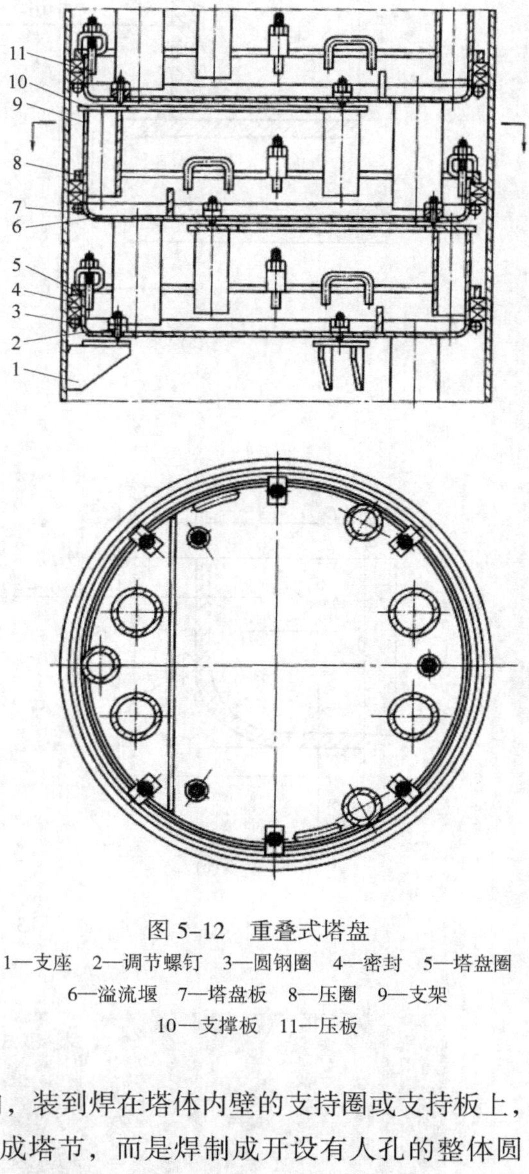

整块式塔盘的结构有角焊和翻边两种结构。角焊结构如图 5-13（a）、（b）所示。采用角焊是将塔盘圈焊在塔盘板上，结构简单、制造方便，但容易产生焊接变形。当塔盘圈较低时用图 5-13（a）结构；当塔盘圈较高时用图 5-13（b）结构。翻边结构如图 5-13（c）、（d）所示。此结构中塔盘圈是由塔板翻边而成。当塔盘圈较低时，可将塔板整体冲压成型，如图 5-13（c）所示；当塔盘较高时，可在冲压翻边的基础上加焊塔盘圈，如图 5-13（d）所示。塔盘圈的高度 h_1，不得低于溢流堰高，一般为 70mm 左右，塔盘圈与塔壁间隙一般是 10 ~ 12mm，密封填料支承圈通常用 $\phi 8$ ~ $\phi 12$mm 圆钢制成。圆钢至塔盘圈顶面距离 h_2，一般取 30 ~ 40mm。

（2）分块式塔盘。当塔体直径范围为 800 ~ 900mm 时，为了便于塔盘的安装、检修、清洗，而将塔板分成数块。通过人孔送入塔内，装到焊在塔体内壁的支持圈或支持板上，这种结构称为分块式塔盘。此时，塔体不需要分成塔节，而是焊制成开设有人孔的整体圆筒。根据塔径大小，分块式塔盘可分为单流塔盘和双流塔盘两种，如图 5-14 所示。当塔径为 800 ~ 2400mm 时，一般采用单流塔盘，其结构如图 5-15 所示；当塔径大于 2400mm 时，采用双流塔盘。

①塔板结构。分块式塔盘的塔板块数与塔体直径有关，如表 5-2 所示。

在数块塔板中，靠近塔壁的两块塔板做成弓形，称弓形板。两弓形板之间的塔板做成矩形，称矩形板。为了安装、检修需要，在矩形板中，必须有一块用作通道板。各层塔盘板上

图 5-12　重叠式塔盘
1—支座　2—调节螺钉　3—圆钢圈　4—密封　5—塔盘圈
6—溢流堰　7—塔盘板　8—压圈　9—支架
10—支撑板　11—压板

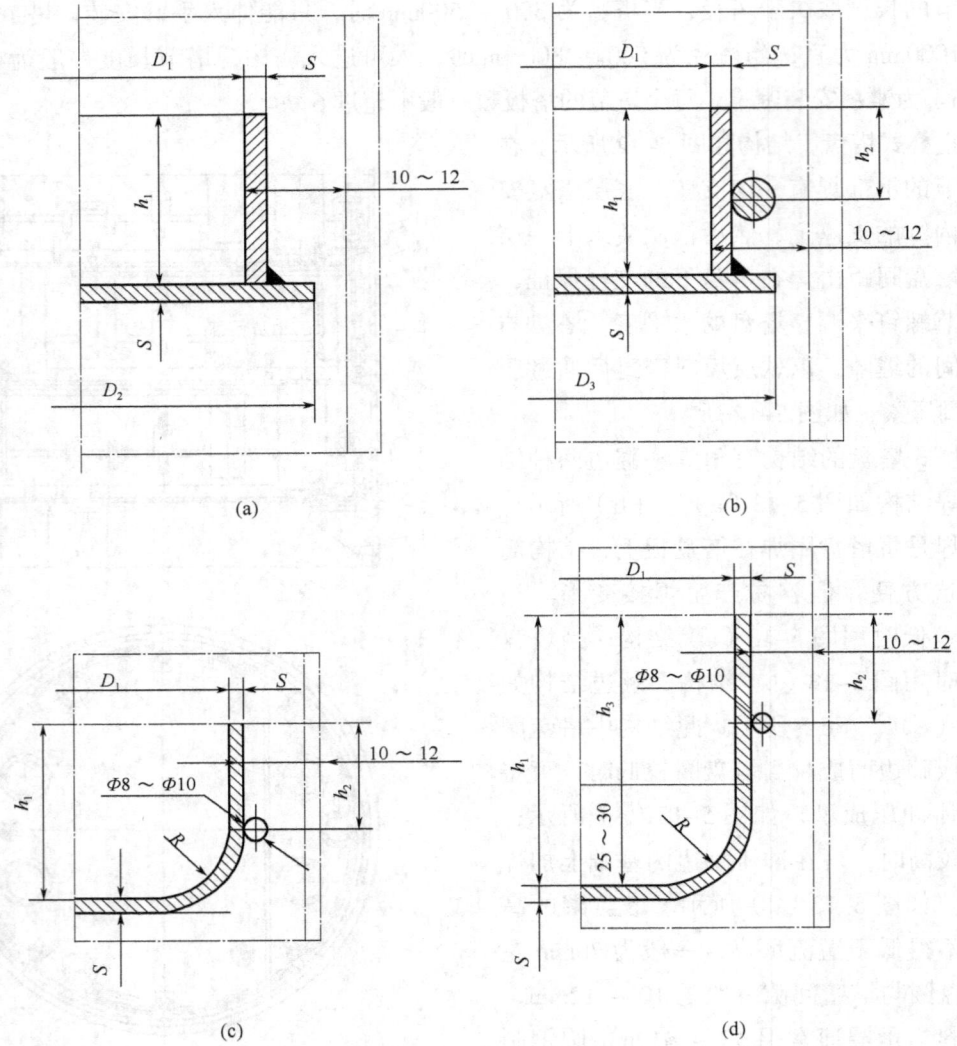

图 5-13 整块式塔盘结构

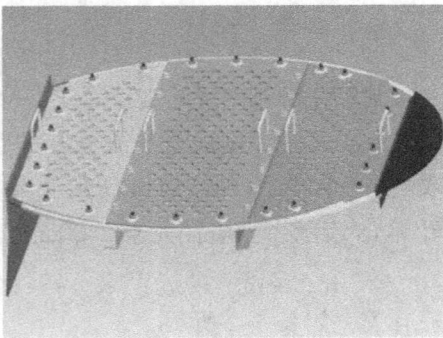

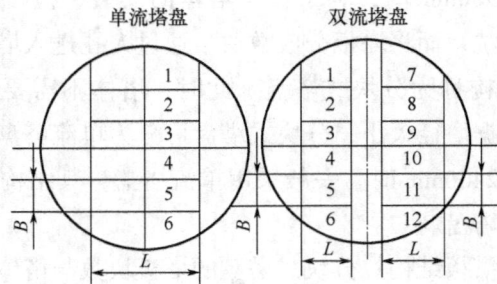

图 5-14 分块式塔盘示意图

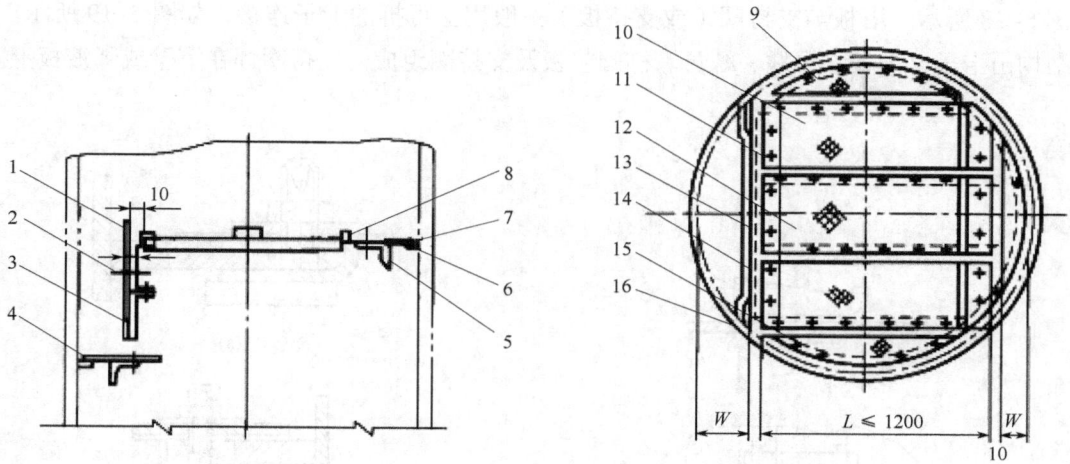

图 5-15 单流分块塔盘结构

1，14—出口堰 2—上段降液板 3—下段降液板 4，7—受液盘 5—支持梁 6—支持圈 8—入口堰 9—塔盘边板
10—塔盘板 11，15—紧固件 12—通道板 13—降液板 16—连接板

表5-2 分块式塔盘的塔板块数与塔体直径

塔径（mm）	800～1200	1400～1600	1800～2000	2200～2400
塔板分块数	3	4	5	6

的通道板，最好开在同一垂直位置上，以利于采光和拆卸。

为了提高刚度，分块的塔盘板多采用自身梁式与槽式，如图 5-16 所示。这种结构是将塔板边缘冲压折边而成。使用最多的是自身梁式。

②塔板的连接。通道板与其他塔板的连接，一般采用上下均可拆的结构形式。最简单的结构如图 5-17 所示，紧固螺栓从上面或下面均可转动 90°，使之紧固或松开。

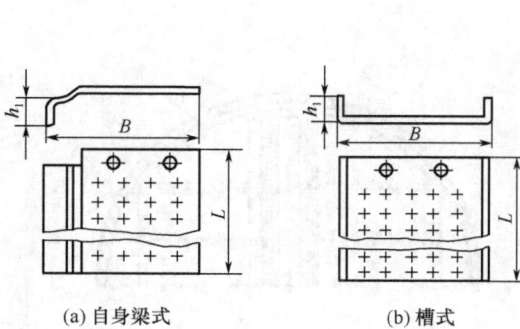

(a) 自身梁式　　　(b) 槽式

图 5-16 自身梁式与槽式塔板

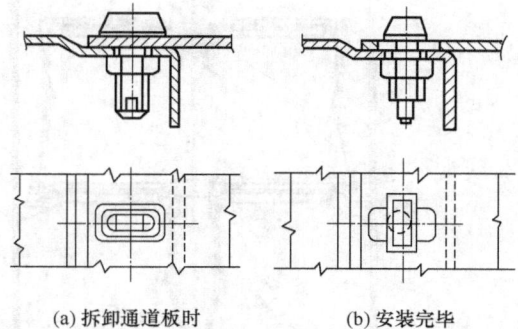

(a) 拆卸通道板时　　　(b) 安装完毕

图 5-17 上下均可拆的通道板

塔板之间的连接按人孔位置及检修要求，分为上可拆连接和上下均可拆两种。

塔板之间的连接也可采用楔形紧固件的结构。其特点是结构简单，装拆方便。典型结构如图 5-18 所示。塔板与支持圈（或支持板）一般用上可拆的卡子连接，如图 5-19 所示。连接结构由卡子、卡板、螺柱、螺母、椭圆垫板及支持圈组成。支持圈焊在塔壁或降液板上。

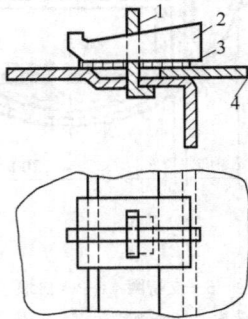

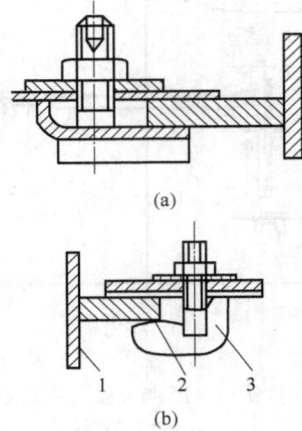

图 5-18　用楔形紧固件的塔板连接
1—龙门板　2—楔子　3—垫板　4—塔盘板

图 5-19　塔盘与支持圈的上可拆连接
1—塔币（或降液板）　2—支持圈　3—卡子

③塔盘的支承。为了使塔板上液层厚度一致，气体分布均匀，传质效果良好，不仅塔板在安装时要保证规定的水平度，而且在工作时也不能因承受液体质量而产生过大的变形。因此，塔盘应有良好的支承条件。对于直径较小的塔（$D_i < 2000\text{mm}$），塔板跨度也较小，而且自身梁式塔板本身有较大的刚度，所以通常采用焊在塔壁上的支持圈来支承即可。对于直径较大的塔，为了避免塔板跨度过大而引起刚度不足，通常在采用支持圈支承的同时，还采用支承梁结构，如图 5-20 所示。分块塔板一端支承在支持圈上，另一端支承在支承梁上。

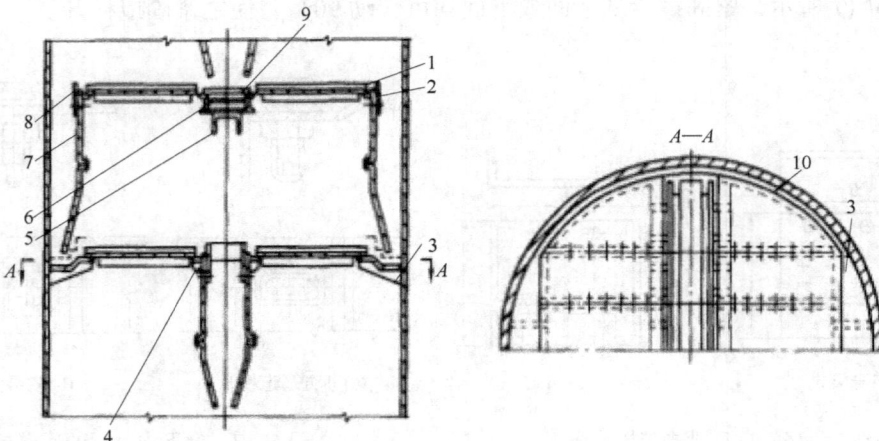

图 5-20　双溢流分块式塔盘支承结构
1—塔盘板　2—支持板　3—筋板　4—压板　5—支座　6—主梁　7—两侧降液板　8—可调溢流堰板
9—中心降液板　10—支持圈

2. 溢流装置

板式塔内溢流装置包括降液管、受液盘及溢流堰等部件。

（1）降液管。降液管的作用是使夹带气泡的液流进入降液管后具有足够的分离空间，能将气泡分离出来，如图5-21所示。降液管有圆形与弓形两大类，如图5-22所示，常用的是弓形降液管，弓形降液管由平板和弓形板焊制而成，并焊接固定在塔盘上。当液体负荷较小或塔径较小时，可采用圆形降液管，圆形降液管有带溢流堰和兼作溢流堰两种结构。

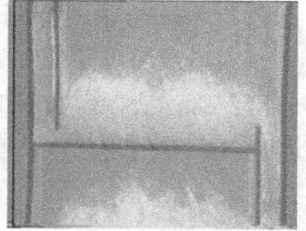

图 5-21 降液管的结构图

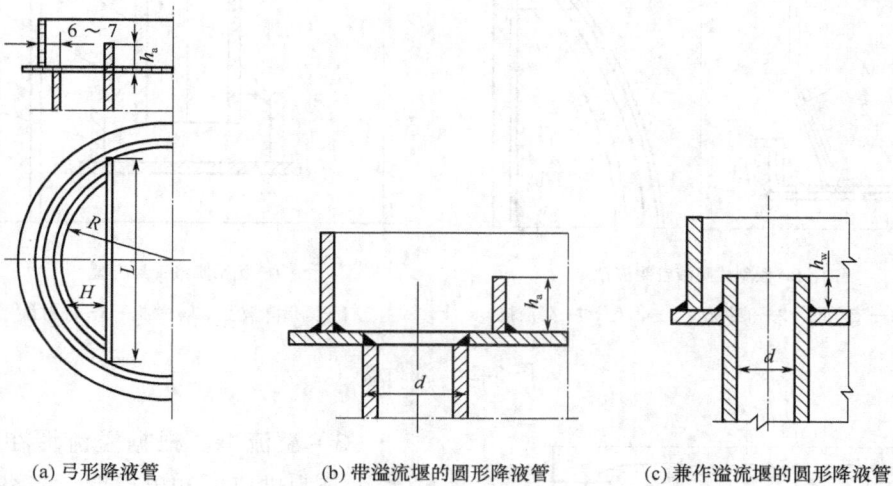

（a）弓形降液管   （b）带溢流堰的圆形降液管   （c）兼作溢流堰的圆形降液管

图 5-22 两种降液管结构图

（2）受液盘。为了保证降液管出口处的液封，在塔盘上一般都设置有受液盘。受液盘的结构形式对塔的侧线取出、降液管的液封、液体流出塔盘的均匀性都有影响。受液盘有平形和凹形两种。平形受液盘有可拆和焊接两种结构，图5-23（a）为一种可拆式平形受液盘。平形受液盘因可避免形成死角而适应易聚合的物料。当液体通过降液管与受液盘时，如果压降过大或采用倾斜式降液管，则应采用凹形受液盘，见图5-23（b）。凹形受液盘的深度一

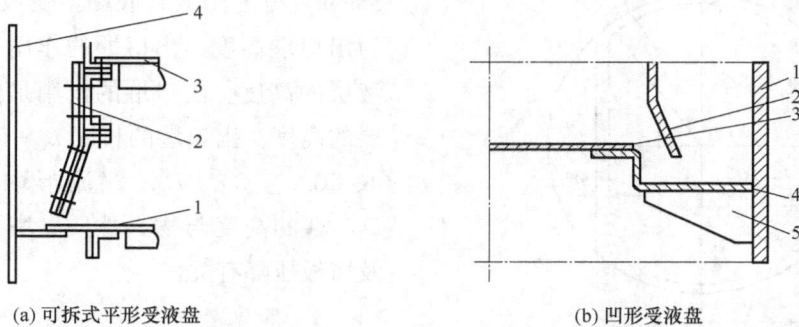

（a）可拆式平形受液盘   （b）凹形受液盘

1—受液盘 2—降液管 3—塔板盘 4—塔壁   1—塔壁 2—降液板 3—塔盘板 4—受液盘 5—筋板

图 5-23 受液盘结构

般大于 50mm，而小于塔板间距的 1/3。

在塔或塔段的最底层塔盘降液管末端应设液封盘，以保证降液管出口处的液封。用于弓形降液管的液封盘如图 5-24（a）所示。用于圆形降液管的液封盘如图 5-24（b）所示。液封盘上开设有泪孔，以供停工时排液。

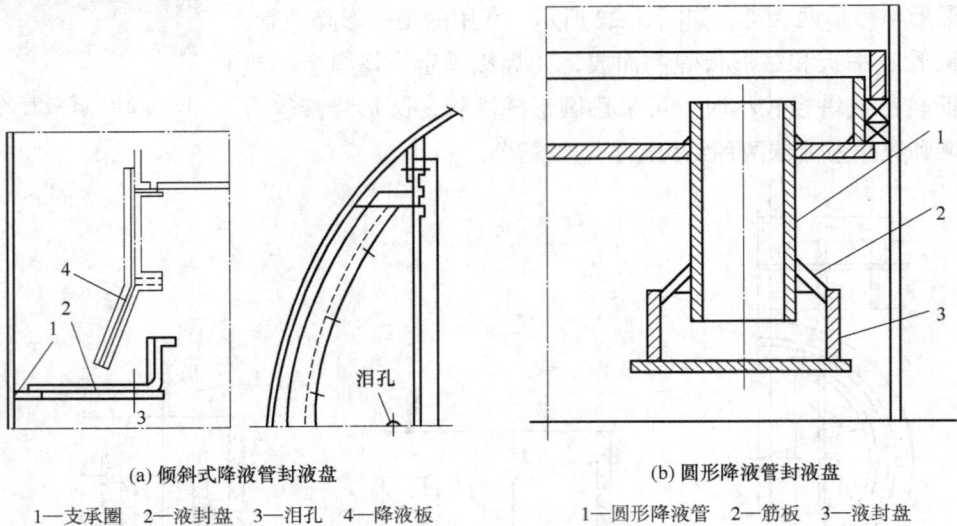

(a) 倾斜式降液管封液盘

1—支承圈　2—液封盘　3—泪孔　4—降液板

(b) 圆形降液管封液盘

1—圆形降液管　2—筋板　3—液封盘

图 5-24　液封盘

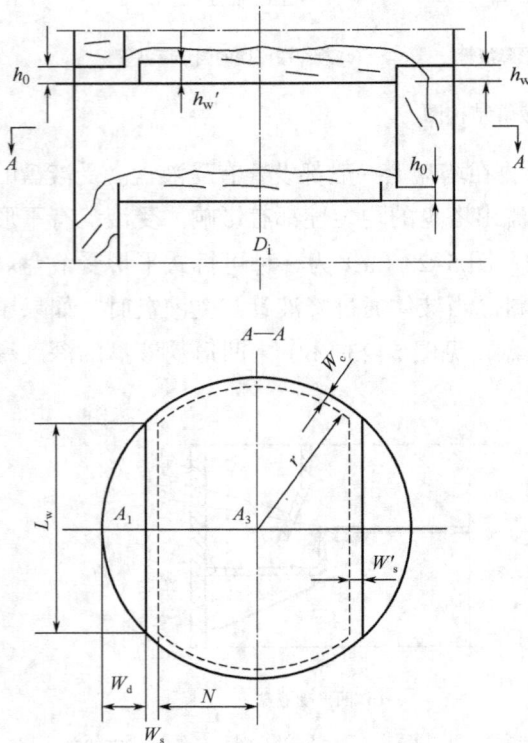

图 5-25　溢流堰结构

（3）溢流堰。根据溢流堰在塔盘上的位置可分为进口堰和出口堰。当塔盘采用平形受液盘时，为保证降液管的液封，使液体均匀流入下层塔盘，并减少液流沿水平方向的冲击，应在液体进口处设置进口堰。如图 5-25 所示，h_w' 为入口堰高度，又称封液高度，对小型塔其高度一般取 $h_w'=h_0+（6 \sim 12）$mm，对于大型塔高度一般取 $h_w'=h_0+38$mm。h_0 为降液管底端至受液盘的距离，h_w 为出口堰高度，出口堰的作用是保持塔盘上液层的高度。出口堰的作用是保持塔盘上液层的高度。出口堰的长度 L_w 一般为：单流形取（0.6 ~ 0.8）D_i，双流形取（0.5 ~ 0.7）D_i。堰的高度与物料性质、塔形、液相流量及塔板压降有关。

3．除沫装置

除沫装置的作用是分离出塔气体中含有的雾沫和液滴，以保证传质效率，减少物料损失，确保气体纯度，改善后续设备的操作条件。

常用的除沫装置有丝网除沫器、折流板除沫器、旋流板除沫器等。

（1）丝网除沫器。丝网除沫器具有比表面积大、重量轻、空隙率大、效率高、压降小和使用方便等特点，从而得到广泛应用。丝网除沫器适用于洁净的气体，不宜用于液滴中含有易黏结物的场合，以免堵塞网孔。丝网除沫器由丝网、格栅、支承结构等构成。丝网可由金属和非金属材料制造。常用的金属丝网材料有奥氏体不锈钢、镍、铜、铝、钛、银、钼等有色金属及其合金；常用的非金属材料有聚乙烯、聚丙烯、聚氯乙烯、聚四氟乙烯、涤纶等。丝网材料的选择要由介质的物性和工艺操作条件确定。丝网除沫器已有行业标准，选用时可查阅 HG/T 21618—1998。

（2）折流板除沫器。折流板除沫器如图 5-26 所示，具有结构简单的优点，但消耗金属量大，造价较高。若增加折流次数，能有较高的分离效率。除沫器的折流板常由 50mm×50mm×3mm 的角钢制成。

（3）旋流板除沫器。它是由固定的叶片组成风车状，结构如图 5-27 所示。夹带液滴的气体通过叶片时产生旋转和离心作用。在离心力作用下，将液滴甩至塔壁，从而实现气、液的分离。除沫效率可达 95%。

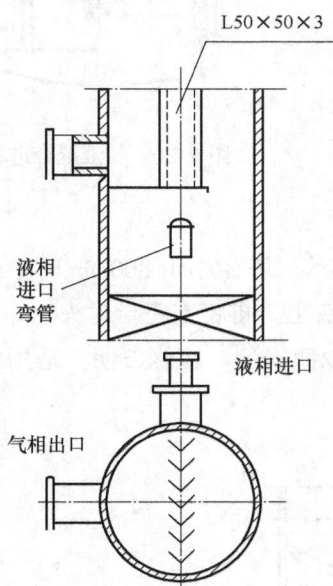

图 5-26　折流板除沫器

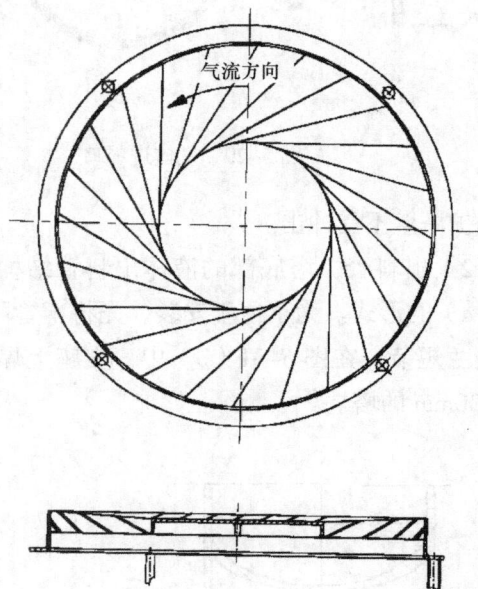

图 5-27　旋流板除沫器

4. 进出口管装置

（1）进料管。液体进料管可直接引入加料板。为使液体均匀通过塔板，减少进料波动带来的影响，通常在加料板上设进口堰，结构如图 5-28 所示。

气体进料管一般做成 45° 的切口，以使气体分布较均匀，见图 5-29（a）。当塔径较大或对气体分布均匀要求高时，可采用较复杂的如图 5-29（b）所示的结构。

气液混合进料时，可采用图 5-30 所示结构，以使加料盘间距增大，有利于气、液分离，

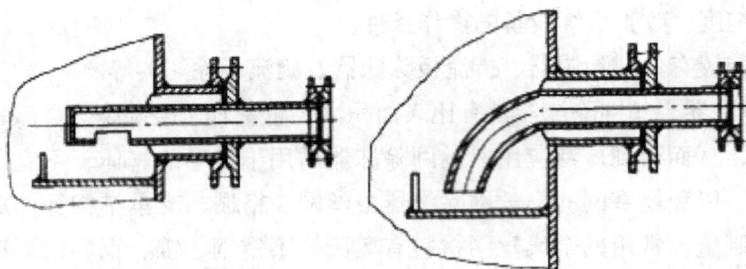

图 5-28 液体进料管

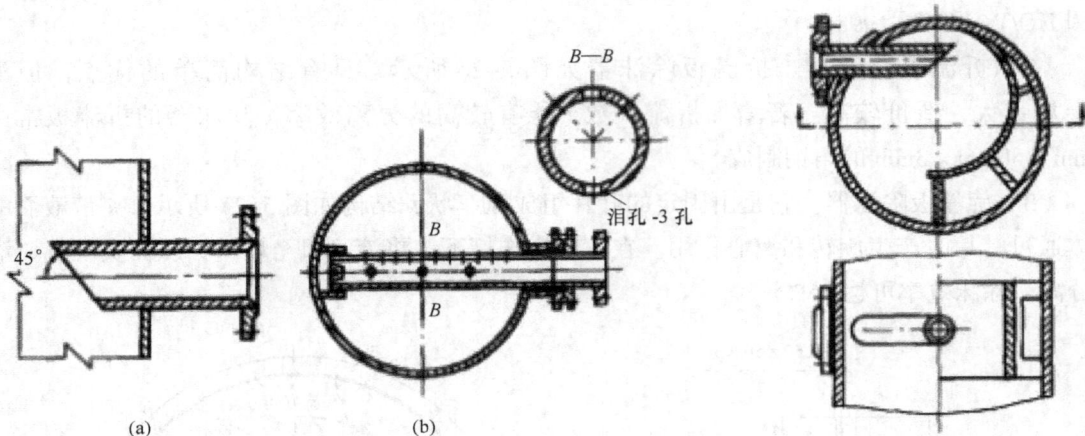

(a)   (b)

图 5-29 气体进料口

图 5-30 气液混合进料口

同时保护塔壁不受冲击。

（2）出料管。塔底部的液体出料管结构如图 5-31 所示。塔径小于 800mm 时，采用图 5-31（a）的形式。为了便于安装，先将弯管段焊在塔底封头上，再将支座与封头相焊，最后焊接法兰短节。在图 5-31（b）中，支座上焊有引出管，以使安装、检修方便，适用于直径大于 800mm 的塔。

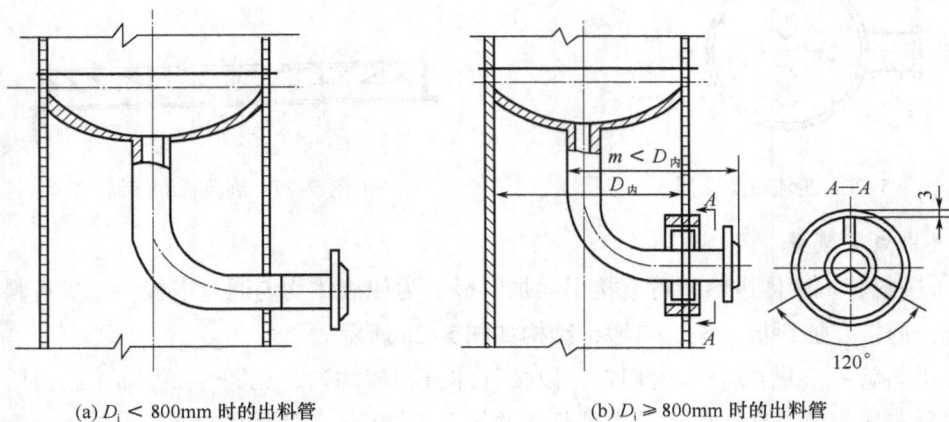

(a) $D_i < 800mm$ 时的出料管   (b) $D_i \geqslant 800mm$ 时的出料管

图 5-31 液体出料管

塔顶部气体出料管直径不宜过小，以减小压降，避免夹带液滴。通常在出口处装设挡板，如图 5-32 所示。当液滴较多或对夹带液滴量有严格要求时，应安装除沫装置。

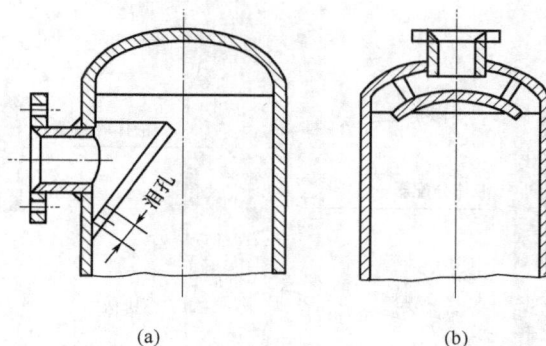

图 5-32　塔顶出料管

第三节　填料塔

　　填料塔是一种以连续方式进行气、液传质的设备，其特点是结构简单、压力降小、填料种类多、具有良好的耐腐蚀性能，特别是在处理容易产生泡沫的物料和真空操作时，有其独特的优越性。过去由于填料本体特别是内件的不够完善，使得填料塔局限于处理腐蚀性介质或不宜安装塔板的小直径塔。近年来，由于填料结构的改进，新型高效填料的开发，以及对填料流体力学、传质机理的深入研究，使填料塔技术得到了迅速发展，填料塔已被推广到所有大型气、液传质操作中。在某些场合，甚至取代了传统的板式塔。

　　填料塔主要由塔体、填料、喷淋装置、液体再分布装置、填料支承装置、支座等组成，如图 5-33 所示。

一、填料

　　填料是填料塔气、液接触的元件，填料性能的优劣直接决定着填料塔的操作性能和传质效率。到目前为止，各种形式、规格、材料的填料达数百种之多，填料结构改进的方向为：增加填料的通过能力，以适应工业生产的需要；改善流体的分布与接触，以提高分离效率；解决放大问题。当前，在石油和化工类工厂中，使用较多的填料有以下几种。

1. 拉西环填料

　　拉西环是一个外径和高度相等的空心圆柱体，如图 5-34（a）所示。拉西环可用陶瓷、塑料、金属制造，以陶瓷环应用最多。

　　拉西环的特点是结构简单、价格便宜、使用经验丰富。但阻力大，通量小，传质效率较低。

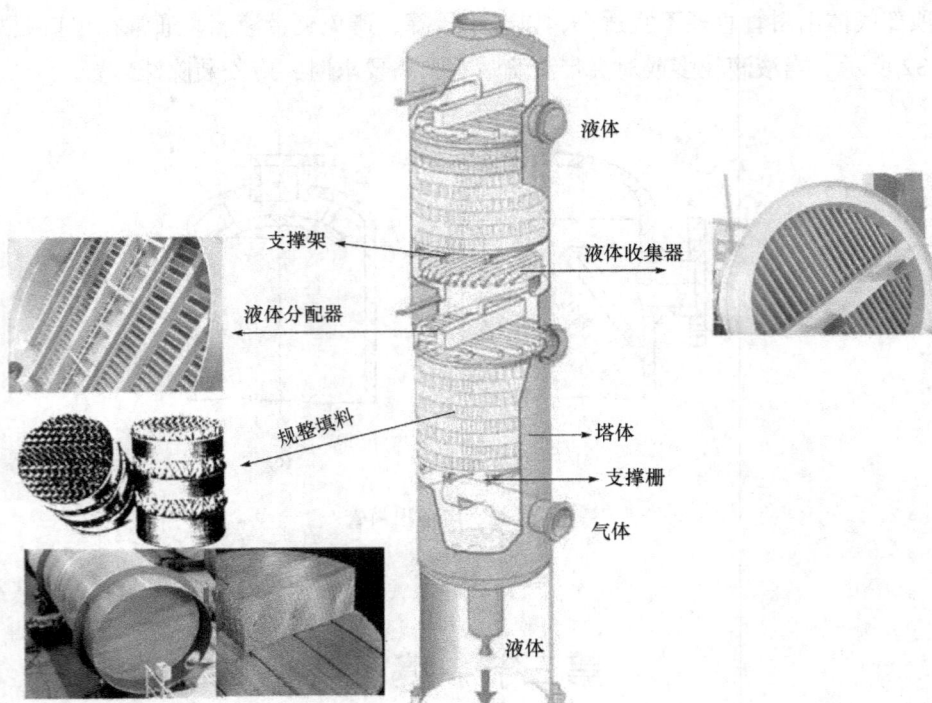

图 5-33　填料塔结构图

2. 鲍尔环填料

鲍尔环是在拉西环的基础上改进的环形填料。在填料的侧壁上开设两层长方形窗孔，小窗的舌片一端连在侧壁上，另一端弯入环心，见图 5-34（b）。由于开设了小窗，使得液体分散度增大，内表面利用率增加，阻力降低，通量提高，从而也提高了传质效率。鲍尔环多用金属制造，特别适用于真空蒸馏操作。

3. 阶梯环填料

阶梯环是在鲍尔环基础上发展起来的新型填料，见图 5-34（c）。与鲍尔环相比，高度减小了一半，而填料的一端做成翻边喇叭形，这一改进，不仅使填料在堆积时由线接触为主变为点接触为主，增加了填料颗粒的空隙，减少了阻力，而且改善了液体分布，促进了液膜更新，提高了传质效率。阶梯环填料可由金属、陶瓷和塑料等材料制造。

4. 弧鞍填料

弧鞍填料属鞍形填料的一种，其形状如同马鞍，一般采用瓷质材料制成。弧鞍填料的特点是表面全部敞开，不分内外，液体在表面两侧均匀流动，表面利用率高，流道呈弧形，流动阻力小。其缺点是易发生套叠，致使一部分填料表面被重合，使传质效率降低。弧鞍填料强度较差，容破碎，工业生产中应用不多。

5. 金属环矩鞍填料

环矩鞍填料既保留了鞍形填料的弧形结构，又吸收了鲍尔环的环形形状和具有内弯叶片小窗的结构特征，见图 5-34（d）。因此，它具有通过能力大、压力降小、滞液量小、容积

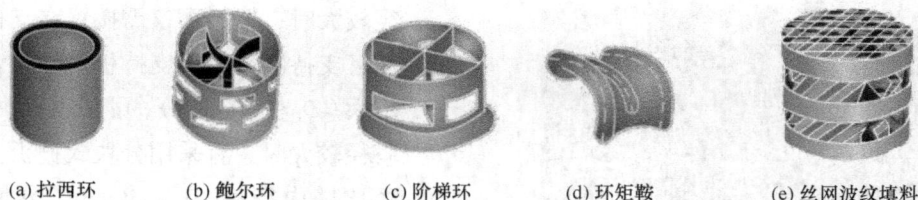

| (a)拉西环 | (b)鲍尔环 | (c)阶梯环 | (d)环矩鞍 | (e)丝网波纹填料 |

图 5-34 几种常见的填料

重量轻、填料层结构均匀等优点，是一种开敞结构的、综合性能较好的新型填料。特别适用于乙烯、苯乙烯等减压操作。

6. 丝网波纹填料

丝网波纹填料由若干平行直立放置的波网片组成，如图 5-34（e）所示。网片的波纹方向与塔轴线呈 30°或 45°，相邻两片波纹方向相反，使得波纹网片之间形成一个相互交叉又相互贯通的三角形截面的通道网。组装在一起的波纹片周围用带状丝网圈箍住，构成一个圆柱形的填料盘。

操作时，液体沿丝网表面以曲折的路径向下流动，气体在两网片间的交叉通道网内通过，所以，气、液两相在流动过程中不断地、有规律地转向，从而获得较好的横向混合。由于填料层内气、液分布均匀，故放大效应不明显。这一特点有利于丝网波纹填料在大型塔器中应用。

丝网波纹填料可用金属丝网或塑料丝网制成。金属丝网材料常用的有不锈钢、黄铜、碳钢、镍、蒙乃尔合金等。塑料丝网材料有聚丙烯、聚四氟乙烯等。常用的金属丝网波纹填料的缺点是造价高、抗污能力差，且清洗困难。

填料种类繁多，性能各有差异。选用时应从生产能力、物料性质、操作条件、传质效率、压降大小、安装及检修难易程度、填料价格及供应情况等方面综合考虑，以确定填料的类型、材料以及尺寸规格等。

二、填料支承装置

填料的支承装置的结构对填料塔的操作性能影响很大。若设计不当，将导致填料塔无法正常工作。对填料支承装置的基本要求为：有足够的强度以支承填料的重量；有足够的自由截面，以使气、液两相通过时阻力较小；装置的结构要有利于液体的再分布；制造、安装、拆卸要方便。常用的填料支承装置有栅板、格栅板、开孔波形板等。

1. 栅板

栅板通常由若干扁钢组焊成型，栅板间距一般为散堆填料环外径的 0.6 ~ 0.8 倍，如图 5-35 所示。当塔径小于 350mm 时，栅板可直接焊在塔壁上；当塔径为 400 ~ 500mm 时，栅板需搁置在焊于塔壁的支持圈上；当塔体直

图 5-35 整块栅板结构图

图 5-36　整块格栅板结构图

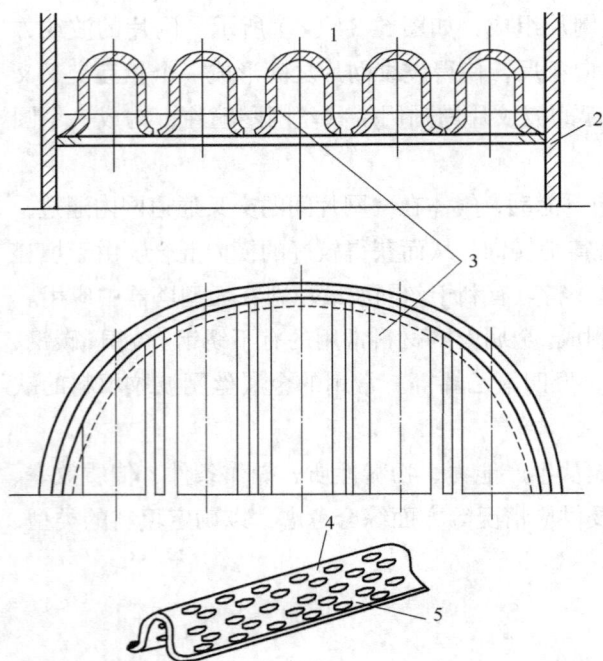

图 5-37　开孔波形板
1—塔体　2—支撑圈　3，4—波形支撑件　5—长圆形孔

径较大时，栅板不仅需搁置在支持圈上，而且支持圈还得用支持板来加强。若塔径不大（$D_i \leqslant 500mm$），可采用整块式栅板，塔径较大时，宜采用分块式栅板。栅板外径比塔内径小 10 ~ 40mm。分块式栅板中每块栅板的宽度为 300 ~ 400mm，以便从人孔送入塔内进行组装。

栅板支承结构简单，强度较高，是填料塔应用较多的支承结构。但栅板自由截面积较小，气速较大时易引起液泛，且塔内组装时，各块之间常有卡嵌现象。

2. 格栅板

格栅板由格条、栅条以及边圈组成，如图 5-36 所示。当塔径小于 800mm 时，可采用整块式格栅板，当塔径大于 800mm 时，应采用分块式格栅板。栅板条间距 t 一般为 100 ~ 200mm，塔径小时取小值。格板条间距 t_1 一般为 300 ~ 400mm，塔径小时取小值。分块式格栅板每块宽度不大于 400mm。格栅板通常由碳钢制成。当介质腐蚀性较大时，可采用不锈钢制造。格栅板适用于规整填料的支承。

3. 开孔波形板

开孔波形板属于梁形气体喷射式支承装置。波形板由开孔金属平板冲压为波形而成，其结构如图 5-37 所示。在每个波形梁的侧面和底部上开有许多小孔，上升的气体从侧面小孔喷出，下降的液体从底部小孔流下，故气液在波形板上为分道逆流。既减小了流体阻力，又使气液分布均匀。开孔波形板的特点是：支承板上开孔的自由截面积大，需要时，可达 100%；支承板上气液分道逆流，允许较高的气液负荷；气体通过支承板时所产生的压降小；支承板做成波形，提高了刚度和强度。波形板结构为多块拼装形式，每块支承件之间用螺栓连接，波形的间距与高度和塔径有关。

三、液体喷淋装置

填料塔在操作时，保证在任一截面上气、液的分布均匀十分重要，它直接影响到塔内填料表面的有效利用率，进而影响传质效率。而气液是否能均匀分布，取决于液体能否均匀分布，所以，液体从管口进入塔内的均匀喷淋，是保证填料塔达到预期分离效果的重要条件。液体是否初始分布均匀，依赖于液体喷淋装置的结构与性能。为了满足不同塔径、不同液体流量以及不同均匀程度的要求，液体喷淋装置有多种结构形式，按操作原理可分为喷洒型、溢流型、冲击型等，按结构又可分为管式、喷头式、盘式及槽式等。

1. 管式喷淋器

管式喷淋器的典型结构如图 5-38 所示。图 5-38（a）为直管式喷淋器。它结构简单，安装、拆卸简便。但喷淋面积小，而且不均匀，只能用于塔径小于 300mm，且对喷淋均匀性要求不高的场合。

图 5-38（b）为环管多孔喷淋器。它是在环管的下部开有 3 ~ 5 排孔径为 4 ~ 5mm 的小孔，开孔总面积与管子截面积大约相等。环管中心圆直径一般为塔径的 0.6 ~ 0.8 倍。环管多孔喷淋器结构较简单，喷淋均匀度比直管好，适用于直径小于 1200mm 的塔设备。

图 5-38（c）为排管式喷淋器。它由液体进口主管和多列排管组成。主管将进口液体分流给各列排管。每根排管上开有 1 ~ 3 排布液孔，孔径为 $\phi3 \sim \phi6mm$。排管式喷淋器一般采用可拆连接，以便通过人孔进行安装和拆卸。安装位置至少要高于填料表面层 150 ~ 200mm。当液体负荷小于 25m³/（m²·h）时，排管式喷淋器可提供良好的液体分布。其缺点是当液体负荷过大时，液体高速喷出，易形成雾沫夹带，影响分布效果，且操作弹性不大。

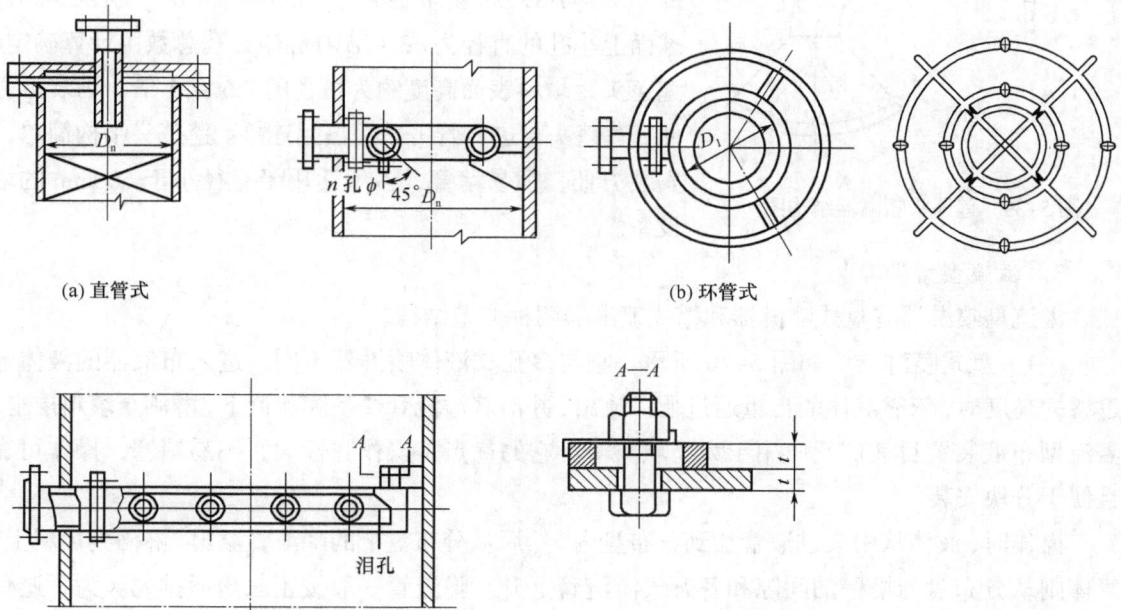

(a) 直管式 (b) 环管式

图 5-38

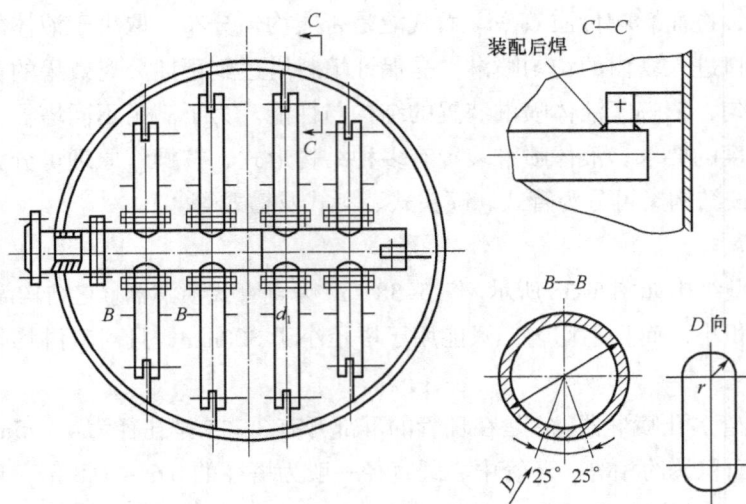

(c) 排管式

图 5-38　管式喷淋器

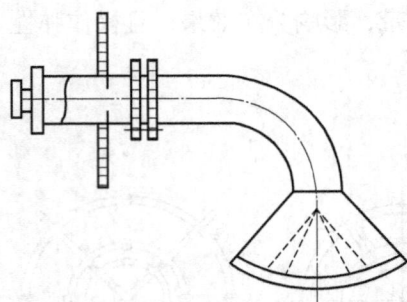

图 5-39　莲蓬头喷淋器结构图

2. 喷头式喷淋器

喷头式喷淋器又叫莲蓬头，是应用较多的液体分布装置。莲蓬头一般由球面构成。莲蓬头直径 d 为塔径 D 的 $1/5 \sim 1/3$，球面半径 r 为 $(0.5 \sim 1)\ d$，见图 5-39，球面上小孔的直径为 $\phi 3 \sim \phi 10mm$，开孔总数由计算确定。莲蓬头距填料表面高度约为塔径的 $0.5 \sim 1$ 倍。为装拆方便，莲蓬头与进口管可采用法兰连接。莲蓬头结构简单，安装方便，但易堵塞，一般适用于直径小于 600mm 的塔设备。

3. 溢流型喷淋器

溢流型喷淋器有盘式喷淋器和槽式喷淋器两种典型结构。

（1）盘式喷淋器　如图 5-40 所示。它与多孔式液体喷淋器不同，进入布液器的液体超过堰的高度时，依靠液体的自重通过堰口流出，并沿着溢流管壁呈膜状流下，淋洒至填料层上。溢流型布液装置目前广泛应用于大型填料塔。它的优点是操作弹性大，不易堵塞，操作可靠且便于分块安装。

操作时，液体从中央进液管加到分布盘内，然后从分布盘上的降液管溢出，淋洒到填料上。气体则从分布盘与塔壁的间隙和各升气溢流管上升。降液管一般按正三角形排列。为了避免堵塞，降液管直径不小于 15mm，管子中心距为管径的 $2 \sim 3$ 倍。分布盘的周边一般焊有三个耳座，通过耳座上的螺钉，将分布盘支承在支座上。拧动螺钉，还可调整分布盘的水平度，以便液体均匀地淋洒到填料层上。

（2）槽式喷淋器 结构如图 5-41 所示。操作时，液体由上部进液管进入分配槽，漫过分配槽顶部缺口流入喷淋槽，喷淋槽内的液体经槽的底部孔道和侧部的堰口分布在填料上。分配槽通过螺钉支承在喷淋槽上，喷淋槽用卡子固定在塔体的支持圈上。

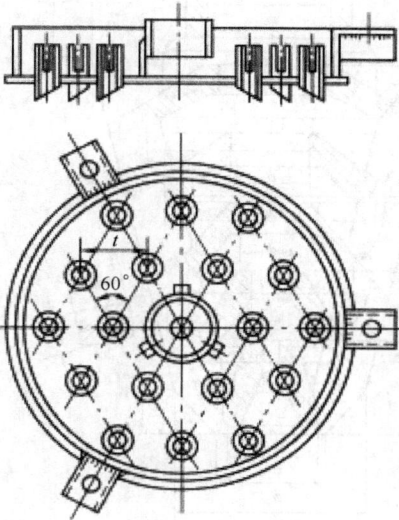

图 5-40 溢流型盘式喷淋器

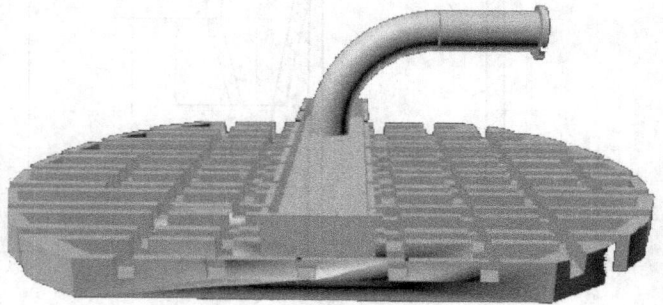

图 5-41 溢流槽式喷淋器

槽式喷淋器的液体分布均匀，处理量大，操作弹性好，抗污染能力强，适应的塔径范围广，是应用比较广泛的液体分布装置。

4. 冲击型喷淋器

冲击型喷淋器也叫反射板式喷淋器，它由中心管和反射板组成，如图 5-42（a）所示。操作时液体沿中心管流下，靠液体冲击反射板的反射分散作用分布液体。反射板可做成平板、凸板和锥形板等形状，为了使填料层中央部分有液体喷淋，在反射板中央钻有小孔。当液体喷淋均匀性要求较高时，还可由多块反射板组成宝塔式喷淋器，如图 5-42（b）所示。

冲击型喷淋器喷洒范围大，液体流量大，结构简单，不易堵塞。但应当在稳定的压力下工作，否则影响喷淋范围和效果。

四、液体再分布装置

当液体沿填料层流下时，由于周边液体向下流动阻力较小，故液体有逐渐向塔壁方向流动的趋势，使液体沿塔截面分布不均匀，降低了传质效率。为了克服这种现象，必须设置液体再分布装置。同时，为了提高塔的传质效率，应将填料层分段，在各填料层之间，安装液体再分布器。其作用就是将流经一段填料后的液体进行再分布，在下一段填料内得到均匀喷淋。当采用金属填料时，每段填料高度不应超过 7m，采用塑料填料时，每段填料高度不应超过 4.5m。液体再分布装置分为以下两种。

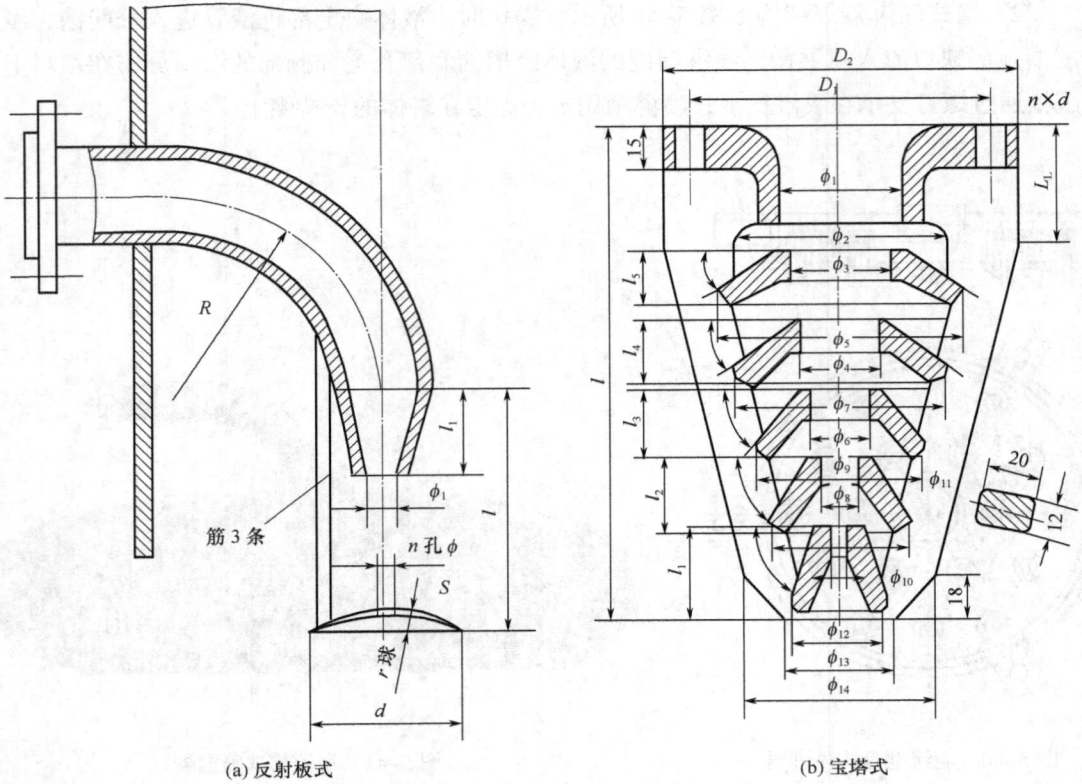

(a) 反射板式　　　　　　　　　(b) 宝塔式

图 5-42　冲击型喷淋器结构图

1. 锥形分布器

锥形分布器的结构如图 5-43 所示。

图 5-43（a）为一分配锥。锥壳下端直径为 0.7～0.8 倍塔径，上端直径与塔体内径相同，并可直接焊在塔壁上。分配锥结构简单，但安装后减少了气体流通面积，扰乱了气体流动，且在分配锥与塔壁连接处形成了死角，妨碍填料的装填。分配锥只能用于直径小于 1m 的塔内。

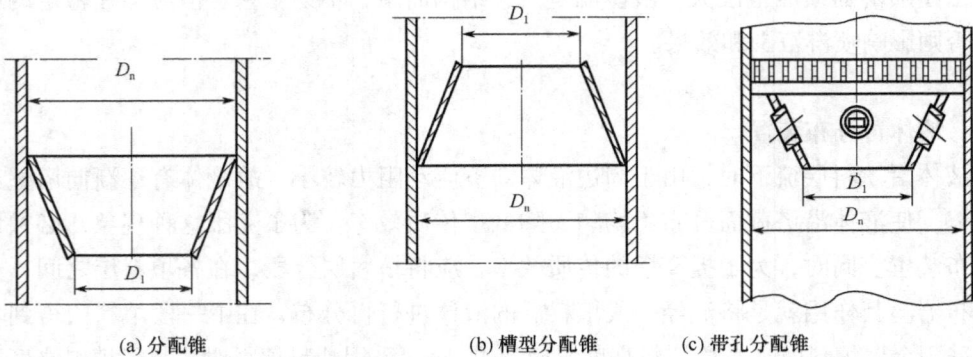

(a) 分配锥　　　　(b) 槽型分配锥　　　　(c) 带孔分配锥

图 5-43　锥形分布器

图 5-43（b）为一槽形分配锥。它的结构特点是将分配锥倒装以收集壁流，并将液体通过设在锥壳上的 3 ~ 4 根管子引入塔的中央。槽形分配锥有较大的自由截面，可用于较大直径的塔。

图 5-43（c）为一带通孔的分配锥。它是在分配锥的基础上，开设 4 个管孔以增大气体通过的自由截面，使气体通过分配锥时，不致因速度过大而影响操作。为了解决分配锥自由截面过小的缺点，可将分配锥做成花瓣状，称为改进分配锥，其结构如图 5-44 所示。它具有自由截面积大，液体处理能力大，不易堵塞，不影响塔的操作和填料的装填，可装人填料层内等优点。

2. **多孔型分布装置（喷洒式）**

多孔型分布装置按其结构可分为直管式、排管式、环管式、筛孔盘式等。

（1）直管式。其结构如图 5-45 所示，用于 $DN <$ 800mm，液体分布要求不高的场合（对液体分布要求的高低取决于填料）。

（2）排管式。用于 $DN < 3000$mm 的场合，其结构如图 5-46 所示。

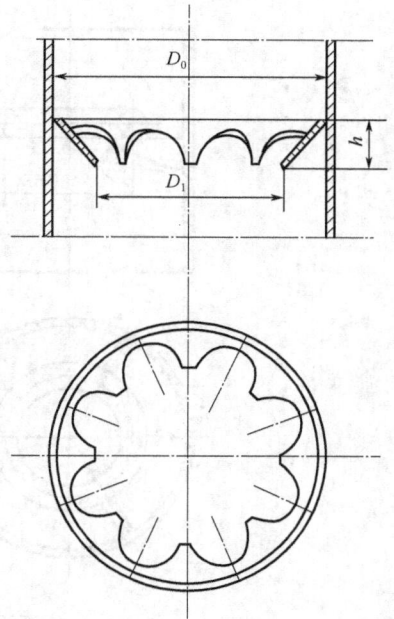

图 5-44 改进分配锥

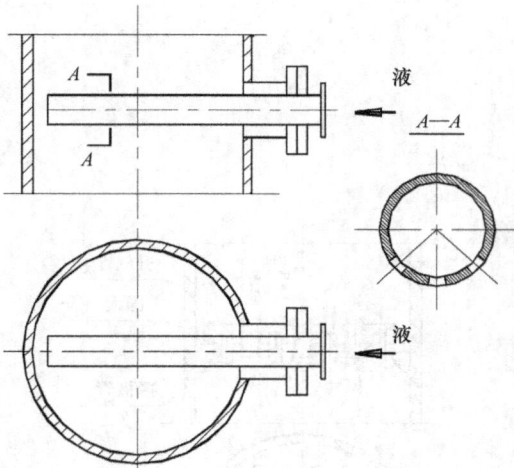

图 5-45 直管式分布器

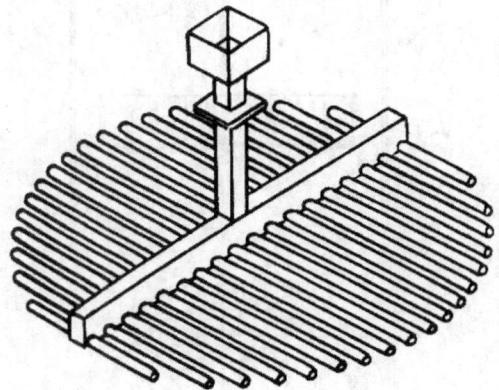

图 5-46 排管式分布器

（3）环管式。用于 $DN < 1200$mm 的场合，其结构如图 5-47 所示。

（4）筛孔盘式。用于 $DN < 1000$mm 的场合，其结构如图 5-48 所示。

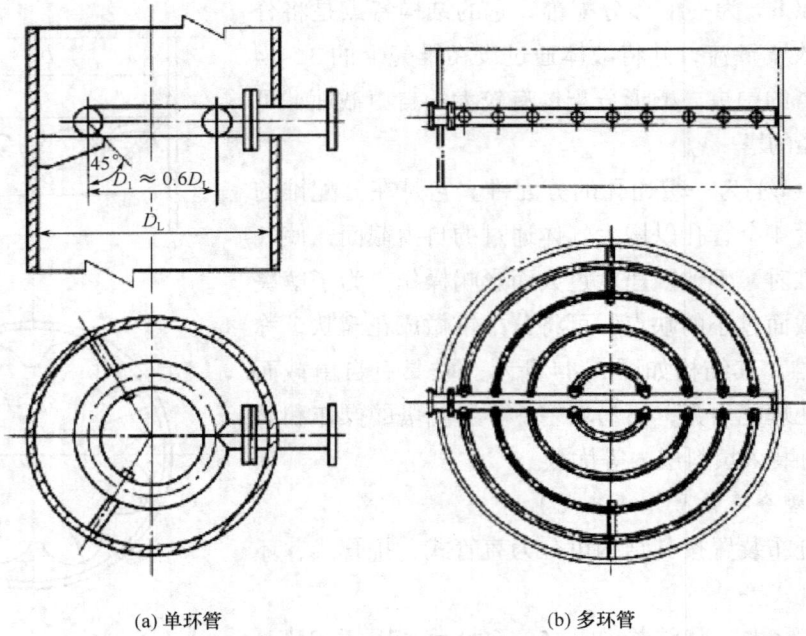

(a) 单环管　　　　　　　　　(b) 多环管

图 5-47　环管分布器

3. 溢流式分布装置

溢流式分布装置具有操作弹性大，不会堵塞，操作可靠等优点。图 5-49 所示是溢流盘式分布器。图 5-50 所示是溢流槽式分布器。

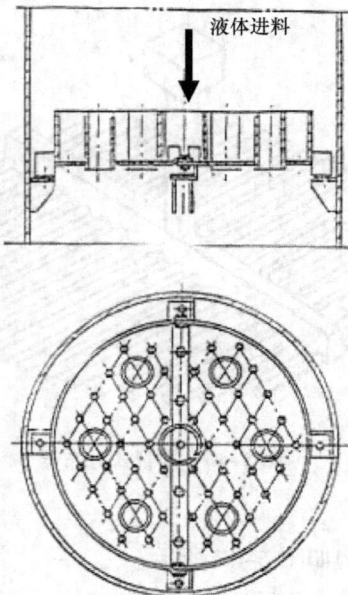

图 5-48　筛孔板式分布器

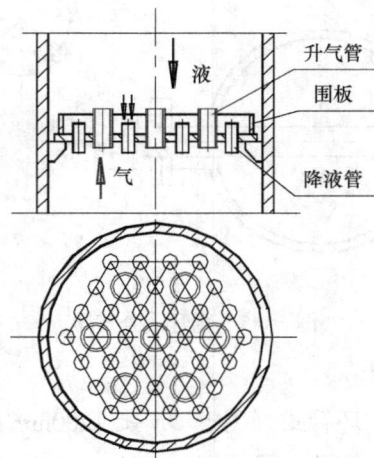

图 5-49　溢流盘式分布器

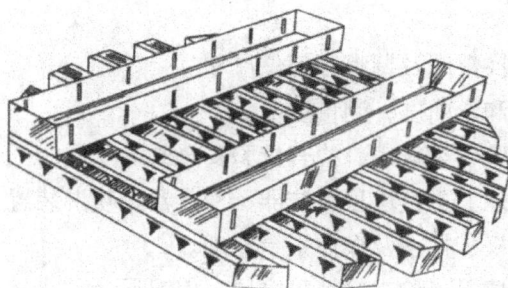

图 5-50 溢流槽式分布器

第四节 塔类设备维护检修 *

一、总则

1. 适用范围

（1）本规程规定了川西北气矿甲醇厂甲醇装置的塔类设备的检修周期与检修内容、检修与质量标准、试验与验收、日常维护和故障与处理。

（2）本规程适用于操作压力低于4.0MPa、设计温度为0～300℃的钢制板式塔和填料塔。

（3）塔设备是化工生产中实现气相和液相或液相间传质的重要设备之一，在甲醇装置中常见的完成单元过程有：精馏、吸收等。

（4）塔设备的主要结构由塔体、塔支座、除沫器、冷凝器、塔体附件（接管、手孔和人孔、吊耳及平台）及塔内件（如喷淋装置、塔板装置、填料、支承装置等气液接触元件）等部件组成。

2. 编写依据

JB/T 4710—2005	钢制塔式容器
GB 50461—2008	石油化工静设备安装工程施工质量
HG 1205—2001	塔盘技术条件
质技监局〔1999〕154号	压力容器安全技术监察规程
锅发劳锅字〔1990〕3号	在用压力容器检验规程

3. 受压元件的维护

受压元件的维护检修遵照钢制压力容器维护检修的相关规定。

二、检修周期与检修内容

1. 检修周期

塔类设备的大修周期一般为48个月，检修周期可根据塔运行情况和塔壁厚及塔内零件损坏情况酌情提前或推迟，但须记录在案以作查证。

2. 检修内容

（1）检查、清理或更换部分塔盘及支承结构。调整塔盘各部位尺寸及水平度，更换密封填料。

（2）检查、修理或更换浮阀及调整各部位尺寸。

（3）测量塔体垂直度和弯曲度，测量壁厚。

（4）检查、修理、校验各类仪表，检查校验安全阀。

（5）清理、检查、修理、更换塔顶除沫器、冷凝器、喷淋装置。

（6）塔体、栅栏、栏杆、梯子及操作平台修理。

（7）检查塔壁的腐蚀情况。检查修补防腐层、保温层。

（8）做气密性检查。

（9）检查修理附属管线和阀门。

（10）拆除全部塔盘进行检查、修理或更换。

（11）塔釜及塔支座修理更换，塔节布局更换。

（12）检查塔基础下沉和裂纹情况，修理塔基础。

（13）塔体外部分除锈、防腐、保温。

3. 检修与质量标准

（1）检修前准备工作。

①备齐必要的图纸、技术资料，编写施工方案。

②备好工机具、材料和劳动保护用品。

③塔设备与连接管线应加盲板隔离。塔内部必须经过吹扫、置换、清洗干净，并符合有关安全规定。

④处理甲醇的塔设备（预蒸馏塔、加压蒸馏塔、常压蒸馏塔和甲醇回收塔）需经过工厂用低压蒸汽进行吹扫。经取塔底水样分析合格，办理作业许可后方可进入塔体检修。

（2）拆卸与检查。

①人孔拆卸必须自上而下逐一打开。

②对于甲醇回收塔的拆除应整塔分节拆除，吊下后再进行解体，拆开塔内件时对塔盘零部件还应编注序号，以便安装。

③汽提塔、加压蒸馏塔属填料塔，甲醇回收塔部分是填料，拆除时注意人孔和卸料孔的区分。

④进入塔内检查、拆卸内件必须符合有关安全要求，检修作业期间应用鼓风机不间断向塔内送风。

⑤塔的筒体检查内容。

a. 检查塔体腐蚀、变形、壁厚减薄、裂纹及各部件焊接情况，筒体有内衬的还应检查腐蚀、鼓泡和焊缝情况。

b. 每半年应对塔壁做一次测厚检查。

c. 检查塔内污垢情况。

d. 检查塔体的附件完好情况。

⑥塔内件的检查内容。

a. 对拆开的塔节、塔部件、塔内件应逐件检查，对于不符合要求的给予修理或更换。

b. 对于塔节、塔盘等零部件结垢较严重，手工铲除较困难的，可采用喷砂或化学清洗方法清理；对于腐蚀较严重的可采用静电喷涂、热喷涂等方法涂敷各种耐腐蚀涂料层，以延长使用寿命。

c. 检查塔板各部的污垢、堵塞情况，检查塔板、鼓泡元件和支承结构的腐蚀变形及坚固情况。

d. 检查塔板上出口堰、受液盘、降液管各部件的尺寸是否符合图纸及标准。

e. 对于浮阀应检查其灵活性，是否有卡死、变形冲蚀等现象，浮阀是否有堵塞等情况。

f. 检查液体分布器、喷淋装置和除沫器等部件的腐蚀、结垢、破损、堵塞情况。

g. 检查填料的腐蚀、结垢、破损及堵塞情况。

h. 清洗、疏通所有连接管（压力表接管、液位计接管、变送器接管、安全阀接管、现场排空管、液体进出口管、处理介质进出口管和底部排污管等），并对所有接管作测厚检查。

i. 根据以上要素的检查情况进行相应的处理。

（3）检修质量标准。

①塔体。

a. 塔体的垂直度不得超过塔高的 1/1000，最大不超过 30mm。

b. 塔的不直度：当塔高 $H \leq 20m$ 时，最大不超过 20mm；当塔高 $20 < H \leq 30m$ 时，最大不超过 25mm；当塔高 $30 < H \leq 50m$ 时，最大不超过 35mm；当塔高 $50 < H \leq 70m$ 时，最大不超过 45mm。

c. 塔体不应有裂纹、明显坑蚀，腐蚀程度在设计图样的规定范围内。

d. 塔体的保温材料符合图纸要求。

e. 塔体外壁按照防腐保温的相关标准执行。

f. 塔内清洗后塔壁及塔板等应无锈垢，手触摸塔壁、塔板等应平整、光滑；冲洗出来的水应干净、无杂质。

g. 人孔、法兰密封面等连接处无泄漏。

h. 更换的螺栓、螺柱、螺母、垫片材料的规格应符合设计图纸要求。

i. 更换的内外结构件材料、规格及安装应符合设计图纸要求。

j. 塔的定期检验应符合《压力容器安全技术监察规程》及《在用压力容器检验规程》的规定。

k. 氮气气密性试验应符合设计图纸的要求。

②塔内件。

a. 内件安装前，应清理表面油污、焊渣、铁锈、泥沙和毛刺等。对塔盘零件部件应编号，以便组装。

b. 塔内构件和塔盘等必须坚固牢靠，不得有松动现象。

c. 塔盘板排列和开口方向，塔盘板和塔内件之间的连接方式、尺寸和密封填料等应符合设计图纸规定。

d. 塔盘、鼓泡元件和塔体内构件等受腐蚀、冲蚀后，其剩余厚度应保证至少能使用到下个检修周期。

e. 更换的内构件材料、规格及安装均应符合设计图纸要求。

f. 塔板出口堰高符合图纸要求，受液盘上"泪眼"不能堵塞。

（4）板式塔内件检修。

①支承圈。支承圈与塔体焊接后，上表面应平整，整个支承圈上表面水平度公差见表5-3。

表5-3　支承圈上表面水平度公差表　　　　　　　　　　　　　　单位：mm

塔体公称直径DN	水平度公差
≤1600（汽提塔、预塔、加压塔、回收塔）	±3
>1600～4000（常压塔）	±5

相邻两层支承圈的间距尺寸偏差为 ±3mm，任意两层支承圈的间距尺寸偏差在20层内为 ±10mm。

②支承梁。支承梁上表面应平直，其直线度公差值为 $1‰L$（L 为支承梁长度），且不大于 5mm。支承梁组装中心位置偏差为 ±2mm。支承梁安装后，其上表面应与支承圈上表面在同一水平面上，其水平度公差同表 5-3。

③受液盘、降液板、溢流堰和受液盘。受液盘上表面应平整，整个受液盘上表面的水平度公差见表5-4。

表5-4　受液盘上表面水平度公差表　　　　　　　　　　　　　　单位：mm

塔体公称直径DN	水平度公差
≤4000（汽提塔、预塔、加压塔、常压塔、回收塔）	±3

受液盘、降液板组装后，降液板底端与受液盘的垂直距离 K（mm）的允差、降液板与受液盘之间的水平距离 B（mm）的公差见图 5-51。

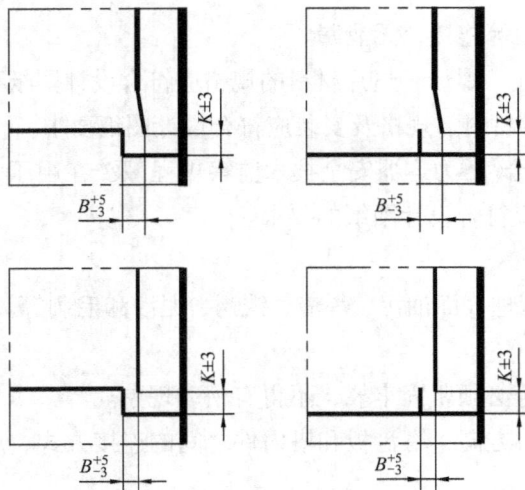

图 5-51　降液板与受液盘之间的水平和垂直距离的公差

固定在降液板上的塔盘支承件，其上表面与支承圈上表面应在同一水平面上，允许偏差在 –0.5mm 与 +1mm 之间。

溢流堰安装后，堰顶端直线度公差见表 5-5，堰高公差见表 5-6。

表5-5 溢流堰顶端直线度公差值　　　　单位：mm

塔体公称直径DN	直线度公差
≤1500（汽提塔、回收塔）	±3
>1500～2500（预塔、加压塔、常压塔）	±4.5

表5-6 溢流堰高度公差值　　　　单位：mm

塔体公称直径DN	高度公差
≤3000（汽提塔、预塔、加压塔、常压塔、回收塔）	±1.5

组装可调进堰口时，进口堰与降液板的间隙用进口堰进行调整，进口堰固定后，在其两端安装调整降液板并用螺栓固定，进口堰与塔壁应无间隙。

④塔盘板。

a. 塔盘所用材质及机械性能应符合设计图纸要求。

b. 塔盘边缘不应有尖锐毛刺。

c. 塔盘板应平整，整个塔盘板的水平公差值见表 5-7。

表5-7 塔盘板的水平公差值　　　　单位：mm

塔盘板长度L	浮阀塔盘的水平度公差
≤1000	±3
1000～1500	±3.5
>1500	±4

d. 塔盘组装后，塔盘面在整个面上的水平公差值见表 5-8。

表5-8 塔盘面水平公差值　　　　单位：mm

塔体内径DN	水平度公差
≤1600（汽提塔、预塔、加压塔、回收塔）	±4
>1600～4000（常压塔）	±6

e. 塔盘板长度公差为 –4～0mm；宽度公差为 –2～0mm。

f. 塔盘板局部不平度在 300mm 长度内不得超过 2mm，塔盘板在整个板面内的弯曲度见表 5-9。

表5-9　整块塔盘允许弯曲度　　　　　　　　　　　单位：mm

塔盘板长度	弯曲度	
	浮阀塔盘	舌形塔盘
≤1000	±2	±3
1000～1500	±2.5	±3.5
>1500	±3	±4

⑤浮阀。

a. 浮阀制作应符合 JB/T 1118-2001《F1 型浮阀》的技术要求和安装要求。

b. 浮阀弯脖角度一般为 45°～90°，同一塔盘上各浮阀重量允差为 ±1g，稍重的浮阀装在降液管一侧。所有浮阀应开启灵活，开度一致，不得有卡涩和脱落现象。

c. 塔盘上阀孔直径冲蚀后，其孔径不大于 2mm。

⑥舌形塔塔盘板。相邻固定舌片的中心距的允许偏差按表 5-10 的规定，任意固定舌片中心距的允许偏差不得超过 ±6mm，固定舌片及舌孔尺寸允许偏差按表 5-11 规定。

表5-10　舌形塔塔盘板相邻固定舌片的中心距的允许偏差表　　　　　单位：mm

尺寸		孔径允许偏差	孔距允许偏差
孔径	孔距		
2～4	3～10	±0.2	±0.6
5～10	7～20	+0.2，−0.4	±1.0
12～18	10～45	+0.4，−0.6	±1.6

表5-11　固定舌片及舌孔尺寸允许偏差表　　　　　　　单位：mm

尺寸		孔距允许偏差
孔径	孔距	
2～4	3～10	±1.2
5～10	7～20	±2.0
12～28	16～45	±3.2

（5）填料塔内件检修。

①支承结构。

a. 填料支承结构安装后应平稳、牢固。

b. 填料支承结构的通道孔径及孔距应符合设计要求，孔不得堵塞。

c. 填料支承结构安装的水平度（指规整填料）不大于 $2‰ DN$。

②颗粒填料（环形、鞍形、鞍环形及其他）。

a. 颗粒填料应干净，不得含泥沙、油垢和污物。

b. 颗粒填料在安装中应避免破碎和变形，塑料环应防止日晒老化。

c. 颗粒填料在规则排列部分应靠近塔壁逐圈整齐正确排列，颗粒填料排列位置允许偏差为其外径的 1/4。

d. 乱堆颗粒填料应从塔壁开始向塔中心均匀填平。鞍形填料及鞍环形填料填充的松紧度要适当，避免架桥和变形，填料层表面应平整。

（6）液体分布装置检修。

①喷雾孔不得堵塞。

②溢流槽支管开口下缘（齿高）应在同一水平面上，其水平度公差值为 2mm。

③宝塔式喷头各个分布管应同心，分布盘底面应位于同一平面内，并与轴线垂直。盘表面应平整光滑、无渗漏。

（7）除沫器检修。

①除沫筐之间及除沫筐与塔壁之间均应挤紧，并用栅板压紧固定。

②除沫器安装中心、标高及水平应符合技术规定，丝网不得堵塞、破损。

三、试验与验收

1. 试验

（1）检修记录齐全、准确。

（2）确认质量合格，并具备试验条件。

（3）填料塔盘液体分布装置应做喷淋试验，按技术要求通入具有一定压力和流量的清洁水，要求喷淋装置在塔截面上分布均匀，喷孔不得堵塞。

2. 验收

（1）塔验收必须符合本规程规定的检修质量标准。

（2）人孔封闭前检查内部结构的检修质量。

（3）各附件安装齐全，盲板按照规定拆除。

（4）安全阀、压力表等安全附件按有关规定进行校正。

（5）试运行 24h，各项指标达到技术要求或能满足生产需要，无异常现象。各类仪表灵敏准确，无跑、冒、滴、漏，即可办理交接验收手续。

（6）设备达到完好的标准。

①塔的零部件如塔顶分离装置、喷淋装置、溢流装置、塔釜、塔节、塔板符合设计图样要求。

②塔上各类仪表、温度计、液面计、压力表灵敏、准确，各种阀门包括安全阀、止回阀启闭灵活，紧急防控设施齐全、畅通。

③塔体基础无不均匀下沉，基座稳固可靠，各部位连接螺栓紧固齐整，符合技术要求。塔体保温设施有效。

④塔上梯子、平台栏杆等安全设施完整牢固。

⑤整体无异常振动、松动、晃动等现象。

⑥压力、温度、流量平稳，波动在允许范围内。

⑦各进出口、放空口及管路无堵塞现象。塔内物件和衬里无裂纹、鼓泡和脱落现象。塔壁和物件的腐蚀、冲蚀情况应在允许范围内。

⑧生产能力达到查定能力。

⑨应具有设备履历卡片、检修记录、运行、缺陷记录。

⑩设备图纸完整。

⑪有操作规程、设备维护检修规程。

⑫属压力容器应具有压力容器要求的档案资料。

⑬设备表面清洁、无锈蚀、油漆无剥落。

⑭基础及周围环境清洁、无杂物、无积水。

⑮设备及连接管线密封良好，无跑、冒、滴、漏。

（7）提交以下技术资料：

①设计更改及材料代用通知单，材质、零部件合格证。

②隐蔽工程记录和封闭记录。

③检查、修理、鉴定及测厚记录。

④焊缝质量检查（包括外观、无损探伤等）报告。

⑤气密性试验报告。

⑥有完整的定期检查记录。

四、日常维护

1. 日常维护

坚持按操作规程进行启动、运行和停车，严禁超温、超压，并做到：

（1）坚持定时定点进行巡回检查，重点检查：温度、压力、流量、仪表灵敏、设备及附属管线密封。

（2）发现异常情况，应立即查明原因，及时上报，并由有关单位组织处理，当班能消除的缺陷及时消除。

（3）经常保持设备清洁，清扫周围环境，及时消除跑、冒、滴、漏。

（4）认真填写运行记录。

（5）各零部件是否完整，温度计、压力表、流量表等是否正确灵敏。

（6）整塔振动情况。

（7）做好检查记录，对于暂不能消除的缺陷，应提出报告。

2. 定期检查内容

（1）按塔内介质不同对塔进行定期清洗，如采用化学清洗方法，需做好中和、清洗工作。

（2）每季度对塔外部进行一次表面检查，检查内容如下：

①焊缝有无裂纹、渗漏，特别应注意转角、人孔及接管焊缝。

②各紧固件是否齐全，有无松动，安全栏杆、平台是否牢固。

③基础有无下沉、倾斜、开裂，基础螺栓腐蚀情况。

④防腐层、保温层是否完好。

（3）定期检查安全附件，确保其可靠。

（4）定期检查人孔、阀门和法兰等密封点的泄漏。

（5）定期检查受压元件等。

3. 常见故障及处理方法

常见故障及处理方法见表5-12。

表5-12　常见故障与处理

故障现象	故障原因	处理方法
塔体内壁及内构件表面结垢	物料中含有机械杂质（如泥、沙等）	增加过滤设备
	物料中有结晶析出和沉淀	清除结晶、水垢和腐蚀产物
	硬水所产生的水垢	
	设备结构材料被腐蚀而产生的腐蚀产物	采取防腐蚀措施调整工艺
法兰密封泄漏	法兰螺栓没有拧紧	拧紧松动螺栓
	螺栓拧得过紧而产生塑性变形	更换变形螺栓
	由于设备在工作中发生振动，而引起螺栓松动	消除振动，拧紧松动螺栓
	密封垫片产生疲劳破坏（失去弹性）	更换变质的垫片
	垫片受介质腐蚀而坏	选择耐腐蚀垫片
	法兰密封受损	加工法兰密封面
	法兰变形	更换新法兰
	温度、压力突变	稳定操作
塔体局部变形	塔局部腐蚀或过热使材料强度降低，而引起设备变形	防止局部腐蚀产生
	开孔无补强或焊缝处的应力集中，使材料的内应力超过屈服极限而发生塑性变形	矫正变形或切割下严重变形处，焊上补板
	当受外压设备的工作压力超过临界工作压力时，设备失稳而变形	稳定操作
塔体出现裂纹、穿孔	局部变形加剧	修补
	焊接的内应力	
	气液冲击作用	
	结构材料缺陷	
	振动与温差的影响	
	应力腐蚀	
塔板上鼓泡元件脱落和腐蚀	安装不牢	重新调整
	操作条件破坏	改善操作，加强管理
	泡罩材料不耐腐蚀	选择耐腐蚀材料，更新泡罩

五、安全注意事项

1. 维护安全注意事项

（1）易燃、易爆、腐蚀、有毒介质的塔，不允许带压紧固螺栓或更换垫片。

（2）易燃、易爆介质的塔严禁用铁器敲打。

2. 检修安全注意事项

（1）设备维护检修必须遵守原化学工业部《化工企业安全管理制度》，并结合实际制定方案和安全措施。

（2）设备交出检修前必须排除物料，切断物料来源，降温、清洗、蒸煮、吹扫、置换，并经分析合格后，方可办理设备交出检修手续。

（3）所有关闭的阀门、盲板必须挂上警告牌并锁定，如需动火必须办理动火手续。

（4）进入容器内检修必须遵守入塔进罐的安全规定办理入罐手续。塔外必须有监护人员，塔内使用照明电压不高于 24V 的防爆灯具。检验仪器和修理工具的电源电压超过 24V 时，必须采用防直接接触带电体措施。

（5）塔内件检修时，一层塔盘的承载人数不得超过塔盘的承载能力，一般不宜超过表5–13 的规定。

表5–13　不同内径的塔每层塔盘能承受的人数表

塔内径（mm）	1500～2000（汽提塔、预塔、加压塔）	2000～2500（常压塔）	回收塔作拆塔处理，塔盘上不需要站人
人数	2	3	

（6）塔内施工人员必须穿干净的胶底鞋，施工时应站在梁上面或木板上。

（7）每层塔盘安装完毕后必须进行检查，不得将工具等遗忘在塔内。

（8）属于压力容器的塔设备修理还必须遵照 HG 25001—1991《压力容器维护检修规程》的有关规定。

3．试车安全注意事项

（1）试车前必须全面检查各零部件是否齐全、完整。

（2）试车应有专人指挥，专人操作，禁止无关人员进入试车现场。

（3）试车中要缓慢升温升压和降温降压。

（4）试车遇有异常情况，应立即停止试车，处理后重新试车。

思考题

1．简述塔设备的作用及基本要求。

2．塔设备的基本结构及各部分的作用是什么？

3．常见板式塔的类型有哪些？各有何特点？

4．塔盘由哪些部件组成？各有何作用？

5．塔盘在塔内如何支撑？怎样密封？

6．填料塔和板式塔在传质机理和性能方面有哪些不同？

7．常用的填料有哪几种？如何选择？

8．液体分布器有哪几种结构？各有何特点？

9．液体再分布器有何作用？分配锥有哪几种结构？

10．常用的除沫装置有哪几种？各有何特点？

第六章　反应设备

学习目标：了解反应设备的分类、特点和应用场合，熟悉搅拌式反应器的基本结构，能根据工艺条件对机械搅拌式反应器进行一些简单分析，并掌握主要零部件的选用原则和基本方法。

能力目标：具备合理选用反应设备的传热装置、搅拌装置和传动装置的能力

第一节　概述

一、反应设备的应用及分类

在工业生产过程中，为化学反应提供反应空间和反应条件的装置，称为反应设备或反应器。反应设备广泛应用于物料混合、溶解、传热、制备悬浮液、聚合反应和制备催化剂等生产过程，是石油、化工生产中的重要设备之一。例如，石油工业中，异种原油的混合调整和精制，汽油中添加四乙基铅等添加物进行混合，使原料液或产品均匀化。化工生产中，制造苯乙烯、乙烯、高压聚乙烯、聚丙烯、合成橡胶、苯胺染料、油漆颜料以及氨的合成等工艺过程，都装备着各种形式的反应设备。

反应设备可分为化学反应器和生物反应器。

1. 化学反应器

化学反应器是指在其中实现一个或几个化学反应，并使反应物通过化学反应转化为反应产物的设备。由于化学产品种类繁多，物料的相态各异，反应条件的差别很大，工业上使用的反应器也千差万别，因此其分类也多种多样。通常按照物料相态可分为单相反应器和多相反应器；按操作方式可分为间歇式、连续式和半连续式反应器；按物料流动状态可分为活塞流型和全混流型反应器；按传热情况可分为绝热反应器、等温反应器和非等温非绝热反应器；按设备结构形式不同可分为机械搅拌式、管式、固定床和流化床反应器等。

2. 生物反应器

生物反应器是指为细胞或酶提供适宜的反应环境以达到细胞生长和进行反应的设备。随着生物技术和生产过程的发展，生物反应器的种类不断增多，规模不断扩大，分类方法也多种多样。按照所使用的生物催化剂的不同可分为酶催化反应器和细胞生物反应器；按照反应器的操作方式可分为间歇操作、连续操作和半连续操作反应器；按输入搅拌器能量方式的不同可分为机械方式输入的机械搅拌式反应器和气体喷射输入的气升式反应器；根据反应物系

在反应器内的流动与混合方式可分为活塞流反应器和全混流反应器；按设备结构形式不同可分为机械搅拌式、气升式、固定床和流化床反应器等。

二、常见反应设备的特点

反应设备使用历史悠久，应用广泛，反应设备综合运用了反应动力学、传递、机械设计、控制等方面的知识，了解反应设备具有的结构特点，正确选择反应设备的形式，确定其最佳工作条件是工业过程一个非常关键的问题。

从反应器的分类可以看出，无论是化学反应器还是生物反应器，常用的结构形式是相同的，主要有固定床反应器、流化床反应器、管式反应器和机械搅拌式反应器等。

1. 固定床反应器

气体流经固定不动的催化剂床层进行催化反应的装置称为固定床反应器。它主要应用于气固相催化反应，诸如合成氨、合成甲醇、合成苯酐等许多非均相反应。具有结构简单、操作稳定、便于控制、容易实现大型化和连续化生产等特点。

固定床反应器有轴向绝热式、径向绝热式和列管式三种基本形式。轴向绝热式固定床反应器如图 6-1（a）所示，催化剂均匀地放在一多孔筛板上，预热到一定温度的反应物料自上而下沿轴向通过床层进行反应，在反应过程中反应物系与外界无热量交换；径向绝热式固定床反应器如图 6-1（b）所示，催化剂装在两个同心圆筒的环境中，流体沿径向通过催化剂床进行反应，径向反应器的特点是在相同筒体直径下增大流道截面积；列管式固定床反应器如图 6-1（c）所示，这种反应器由很多并联的管子构成，管内（或管外）装催化剂，反应物料通过催化剂进行反应，载热流体流经管外（或管内），在化学反应的同时进行换热。

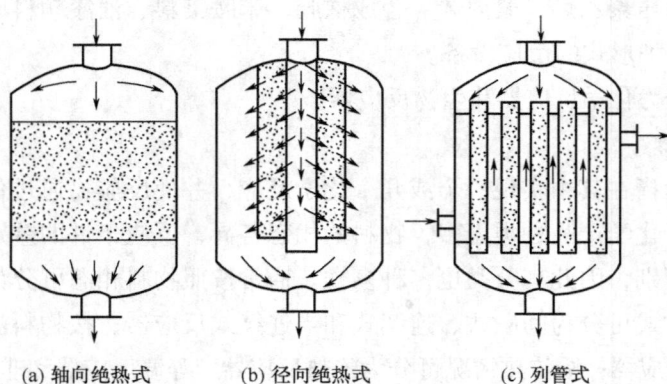

(a) 轴向绝热式　　　(b) 径向绝热式　　　(c) 列管式

图 6-1　固定流化床

固定床反应器的缺点是床层的温度分布不均匀，由于固相粒子不动，床层导热性较差，因此，对放热量大的反应，应增大换热面积，及时移走反应热，但这会减少有效空间。

2. 流化床反应器

流体（气体或液体）以较高的流速通过床层，带动床内的固体颗粒运动，使之悬浮在流动的主体流中进行反应，并具有类似流体流动的一些特性的装置称为流化床反应器。

流化床反应器多用于固体和气体参与的反应。最早应用的例子是催化裂化炉，其中固体是烃类蒸汽裂化的催化剂；又如氧化铀（固体）与氟化氢（气体）生成氟化铀的反应也是在流化床反应器中进行的。在反应器中固体颗粒被流体吹起呈悬浮状态，可上下左右剧烈运动和翻动，好像液体沸腾一样，故流化床反应器又称沸腾反应器。

流化床反应器的结构形式很多，一般由壳体、气体分布装置、换热装置、气—固分离装置、内构件以及催化剂加入和卸出装置等组成，流化床反应器如图 6-2 所示。

流化床反应器的最大优点是传热面积大、传热系数高和传热效果好。流态化较好的流化床，床内各点温度相差一般不超过 5℃，可以防止局部过热。流化床的进料、出料、废渣排放都可以用气流输送，易于实现自动化生产。流化床反应器的缺点是反应器内物料返混大，粒子磨损严重，通常要有回收和集尘装置，内构件比较复杂，操作要求高等。

3. 管式反应器

管式反应器是将混合好的气相及液相反应物从管道一端进入，连续流动、连续反应，最后从管道另一端排出。图 6-3 所示为用于石脑油分解转化的管式反应器，其内径 $\phi102mm$，外径 $\phi43mm$，长 1109mm，反应温度为 750 ~ 850℃，压力为 2.1 ~ 3.5MPa，管的下部催化剂支撑架内装有催化剂。气体由进气总管进入管式反应器，在催化剂存在条件下，石脑油转化为 H_2 和 CO，供合成氨用。

根据不同的反应，管径和管长可根据需要设计。管外壁可以进行换热，因此传热面积大。反应物在管内的流动快，停留时间短，经一定的控制手段，可使管式反应器有一定的温度梯度和浓度梯度。

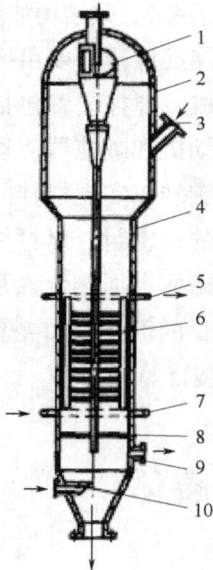

图 6-2　流化床反应器

1—旋风分离器　2—筒体扩大段　3—催化剂入口
4—筒体　5—冷却介质出口　6—换热器
7—冷却介质进口　8—气体分布板
9—催化剂出口　10—反应气入口

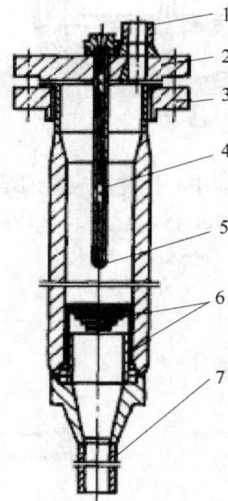

图 6-3　用于石脑油分解转化的管式反应器

1—进气总管　2—上法兰　3—下法兰　4—温度计
5—管子　6—催化剂支撑架　7—下猪尾巴管

管式反应器结构简单，制造方便，可用于连续生产，也可用于间歇操作，反应物不返混，也可在高温、高压下操作。

4. 机械搅拌式反应器

机械搅拌式反应器（简称搅拌反应器）是一种设计、使用都非常成熟的反应设备，多用于均相反应（多为液相），也可用于多相反应，如液—液相、气—液相、固—液相之间的反应。

机械搅拌式反应器的主要特征是搅拌，它可以使参加反应的物料混合均匀，使气体在液相中很好地分散，使固体粒子在液相中均匀地悬浮，使液—液相保持悬浮或乳化，强化相间传热和传质。在三大合成材料的生产中，机械搅拌式反应器约占反应器总数的90%。其他如染料、医药、农药、油漆等行业，搅拌反应器的使用亦很广泛。搅拌反应器在生产中应用广泛还因为其操作条件（浓度、时间、停留时间）的可控范围广，可在常压、加压、真空下生产操作；通用性大，根据生产需要，可以生产不同规格、不同品种的产品；反应结束后出料容易，反应器的清洗方便。

三、搅拌反应器的结构

搅拌反应器根据结构上的差异，可以分为立式容器中心搅拌反应器、偏心搅拌反应器、倾斜搅拌反应器、卧式容器搅拌反应器等。其中立式容器中心搅拌反应器是最为普遍和典型的一种，其结构如图6-4所示。

立式容器中心搅拌反应器主要由搅拌装置、轴封和搅拌罐三大部分组成。搅拌装置包括传动装置、搅拌轴和搅拌器。由电动机和减速器驱动搅拌轴，使搅拌器按照一定的转速旋转以实现搅拌的目的；轴封为搅拌罐和搅拌轴之间的动密封，以封住罐内的流体不致泄漏；搅拌罐包括罐体、加热装置及附件，它是盛放反应物料和提供热量的部件，如夹套、蛇管，另外还有工艺接管及防爆装置等。

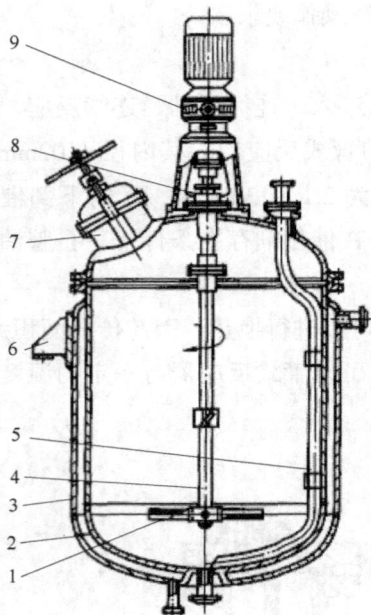

图6-4　立式容器中心搅拌反应器的结构

1—搅拌器　2—罐体　3—夹套　4—搅拌轴
5—压出管　6—支座　7—人孔
8—轴封　9—传动装置

第二节　搅拌反应器的罐体

搅拌反应器的罐体是为物料反应提供反应空间的，一般属圆筒形容器，包括顶盖、筒体和罐底，并通过支座安装在基础或平台上。罐体在操作温度和操作压力下，也为物料完成其搅拌过程提供了一定的空间。

为了满足不同的工艺要求，或者搅拌罐体本身结构的需要，罐体上安有各种不同用途的附件。例如，由于物料在反应过程中常常伴有热效应，为了提供或取走反应热，需要在罐体的外侧安装夹套或在罐体内部安装蛇管；与减速机和轴封相连接，顶盖上需要焊有底座；为了检修内件及加料和排料，需要装焊人孔、手孔和各种接管。因此，在确定反应器的罐体结构时要综合考虑，使设备既满足工艺要求，又要经济合理，以实现全面结构优化。

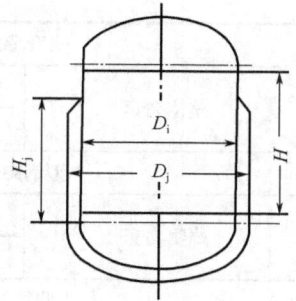

图6-5　罐体几何尺寸示意

一、罐体尺寸的确定

反应器的筒体内径和高度是反应器罐体的基本尺寸，如图6-5所示。它的确定首先要取决于工艺设计所要求的容积。

1. 筒体的高径比

在已知反应器的操作容积之后，首先要选择筒体适宜的高径比。因为搅拌器的功率与搅拌器直径的五次方成正比，而搅拌器直径随容器直径的增大而增大，所以反应器筒体的直径不宜太大。根据使用经验，搅拌容器中筒体的高径比可按表6-1选取。

表6-1　搅拌容器中筒体的高径比

种类	罐内物料类型	高径比	种类	罐内物料类型	高径比
一般搅拌罐	液—固相、液—液相	1 ~ 1.3	聚合釜	悬浮液、乳化液	2.08 ~ 3.85
	气—液相	1 ~ 2	发酵罐类	发酵液	1.7 ~ 2.5

2. 搅拌罐的装料量

选择了筒体的高径比之后，还应考虑物料在容器内充装的比例即装料系数 η，设计时应合理选用 η 值，尽量提高设备的利用率，η 值通常可取 0.6 ~ 0.85，如果物料在反应过程中产生泡沫或呈沸腾状态，取 0.6 ~ 0.7；如果物料在反应中比较平稳，可取 0.8 ~ 0.85。

二、传热结构

换热装置可以传递化学反应所需的热量或带走反应生成的热量，保持一定的操作温度。常用的换热结构元件有夹套和蛇管，另外还有电感应加热、直接蒸汽加热或外部换热器加热等。这里仅讨论夹套和蛇管结构。

1. 夹套结构

夹套就是用焊接或法兰连接的方式在容器的外侧装设各种形状的结构，使其与容器外壁形成密闭的空间。在此空间内通入载热流体，加热或冷却容器内的物料，以维持物料的温度在预定的范围。

夹套的主要结构形式有整体夹套、型钢夹套、半圆管夹套和蜂窝夹套等，结构如图6-6所示，其适用温度和压力范围见表6-2。

表6-2　各种碳素钢夹套的适用温度和压力范围

夹套形式		最高温度（℃）	最高压力（MPa）
整体夹套	U形	350	0.6
	圆筒形	300	1.6
型钢夹套		200	2.5
蜂窝夹套	短管支撑式	200	2.5
	折边锥体式	250	4.0
半圆管夹套		350	6.4

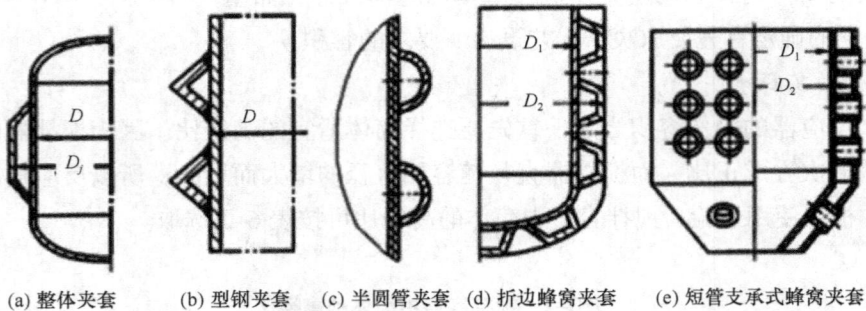

(a) 整体夹套　　(b) 型钢夹套　(c) 半圆管夹套　(d) 折边蜂窝夹套　(e) 短管支承式蜂窝夹套

图 6-6　夹套的主要结构形式

　　夹套直径一般按公称直径系列选取，这样有利于按标准选择夹套封头。具体使用时可根据筒体直径按表 6-3 选取。

表6-3　夹套直径和筒体直径的关系　　　　　　单位：mm

筒体直径D_i	500～600	700～1800	2000～3000
夹套直径D_j	D_i+50	D_i+100	D_i+200

2. 蛇管结构

　　当反应釜所需传热面积较大，而夹套传热不能满足要求时，可增加蛇管传热。蛇管可分为螺旋式盘管和竖式蛇管，如图 6-7 所示。

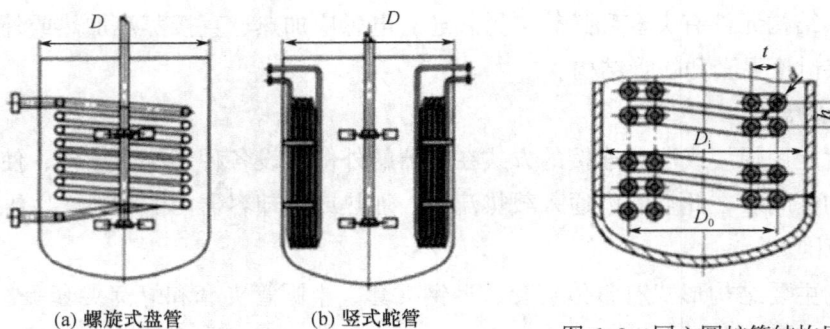

(a) 螺旋式盘管　　　　(b) 竖式蛇管

图 6-7　蛇管结构图

图 6-8　同心圆蛇管结构尺寸

蛇管沉浸在物料中，热量损失小，传热效果好，同时还能起到导流筒的作用，但检修较麻烦。蛇管不宜太长，一是因为凝液积聚会降低传热效果，二是因为要从很长的蛇管中排出蒸汽中夹带的惰性气体也是很困难的。蛇管管长与管径的最大比值见表6-4。

表6-4　蛇管管长与管径的最大比值

高汽压力（MPa）	0.045	0.125	0.20	0.30	0.50
管长与管径的最大比值	100	150	200	225	275

如果要求蛇管传热面很大时，可做成几个并联的同心圆蛇管组，其结构尺寸如图6-8所示。内圈和外圈的间距 $t=（2～3）d$，各圈的垂直排列距离 $h=（1.5～2）d$，d 为蛇管的外径。最外圈直径 $D_0=D_i-（200～300）$ mm。

蛇管的固定形式较多，当蛇管中心圆直径较小或圈数不多、质量不大时，可以利用蛇管进出口接管固定在顶盖上，不再另设支架固定；当蛇管中心圆直径较大、比较笨重或搅拌有振动时，则需要支架以增加蛇管的刚性。常用蛇管的固定方式如图6-9所示。

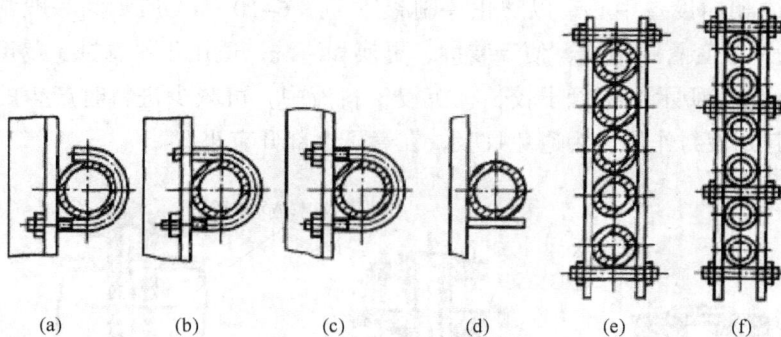

(a)　　(b)　　(c)　　(d)　　(e)　　(f)

图6-9　常用蛇管的固定方式

蛇管支托在角钢上，用半U形螺栓固定，如图6-9（a）所示。制造方便，缺点是拧紧时易偏斜，难于拧紧，可用于操作压力不大及管径较小的场合（一般小于 $\phi45$mm）。蛇管支托在角钢上，用U形螺栓固定，如图6-9（b）和图6-9（c）所示。能很好地固定蛇管，适用于振动较大和管径较大的场合，但图6-9（b）所示结构采用一个螺栓固定，比较简单；图6-9（c）所示结构则需要两个螺栓固定。蛇管支托在扁钢上，不用螺栓固定，如图6-9（d）所示。当蛇管温度变化时伸缩自由，在支托处没有因压紧而产生的局部应力，适用于膨胀较大的蛇管。图6-9（e）所示结构是通过两块扁钢和螺栓夹紧并支托蛇管，适用于蛇管密排的搅拌设备中兼作导流筒的情况。

三、筒体和夹套壁厚的确定

反应器筒体和夹套壁厚，可按本书第三章第二节有关方法进行计算。其中夹套承受内压时按内压计算；筒体既承受内压，同时又承受外压，应该根据可能出现的最危险的状况计算；

当反应器为真空外带夹套时，则筒体按外压设计，设计压力等于真空容器的设计压力再加上夹套内的设计压力；当反应器内为常压操作时，则筒体按外压计算，设计压力等于夹套内的设计压力；当反应器内为正压操作时，则筒体按承受内压和外压分别计算，最后取两者中的较大值。

四、顶盖和工艺接管

反应器的顶盖（上封头）为了满足需要常做成可拆卸的，即通过法兰将顶盖与筒体相连接。带有夹套的反应器，其接管口大多设在顶盖上，此外，反应器的传动装置也大多直接支在顶盖上，故顶盖必须有足够的强度和刚度。顶盖的结构形式有平盖、碟形盖、锥形盖、椭圆形盖，使用较多的是椭圆形顶盖。

反应器上的工艺接管口，包括进出料管口、仪表接口、温度计及压力计管口等，其结构和容器接管类似。接管口径和方位由工艺要求确定。

1. 进料管

搅拌设备的进料管一般是从顶盖引入，其结构如图 6-10 所示。进料管下端的开口截成 45° 角，开口方向朝向设备中心，以防止冲刷罐体。图 6-10（a）所示为一般常用结构；图 6-10（b）所示为一般套管式结构，便于装拆、更换和清洗，适用于易腐蚀、易磨损、易堵塞的介质；图 6-10（c）所示结构管子较长，沉浸于料液中，可减少进料时产生的飞溅和对液面的冲击，并可起到液封作用。为避免虹吸，在管子上部开有小孔。

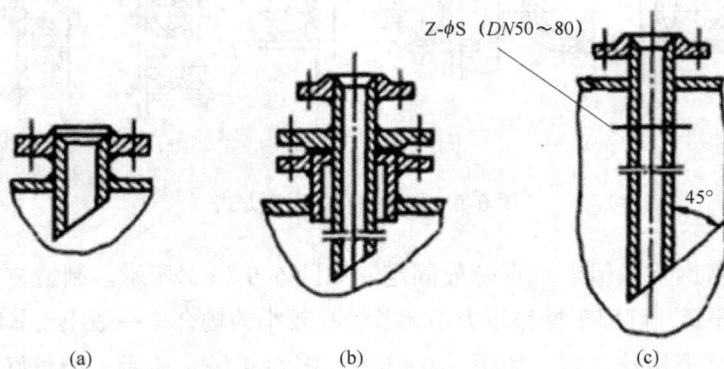

图 6-10 进料管结构

2. 出料管

出料管分上部出料管和下部出料管两种。下部出料适用于黏性大或含有固体颗粒的介质，常见的下部出料管如图 6-11 所示。图 6-11（a）所示结构用于不带夹套的筒体，图 6-11（b）所示结构较复杂，多用于内筒与夹套温差较大的场合。当物料需要输送到较高位置或需要密闭输送时，必须装设压料管，使物料从上部排出。上部出料管及固定方式如图 6-12 所示，为使物料排出干净，应使压出管下端位置尽可能低些，且底部做成与釜底相似形状。

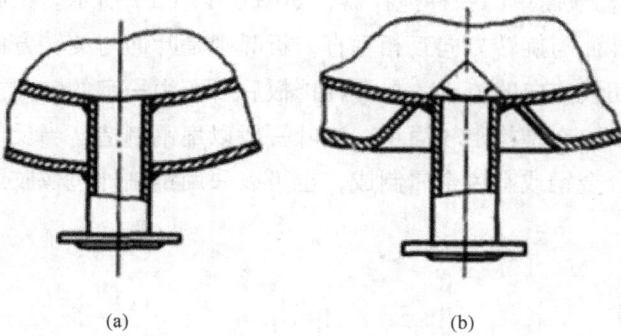

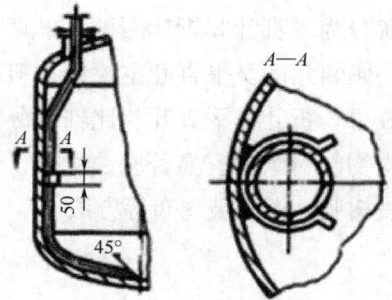

图 6-11　下部出料管　　　　　　　　图 6-12　上部出料管及固定方式

第三节　搅拌装置

在搅拌反应器中，为增快反应速率、强化传热效果以及加强混合作用，常装有搅拌装置。搅拌装置由搅拌器及搅拌轴组成。搅拌器又称搅拌桨或叶轮，它的功能是提供过程所需要的适宜的流动状态，以达到搅拌过程的目的。

一、搅拌器的形式和选择

1. 搅拌器的形式

搅拌器的形式多种多样，采用平叶和折叶两种结构的有桨式、涡轮式、框式和锚式的桨叶；推进式、螺杆式和螺带式的桨叶为螺旋面，如图 6-13 所示。其中桨式、推进式、涡轮式、锚式搅拌器在搅拌反应器中应用最为广泛，据统计约占搅拌反应器的 75% ~ 80%。

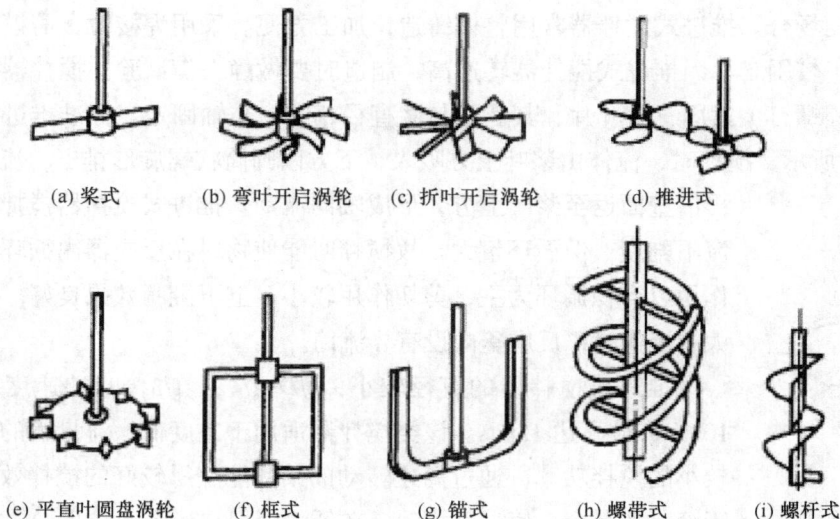

(a) 桨式　(b) 弯叶开启涡轮　(c) 折叶开启涡轮　(d) 推进式

(e) 平直叶圆盘涡轮　(f) 框式　(g) 锚式　(h) 螺带式　(i) 螺杆式

图 6-13　典型搅拌器形式

（1）桨式搅拌器。桨式搅拌器是结构最简单的一种搅拌器，如图 6-14（a）所示。桨叶形状分为平直叶和折叶两种，平直叶是叶面与旋转方向互相垂直，折叶则是叶面与旋转方向呈一倾斜角度。平直叶主要使物料产生切线方向的流动，加搅拌挡板后可产生一定的轴向搅拌效果。折叶与平直叶相比轴向分流略多，在结构上较简单。桨叶一般以扁钢制造，当反应器内物料对碳钢有显著腐蚀性时，可用合金钢或有色金属制成，也可以采用钢制外包橡胶或环氧树脂、酚醛玻璃布等方法。

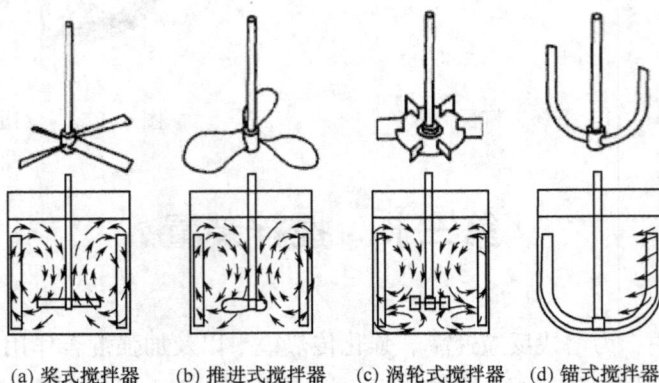

(a) 桨式搅拌器　　(b) 推进式搅拌器　　(c) 涡轮式搅拌器　　(d) 锚式搅拌器

图 6-14　常用搅拌器及流型示意图

桨式搅拌器的尺寸较大，直径一般为容器直径的 1/2 ~ 4/5，转速一般为 20 ~ 80r/min，圆周速度在 1.5 ~ 3m/s。当釜内液面较高时，可以在轴上装几对桨叶，以增强全容器内的搅拌效果。

桨式搅拌器结构简单，制造容易。其缺点是主要产生旋转方向的液流，即便是折叶式桨式搅拌器，所造成的轴向流动范围也不大。它主要应用于流体的循环或黏度较高物料的搅拌。

（2）推进式搅拌器。推进式搅拌器又称船用推进器，如图 6-14（b）所示。常用于黏度低、流量大的场合。推进式搅拌器常用整体铸造，加工方便。采用焊接时，需模锻后再与轴套焊接，加工较困难。因推进式搅拌器转速高，制造时要做静平衡试验。搅拌器可用轴套以平键（或紧固螺钉）紧固三瓣叶片，其螺距与桨直径相等，与轴固定。标准推进式搅拌器结构如图 6-15 所示。搅拌时，流体由桨叶上方吸入，下方以圆筒状螺旋形排出，流体至容器底再沿壁面返至桨叶上方，形成轴向流动。推进式搅拌器搅拌时流体的湍流不剧烈，但循环量大。故搅拌时能使物料在反应器内循环流动，所起作用以容积循环为主，剪切作用较小，上下翻腾效果良好。当需要有更大的流速时，反应釜内设有导流筒。

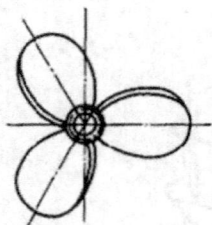

图 6-15　推进式搅拌器叶片结构

推进式搅拌器的直径较小，d/D=1/4 ~ 1/3，叶端速度一般为 7 ~ 10m/s，最高达 15m/s。该类搅拌器适用于黏度低、流量大的场合。利用较小的搅拌功率，通过高速转动的桨叶能获得较好的搅拌效果，主要用于液—液混合，使温度均匀，在低浓度固—液系中防止淤泥沉降等。

（3）涡轮式搅拌器。涡轮式搅拌器又称透平式叶轮，如图 6-14（c）

所示。是一种应用较广泛的搅拌器，能有效地完成几乎所有的搅拌操作，并能处理黏度范围很广的流体。涡轮搅拌器的主要优点是当能量消耗不大时，搅拌效率较高。

涡轮式搅拌器可分为开式和盘式两类。开式涡轮常用的叶片数为 2 叶或 4 叶，盘式涡轮以 6 叶最为常见。桨叶的形状有平直叶、斜叶和弯叶等。为改善流动状况，有时把桨叶制成凹形或箭形。

涡轮式搅拌器叶轮直径一般为容器直径的 1/3 ~ 1/2，转速较高，切线速度 3 ~ 80m/s，转速范围 300 ~ 600r/min，可使流体微团分散得很细，适用于低黏度到中等黏度流体的混合、液—液分散、液—固悬浮，以及促进良好的传热、传质和化学反应。平直叶剪切作用较大，属剪切型搅拌器。弯叶是指叶片朝着流动方向弯曲，可降低功率消耗，适用于含有易碎颗粒的流体搅拌。

（4）锚式搅拌器。这类搅拌器与上述三种有明显的差别，即上述三类搅拌器的直径均比反应器直径小得多，而这类搅拌器的直径则与反应器直径非常接近，其间距一般只有 25 ~ 50mm。外缘形状也是根据釜内壁的形状而定，如图 6-14（d）所示。这类搅拌器的转速很低，叶片端部的圆周速度为 0.5 ~ 1.5m/s。它基本上不产生轴向液流，但搅动范围很大，不会形成死区，适用于黏度在 100Pa·s 以下流体的搅拌。当流体黏度在 10 ~ 100Pa·s 时，可在锚式桨中间加一横桨叶，即为框式搅拌器，以增加容器中部的混合。锚式或框式桨叶的混合效果并不理想，只适用于对混合要求不太高的场合。由于锚式搅拌器在容器壁附近流速比其他搅拌器大，能得到大的表面传热系数，故常用于传热、晶析操作。也常用于搅拌高浓度淤浆和沉降性淤浆。当搅拌黏度大于 100Pa·s 的流体时应采用螺带式或螺杆式搅拌器。

（5）螺旋式搅拌器。螺旋式搅拌器是由桨式搅拌器变化而来的。它的主要特点是消耗功率比较小。根据资料介绍，在雷诺数相同的情况下，单螺旋搅拌器消耗的功率是锚式搅拌器消耗功率的 1/2，因此在化工生产中应用广泛，并主要适合在高黏度、低转速的情况下使用。

2. 搅拌器的选用

设计反应器时，选用合适的搅拌器是十分重要的。由于液体的黏度对搅拌状态有很大影响，因此根据搅拌介质黏度大小来选型是一种最基本的方法。搅拌器适用黏度范围如图 6-16 所示，图中随黏度增高各种搅拌器的使用顺序依次是：推进式、涡轮式、桨叶式、锚式、螺带式。

桨叶式由于结构简单，用挡板可改善流型，在高、低黏度场合仍然适用；涡轮式由于对流循环能力，湍流扩散和剪切力都较强，几乎是应用最广的桨型。由图 6-16 可以看出对于推进式而言，大容量流体时用低转速，小容量流体时用高转速。由于各种桨型的使

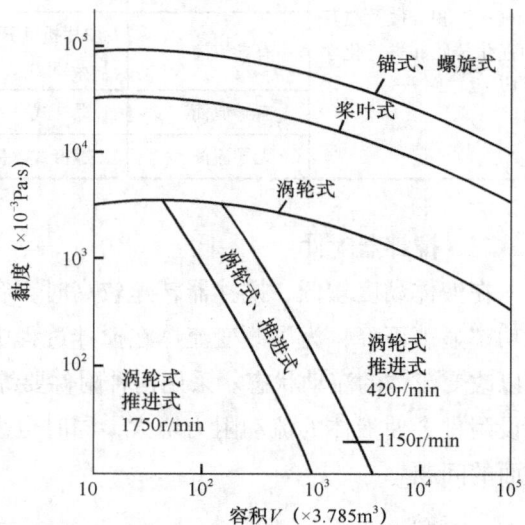

图 6-16 搅拌器适用黏度范围

用范围有一定重叠，所以图 6-15 仅供选用时参考。

另外，还可以从搅拌过程的目的和搅拌器造成的流动状态来考虑所适用的搅拌器类型，如表 6-5 所示。

表6-5　不同搅拌过程的搅拌器类型推荐表

搅拌目的	挡板条件	推荐类型	流动状态
互溶液体的混合及在其中进行化学反应	无挡板	3片折叶开启涡轮（$\theta=24°$），6片折叶开启涡轮（$\theta=45°$），桨叶式，圆盘涡轮	湍流
	有导流筒	3片折叶开启涡轮（$\theta=24°$），6片折叶开启涡轮（$\theta=45°$），推进式	
	有或无导流筒	桨叶式、螺旋式、框式、螺带式、锚式	层流
固—液相分散及在其中溶解和进行化学反应	有或无挡板	桨叶式；6片折叶开启涡轮（$\theta=45°$）	湍流
	有导流筒	3片折叶开启涡轮（$\theta=24°$），6片折叶开启涡轮（$\theta=45°$），推进式	
	有或无导流筒	螺杆式、螺带式、锚式	层流
液—液相分散（互溶的液体）及在其中强化传质和进行化学反应	有挡板	3片折叶开启涡轮（$\theta=24°$），6片折叶开启涡轮（$\theta=45°$），桨叶式、圆盘涡轮、推进式	存在不连续的湍流状态，有空穴产生
液—液相分散（不互溶的液体）及在其中强化传质和进行化学反应	有挡板	圆盘涡轮；6片折叶开启涡轮（$\theta=45°$）	湍流
	有反射物的	3片折叶开启涡轮（$\theta=24°$）	
	有导流筒	3片折叶开启涡轮（$\theta=24°$），6片折叶开启涡轮（$\theta=45°$），推进式	湍流
	有或无导流筒	螺杆式、螺带式、锚式	层流
气—液相分散及在其中强化传质和进行化学反应	有挡板	圆盘涡轮、闭式涡轮	湍流
	有反射物的	3片折叶开启涡轮（$\theta=24°$），在 $D/d \geq 1.5$ 时	
	有导流筒	3片折叶开启涡轮（$\theta=24°$），6片折叶开启涡轮（$\theta=45°$），推进式	
	有导流筒	螺杆式	层流
	无导流筒	螺带式、锚式	

二、搅拌器附件

在液体黏度较低、搅拌器转速较高时，容易产生漩涡或称为"柱状回转区"，使搅拌器的功率显著下降，为了改变流体在搅拌过程中的漩涡现象，通常在反应器内增设挡板或导流筒以改变流体的流动状态。采用何种附件要综合考虑搅拌器的类型，以达到预期的搅动效果。增设附件会使液体的流动阻力增大，同时也会影响搅拌功率，在后面功率的计算中将讨论这方面的问题。

1. 挡板

反应器内的挡板有竖和横两种，常用的是竖挡板，当黏度较高时，使用横挡板。挡板的作用的有两种：一是将切向流动转变为轴向和径向流动，对于罐体内液体的主体对流扩散，轴向和径向流动都是有效的；二是增大被搅动液体的湍流程度，从而改善搅拌效果。

竖挡板固定在反应器内壁上，其宽度为容器直径的 1/12 ～ 1/10，在高黏度时也可减少到 $D_i/20$。挡板的数量根据容器的直径来定，小直径用 2 ～ 4 块，大直径用 4 ～ 8 块，以 4 块或 6 块居多。当再增加挡板数和挡板宽度，功率消耗不再增加时，称为全挡板条件。全挡板条件与挡板数量和宽度有关。挡板的安装如图 6-17 所示。搅拌容器中的传热蛇管可部分或全部代替挡板，装有垂直换热管时一般可不再安装挡板。

2. 导流筒

导流筒是上下开口的圆筒，安装于容器内，如图 6-18 所示。在搅拌混合中起导流作用，提高了混合效率。另外，由于限定了循环路径，减少了短路的机会。对于涡轮式或桨式搅拌器，导流筒刚好置于桨叶的上方。对于推进式搅拌器，导流筒套在桨叶外面或略高于桨叶，通常导流筒的上端都低于静液面，且筒身上开孔或槽，当液面降落后流体仍可从孔或槽进入 70%。当搅拌器置于导流筒之下，且容器直径又较大时，导流筒的下端直径应缩小，使下部开口小于搅拌器的直径。

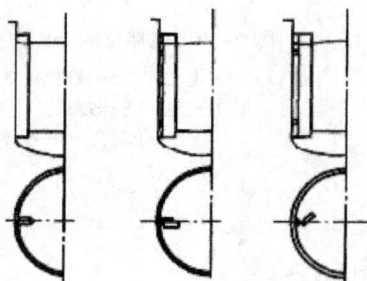

图 6-17　挡板的安装

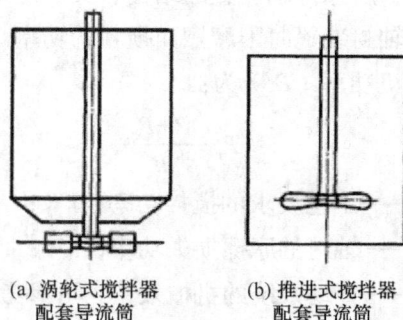

(a) 涡轮式搅拌器
　　配套导流筒

(b) 推进式搅拌器
　　配套导流筒

图 6-18　导流筒

三、搅拌器功率

具有一定结构形状的设备中装有一定的流体，当用一定类型的搅拌器以一定速度搅拌物料对其做功并使之湍动时，使搅拌器连续运转所需要的功率称为搅拌器功率。搅拌器功率包括搅拌功率、轴封所消耗的功率及机械功率三个部分。

计算搅拌器功率的目的，一是用于设计或校核搅拌器和搅拌轴的强度和刚度；二是用于选择电动机和减速机等传动装置。

搅拌功率与反应器内形成的流动状态有关，所以影响流动状态的因素也是影响搅拌器功率的因素。搅拌功率还与搅拌器的几何参数与运转参数有关，如桨径、桨宽、桨叶角度、桨转速、桨叶数量、罐内径、液体深度、挡板宽度、挡板数量、导流筒尺寸等。另外，就是搅拌介质的物性参数，如流体的密度、黏度和重力加速度等。

第四节　搅拌反应器的传动装置

搅拌反应器中的搅拌器是由传动装置来带动。传动装置一般包括电动机、减速器、联轴器及搅拌轴等，其典型传动装置如图 6-19 所示。传动装置通常设置在反应器的顶盖（上封头）上，一般采用立式布置。电动机经减速器减至工艺要求的搅拌转速后，再通过联轴器带动搅拌轴旋转，从而带动搅拌器转动。

一、电动机

电动机功率主要根据搅拌所需的功率及传动装置的传动效率来确定。搅拌所需的功率一般由工艺要求给出，传动效率与所选传动装置的结构有关。此外还应考虑搅拌轴通过轴封装置时因摩擦而损耗的功率。

电动机功率（P_e）为：

$$P_e = \frac{P + P_m}{\eta}$$

图 6-19　搅拌反应器的典型传动装置
1—电动机　2—减速器　3—联轴器
4—机座　5—轴封装置　6—底座
7—上封头　8—搅拌轴

式中：P——工艺要求的搅拌功率，kW；

P_m——轴封的摩擦损失功率，kW；

η——传动系统的机械效率，可参考相关资料或表 6-6。

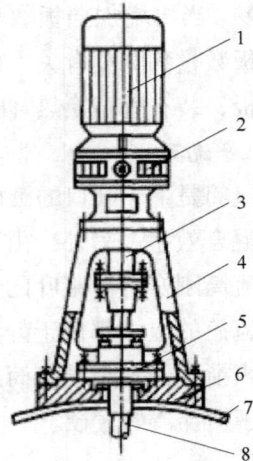

表6-6　传动系统的机械效率

类型	传动方式	效率
圆柱齿轮传动	开式传动、铸齿（考虑轴承损失）	0.9 ~ 0.93
圆锥齿轮传动	开式传动、铸齿（考虑轴承损失）	0.88 ~ 0.92
圆弧蜗杆传动		0.85 ~ 0.95
传动带（平带、V带）		0.95 ~ 0.96
无级变速器		0.92 ~ 0.95
轴承	滚动	0.99 ~ 0.995
	滑动	0.98 ~ 0.995

电动机往往与减速器配套使用。因此，电动机的选用还需要与减速器的选用配合考虑。

二、减速器

减速器的作用是传递运动和改变转动速度，以满足工艺条件要求。目前中国已颁布有摆线针齿行星减速机、两级齿轮减速机、V带减速机和谐波减速机等多种标准反应器用立式减速机。

（1）摆线针齿行星减速机　它是利用少齿差内啮合行星传动的减速装置。减速比87～9，转速16～160r/min，功率0.6～30kW。其特点是传动效率高、结构紧凑、拆装方便、寿命长、承载能力高、工作平稳、质量小、体积小，对过载和冲击载荷有较强的承受能力，允许反正转，可用于防爆的场合，与电动机直连供应。

（2）两级齿轮减速机　它是两级同中心距并流式斜齿轮减速传动装置。减速比11.6～6，转速125～250r/min，功率0.6～30kW。在相同减速比范围内，它具有体积小、效率高、制造成本低、结构简单、装配检修方便等特点，可以反正转，不允许承受外加轴向载荷，只允许用在搅拌轴轴向力较小的场合，可达到防爆要求，与电动机直连供应。

（3）V带减速机　它是单级V带传动的减速装置。减速比4.53～2.5，转速320～500r/min，功率0.6～5.5kW。其结构简单，过载时能产生打滑，因此，对电动机能起到安全保护作用，但不能保持精确的传动比。允许反正转，搅拌器和轴的重力均由本机承受，不能用于要求防爆的场合。

（4）谐波减速机　它是利用行星轮作柔轮的少齿差内啮合的新型机械传动装置，减速比355～50，转速为4～16r/min，功率0.6～13kW。与其他啮合传动相比，具有结构简单、体积小、质量小、承载能力高、运转平稳、封闭性好等特点。无须多级传动而达到转速极低的要求，可用于有防爆要求的场合。

三、联轴器

联轴器俗称靠背轮或对轮，它是用来连接主动轴和从动轴的一种特殊装置。联轴器的作用是将两个独立设备的轴牢固地连接在一起，以传递运动和功率。为了确保传动质量，一方面要求被连接的轴要同心，另一方面则要求传动中一方工作有振动、冲击，尽量不要传递给另一方。

联轴器结构类型较多，基本上可以分为刚性联轴器和弹性联轴器两类。图6-20所示为刚性联轴器，是由两个带凹、凸的圆盘组成，圆盘称为半联轴器。半联轴器与轴通过键进行周向固定，通过锁紧螺母达到轴向固定。此联轴器用于连接严格的同轴线的两端，允许在任何方向转动，结构简单、制造方便，但无减振性，不能消除两轴不同心所引起的不良后果。一般用于振动小和刚度大的轴。

图6-21所示为弹性联轴器，凸半联轴器的突出柱插入凹半联轴器，在突出柱之间放有弹性块硬橡胶，从而使两个半联轴器之间产生弹性接触。此联轴器靠弹性块变形而储存能量，从而使联轴器具有吸振与缓和冲击的能力，并允许有不大的径向和轴向位移，但不能承受轴向载荷。这种联轴器适用于工作温度为–20～60℃的变载荷及频繁启动场合。

1. 联轴器找正

联轴器找中心是转动设备检修工作的一项重要内容，若找正的方法不对或找正的结果不精确，会引起转动设备的振动值超标，严重威胁着转动设备的正常运行，尤其是高转速设备，

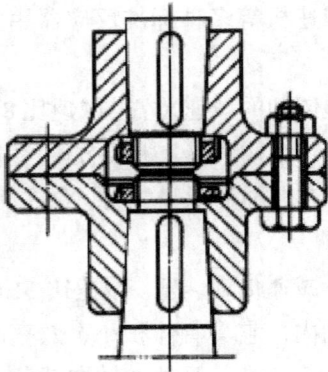

图 6-20 刚性联轴器

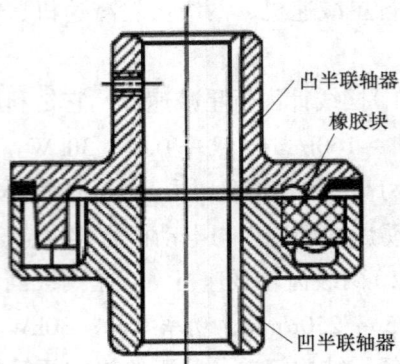

凸半联轴器
橡胶块
凹半联轴器

图 6-21 弹性联轴器

对联轴器找正的数据要求极为严格。现就转动设备联轴器找正问题作一下系统的阐述。

（1）联轴器找中心方法分类。联轴器找中心的方法有不同种类。按转动设备的安装位置分为卧式和立式两种，其中卧式最为常见；按找正简易程度又分为简易找正与系统找正两种，前者找出的结果较粗略，主要靠简易量具和人的经验完成。后者得出的结果最为理想，但需专用仪器设备精确测量计算得出。无论按什么方式进行，它们的原理及分析方法是一致的。目前由于对转动设备安装检修质量要求高，所以一般不采用简易找正。

（2）联轴器找中心。找中心的目的是使一转子轴的中心线为另一转子轴的中心线的延续曲线。因为两个转子的轴是用联轴器连接，所以只要联轴器的两对轮中心线是延续的，那么两转子的中心线也就一定是一条延续的曲线。要使联轴器的两对轮中心是延续的，则必须满足以下两个条件：使两个对轮轴同心，使两对轮轴平行。

（3）联轴器偏移情况的分析。在安装新机器时，由于联轴器与轴之间的垂直度不会有多大的问题，所以可以不必检查。但在安装旧机器时，联轴器与轴之间的垂直度一定要仔细检查，发现不垂直时要调正垂直后再找正。找正联轴器时，垂直面内一般可能遇到如图 6-22 所示的四种情况。

① $s_1 = s_3$，$a_1 = a_3$，如图 6-22（a）所示。这表示两半联轴器的端面互相平行，主动轴和从动轴的中心线又同在一条水平直线上。这时两半联轴器处于正确的位置。此处 s_1、s_3 和 a_1、a_3 表示在联轴器上方（0）和下方（180°）两个位置上的轴向间隙和径向间隙。

② $s_1 = s_3$，$a_1 \neq a_3$，如图 6-22（b）所示。这表示两半联轴器的端面互相平行，两轴的中心线不同轴。这时两轴的中心线之间有径向位移（偏心距）$e = (a_3 - a_1)/2$。

③ $s_1 \neq s_3$，$a_1 = a_3$，如图 6-22（c）所示。这表示两半联轴器的端面互相不平行，两轴的中心线相交，其交点正好落在主动轴的半联轴器的中心点上。这时两轴的中心线之间有倾斜的角位移（倾斜角）α。

④ $s_1 \neq s_3$，$a_1 \neq a_3$，如图 6-22（d）所示。这表示两半联轴器的端面互相不平行，两轴的中心线的交点又不落在主动轴半联轴器的中心点上。这时两轴的中心线之间既有径向位移又有角位移。

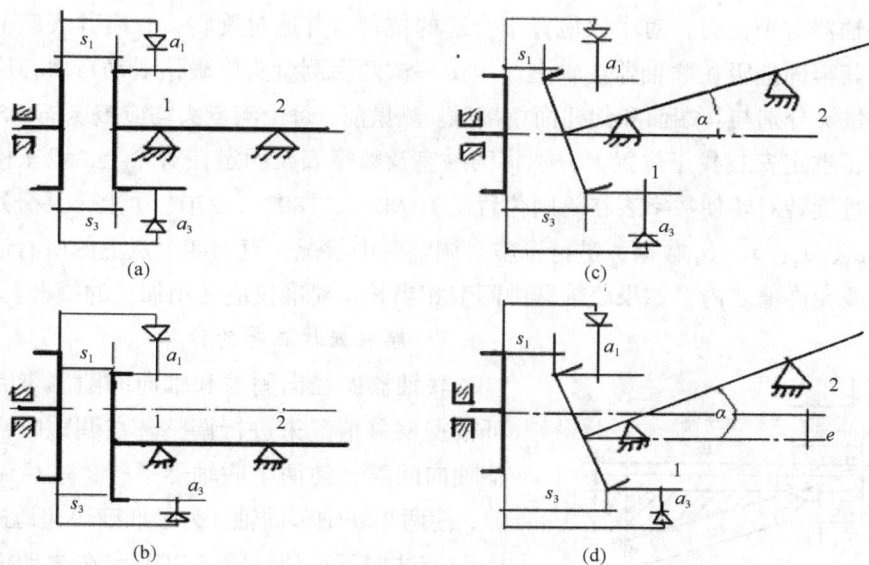

图 6-22　联轴器找正时遇到的四种情况

联轴器处于后三种情况时都不正确，均需要进行找正，直到获得第一种正确的情况为止。一般在安装机器时，首先把从动机安装好，使其轴处于水平，然后安装主动机。所以，找正时只需调整主动机，即在主动机的支脚下面用加减垫片的方法来进行调整。

2. **联轴器找正时的测量方法**

联轴器在找正时主要测量其径向位移（或径向间隙）和角位移（或轴向间隙）。

（1）利用直尺及塞尺测量联轴器的径向位移，利用平面规及楔形间隙规测量联轴器的角位移。这种测量方法简单但精度不高，一般只能应用于不需要精确找正的粗糙低速机器。

（2）利用对中仪（图 6-23）测量联轴器的径向间隙和轴向间隙。因为用了精度较高的千分表来测量径向间隙和轴向间隙，故此法的精度较高，它适用于需要精确找正中心的精密机器和高速机器。这种找正测量方法操作方便，精度高，应用极广。

图 6-23　对中仪结构图

使用联轴器对中仪时，对中仪应置于合适的位置，并通过旋转，开启其表座上的磁性旋钮开关，将其牢固地吸在联轴器或轴上；应试一试两个测量头以确认滑动自由，应调整横杆以使两个测量头分别与其端面和圆柱面相接触。测量前，每个测量头均应被压缩 1.5mm 左右；安装对仪，选定安装找正位置，分别将两磁座及数字表架固定在对轮上，盘车检查仪器是否牢靠，通过旋转对轮使数字表在不同位置（0、90°、180°、270°）上，并分别读取 s_1、s_2、s_3、s_4、a_1、a_2、a_3、a_4 数据，进行调整。调整对中状况，直到四个点上的所有读数都在要求的对准偏差允许值之内。如果联轴器中间节相当长，对准仪应使用加长的横杆。

3. 联轴器找正时的计算

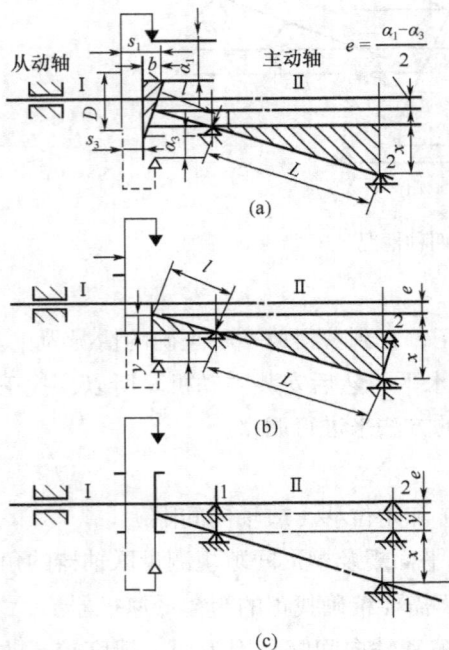

图 6-24 联轴器找正计算

联轴器的径向间隙和轴向间隙测量完毕后，就可根据偏移情况来进行调整。在调整时，一般先调整轴向间隙，使两半联轴器平行，然后调整径向间隙，使两半联轴节同轴。为了准确快速地进行调整，应先经过如下近似计算，以确定在主动机支脚下应加上或应减去的垫片厚度。

现在以既有径向位移又有角位移的一种偏移情况为例，介绍联轴器找正时的计算及调整方法。如图 6-24 所示，I 为从动轴，II 为主动轴。根据找正测量的结果可知，此时 $s_1 > s_3$、$a_1 > a_3$，即两半联轴器是处于既有径向位移又有角位移的一种偏移情况。

步骤一：先使两半联轴器平行。

如图 6-24（a）可知，为了要使两半联轴器平行，必须在主动机的支脚 2 下加上厚度为 x（mm）的垫片才能达到。此处 x 的数值可以利用图上画有阴影线的两个相似三角形的比例关系算出。

$$由 \quad \frac{x}{L} = \frac{b}{D} \quad 得 \quad x = \frac{b}{D}L$$

式中：b——在 0 与 180° 两个位置上测得的轴向间隙的差值（$b = s_1 - s_3$），mm；

　　　D——联轴器的计算直径（应考虑到中心卡测量处大于联轴器直径的部分），mm；

　　　L——主动机纵向两支脚间的距离，mm。

由于支脚 2 垫高了，而支脚 1 底下没有加垫，因此轴 II 将会以支脚 1 为支点发生很小的转动，这时两半联轴器的端面虽然平行了，但是主动轴上的半联轴器的中心却下降了 y（mm），如图 6-24（b）所示。此处的 y 的数值同样可以利用图上画有阴影线的两个相似三角形的比例关系算出。

$$由 \quad \frac{y}{l} = \frac{x}{L} \quad 得 \quad y = \frac{x}{L}l = \frac{\frac{b}{D}L}{L}l = \frac{b}{D}l$$

式中：L——支脚 1 到半联轴器测量平面之间的距离，mm。

步骤二：再使两半联轴器同轴。

由于 $a_1 > a_3$，即两半联轴器不同轴，其原有径向位移量（偏心距）为 $e=(s_1-s_3)/2$，再加上在第一步找正时又使联轴器中心的径向位移量增加了 y（mm）。所以，为了使两半联轴器同轴，必须在主动机的支脚 1 和支脚 2 下同时加上厚度为 $y+e$（mm）的垫片。

由此可见，为了要使主动轴上的半联轴器和从动轴上的半联轴器轴线完全同轴，则必须在主动机的支脚 1 底下加上厚度为 $y+e$（mm）的垫片，而在支脚 2 底下加上厚度为 $x+y+e$（mm）的垫片，如图 6-24（c）所示。

主动机一般有四个支脚，故在加垫片时，主动机两个前支脚下应加同样厚度的垫片，而两个后支脚下也要加同样厚度的垫片。

假如联轴器在 90°、270° 两个位置上所测得的径向间隙和轴向间隙的数值也相差很大时，则可以将主动机的位置在水平方向作适当的移动来调整。通常是采用锤击或千斤顶来调整主动机的水平位置。

全部径向间隙和轴向间隙调整好后，必须满足下列条件：

$$s_1=s_2=s_3=s_4 \qquad a_1=a_2=a_3=a_4$$

这表明主动机轴和从动机轴的中心线位于一条直线上。

在调整联轴器之前先要调整好两联轴器端面之间的间隙，此间隙应大于轴的轴向窜动量（一般图上均有规定）。

4. 联轴器找正计算实例

如图 6-25 所示，主动机纵向两支脚之间的距离 $L=3000mm$，支脚 1 到联轴器测量平面之间的距离 $l=500mm$，联轴器的计算直径 $D=400mm$，找正时所测得的径向间隙和轴向间隙数值如图 6-25 所示。试求支脚 1 和支脚 2 底下应加或应减的垫片厚度。

由图 6-25 可知，联轴器在 0 与 180° 两个位置上的轴向间隙 $s_1 < s_3$。径向间隙 $a_1 < a_3$，这表示两半联轴器既有径向位移又有角位移。根据这些条件可作出联轴器偏移情况的示意图，如图 6-26 所示。

步骤一：先使两半联轴器平行。

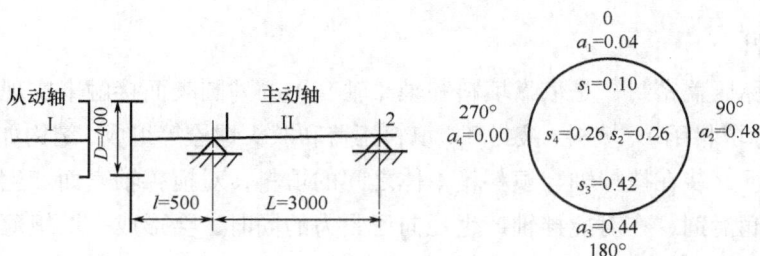

图 6-25 联轴器找正计算实例

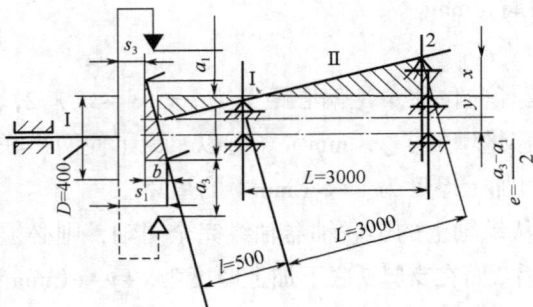

图6-26 联轴器偏移情况示意图

由于 $s_1 < s_3$，故 $b = s_3 - s_1 = 0.42 - 0.10 = 0.32$mm。所以，为了要使两半联轴器平行，必须从主动机的支脚2下减去厚度为 x（mm）的垫片，x 值可由下式计算：

$$x = \frac{b}{D}L = \frac{0.32}{400} \times 3000 = 2.4\text{mm}$$

但是，这时主动机轴上的半联轴器中心却被抬高了 y（mm），y 值可由下式计算。

$$y = \frac{l}{L}x = \frac{500}{3000} \times 2.4 = 0.4\text{mm}$$

步骤二：再使两半联轴器同轴。

由于 $a_1 < a_3$，故原有的径向位移量（偏心距）为：

$$e = \frac{a_3 - a_1}{2} = \frac{0.44 - 0.04}{2} = 0.2\text{mm}$$

所以，为了要使两半联轴器同轴，必须从支脚1和支脚2同时减去厚度为（$y+e$）=0.4+0.2=0.6mm 的垫片。

由此可见，为了使两半联轴器轴线完全同轴，则必须在主动机的支脚1下减去厚度为 $y+e$=0.6mm 的垫片，在支脚2下减去厚度为 $x+y+e$=2.4+0.4+0.2=3.0mm 的垫片。

垂直方向调整完毕后，调整水平方向的偏差。以同样方法计算出主动机在水平方向上的偏移量。然后，用手锤敲击的方法或者用千斤顶推的方法来进行调正。

第五节　搅拌反应器的轴封

由于搅拌轴是转动的，而反应釜的封头是静止的，在搅拌轴伸出封头处必须进行密封，以阻止釜内介质向外泄漏，或阻止空气漏入反应釜内，这种密封称为轴封。轴封是搅拌反应器的重要组成部分。轴封的形式很多，最常用的有填料密封、机械密封、迷宫密封及浮环密封等。

一、填料密封

填料密封又称压盖密封，是依靠填料和轴（轴套）的外圆表面接触来实现密封的装置。它由填料箱（又称填料函）、填料、液封环、填料压盖和双头螺栓等组成，结构如图6-27所示。在压盖压力作用下，装在搅拌轴与填料箱本体之间的填料，对搅拌轴表面产生径向压紧力。由于填料中含有润滑剂，在对搅拌轴产生径向压紧力的同时，会形成一层极薄的液膜，一方面使搅拌轴得到润滑，另一方面阻止设备流体的逸出或外部流体的渗入，达到密封的目的。虽然填料中含有润滑剂，但在运转中润滑剂不断消耗，故在填料中间设置油环，使用时可从

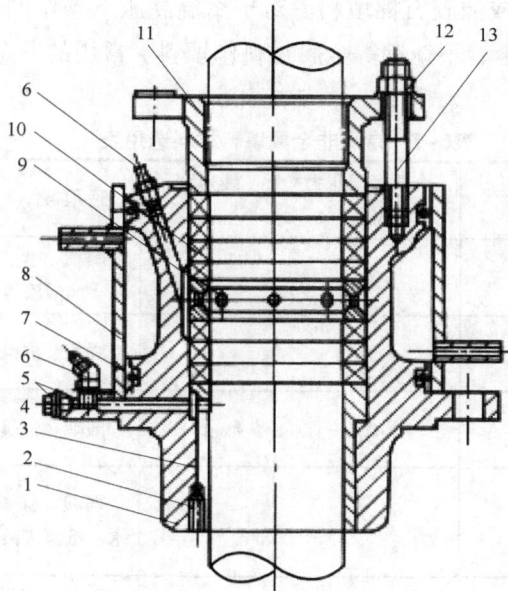

图 6-27　带夹套铸铁填料箱
1—本体　2—螺钉　3—衬套　4—螺塞　5—油圈　6—油杯　7—O 形密封圈
8—水夹套　9—油杯　10—填料　11—压盖　12—螺母　13—双头螺柱

油杯加油，保持轴和填料之间的润滑。

　　填料密封不可能绝对不漏，因为增加压紧力，填料紧压在转动轴上，会加速轴与填料间的磨损，使密封更快失效。在操作过程中应适当调整压盖的压紧力，并需定期更换填料。

　　填料箱密封结构简单，填料装拆方便。尽管大多数填料是非金属的，并且有润滑作用，但由于轴不断旋转，轴和填料间的磨损是不可避免的，总会有微量的泄漏，因而不可克服的缺点是寿命短。尤其在压力较高、温度较高的条件下，要保证密封可靠，必须增加填料圈数和填料压紧力。

　　填料是形成密封的主要元件，其性能优劣对密封效果起关键性作用。对填料的基本要求是：

　　（1）具有足够的塑性，在压盖压紧力下能产生较大的塑性变形。
　　（2）具有良好的弹性，吸振性能好。
　　（3）具有较好的耐介质及润滑剂浸泡、腐蚀性能。
　　（4）耐磨性好，使用寿命长。
　　（5）摩擦系数小，降低摩擦功的消耗。
　　（6）导热性能好，散热快。
　　（7）耐温性能好。

　　填料的选用应根据介质特性、工艺条件、搅拌轴的轴径及转速等情况进行。对于低压、无毒、非易燃易爆等介质，可选用石棉绳作填料。对于压力较高且有毒、易燃易爆的介质，一般可用油浸石墨石棉填料或橡胶石棉填料。对于高温高压下操作的反应釜，密封填料可选用铅、紫铜、铝、蒙乃尔合金、不锈钢等金属材料作填料。常用的非金属填料如表6-7所示。

表6-7　常用非金属填料材料选用表

填料名称	介质极限温度（℃）	介质极限压力（MPa）	线速度（m/s）	适用条件（接触介质）
油浸石棉填料	450	6	1	蒸汽、空气、工业用水、重质石油产品、弱酸液等
聚四氟乙烯纤维编结填料	250	30	2	强酸、强碱有机溶剂
聚四氟乙烯石棉填料	260	25	1	酸碱、强腐蚀性溶液、化学试剂等
石棉线或石棉线与尼龙线浸渍聚四氟乙烯填料	300	30	2	弱酸、强碱、各种有机溶剂、液氨、海水、纸浆废液等
柔性石墨填料	250～300	20	2	醋酸、硼酸、柠檬酸、盐酸、硫化氢、乳酸、硝酸、硫酸、矿物油料、二甲苯等
膨体聚四氟乙烯石棉填料	250	4	2	酸、强碱、溶剂

二、机械密封

填料密封的密封性能差，不适用于高温、高压、高转速、强腐蚀等恶劣的工作条件。机械密封装置具有密封性能好，尺寸紧凑，使用寿命长，功率消耗小等优点，近年来在化工生产中得到了广泛的使用。

依靠静环与动环的端面相互贴合，并作相对转动而构成的密封装置，称为机械密封，又称端面密封。两种内装式机械密封结构如图6-28所示。紧定螺钉将弹簧座固定在轴上，弹簧座、弹簧、推环、动环和动环密封圈均随轴转动，动环、静环、静环密封圈装在压盖上，并由防转销固定，静止不动。动环、静环、动环密封圈和弹簧是机械密封的主要元件，而动环随轴转动并与静环紧密贴合是保证机械密封达到良好效果的关键。

机械密封中一般有五个可能泄漏点A、B、C、D和E。密封点A在动环与静环的接触面上，它主要靠泵内液体压力及弹簧力将动环压贴在静环上，防止A点泄漏；但两环的接触面A上总会有少量液体泄漏，它可以形成液膜，一方面可以阻止泄漏，另一方面又可起润滑作用；为保证两环的端面贴合良好，两端面必须平直光洁。密封点B在静环与静环座之间，属于静密封点；用有弹性的O形（或V形）密封圈压于静环和静环座之间，靠弹簧力使弹性密封圈变形而密封。密封点C在动环与轴之间，此处也属静密封，考虑到动环可以沿轴向窜动，可采用具有弹性和自紧性的V形密封圈来密封。密封点D在静环座与壳体之间，也是静密封，可用密封圈或垫片作为密封元件。密封点E（图中未标出）也是静密封，在轴套与轴之间，可用密封圈或垫片作为密封元件。

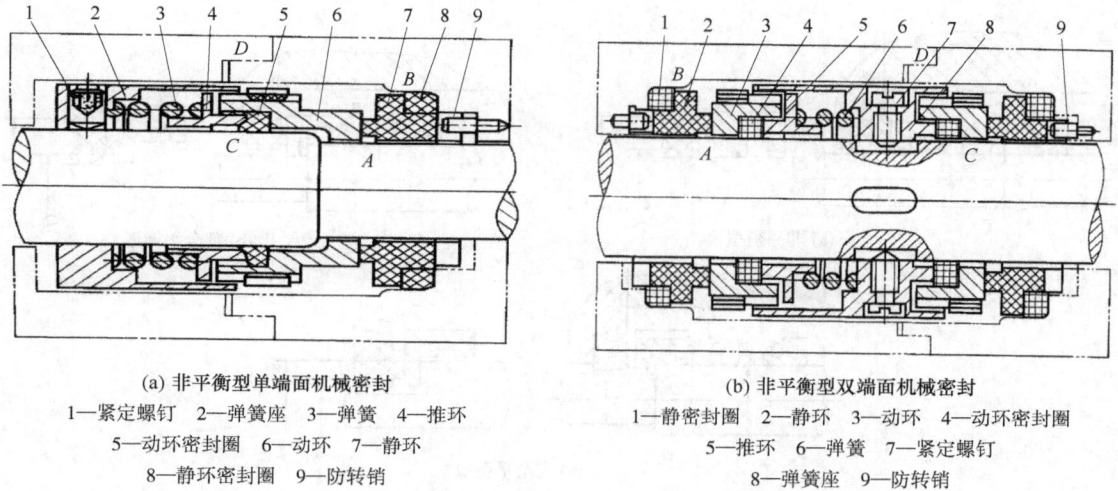

(a) 非平衡型单端面机械密封
1—紧定螺钉 2—弹簧座 3—弹簧 4—推环
5—动环密封圈 6—动环 7—静环
8—静环密封圈 9—防转销

(b) 非平衡型双端面机械密封
1—静密封圈 2—静环 3—动环 4—动环密封圈
5—推环 6—弹簧 7—紧定螺钉
8—弹簧座 9—防转销

图 6-28 两种内装式机械密封结构

机械密封的结构形式很多，主要是根据摩擦副的对数、弹簧、介质和端面上作用的比压情况以及介质的泄漏方向等因素来划分。

1. 内装式与外装式

内装式是弹簧置于被密封介质之内，如图 6-28 所示，外装式则是弹簧置于被密封介质的外部，如图 6-29 所示。

内装式可使泵轴长度减小，但弹簧直接与介质接触，外装式正好相反。在常用的外装式结构中，动环与静环接触端面上所受介质作用力和弹簧力的方向相反，当介质压力有波动或升高时，若弹簧力余量不大，就会出现密封不稳定；而当介质压力降低时，又因弹簧力不变，使端面上受力过大，特别是在低压启动时，由于摩擦副尚未形成液膜，端面上受力过大容易磨伤密封面。所以外装式适用于介

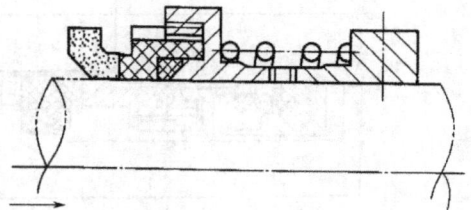

图 6-29 外装式机械密封

质易结晶、有腐蚀性、较黏稠和压力较低的场合。内装式的端面比压随介质压力的升高而升高，密封可靠，应用较广。

2. 平衡型与平衡型

非平衡型与平衡型在端面密封中，介质施加于密封端面上的载荷情况，可用载荷系数 K 表示，如图 6-30 所示。载荷系数 K 为介质压力的作用面积与密封端面面积之比。

3. 单端面与双端面机械密封

单端面与双端面机械密封动环与静环组成摩擦副，有一对摩擦副的称为单端面机械密封，如图 6-31 所示，有两个摩擦副的称为双端面机械密封，如图 6-32 所示。与单端面密封相比，双端面密封有更好的可靠性，适用范围更广，可以完全防止被密封介质的外泄漏，但结构较

(a) 非平衡型　　　　　　　　　　　　(b) 部分平衡型

(c) 完全平衡型

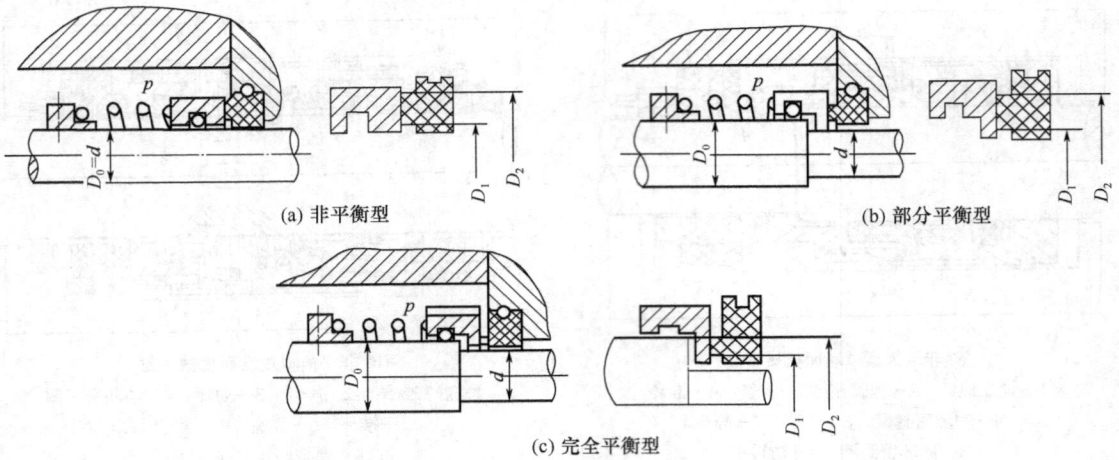

图 6-30　平衡型和非平衡型机械密封

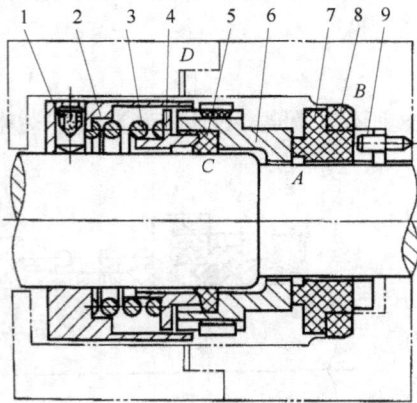

图 6-31　单端面机械密封　　　　　　　图 6-32　双端面机械密封

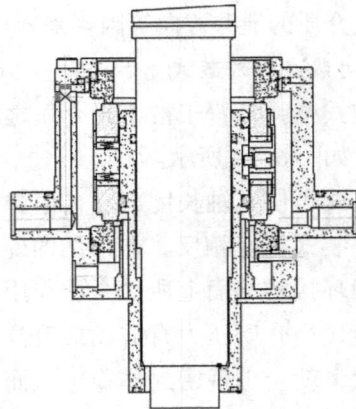

复杂，造价高。

正确合理地选择机械密封装置中的各零件材料，是保证密封效果，延长使用寿命的重要条件。材料必须满足设备运转中的工作条件，具有较高的强度、刚度、耐蚀性、耐磨性和良好的加工性。

在一对摩擦副中，不用同一材料制造动环和静环，以免运转时发生咬合现象。通常是动环材质硬，静环材质软，即硬软配对。常用的金属材料有铸铁、碳钢、铬钢、铬镍钢、青铜、碳化钨等，非金属材料有石墨浸渍巴氏合金、石墨浸渍树脂、填充聚四氟乙烯、酚醛塑料、陶瓷等。辅助密封圈一般用各种橡胶、聚四氟乙烯、软聚氯乙烯塑料等。弹簧常用材料有磷青铜、弹簧钢及不锈钢。

思考题

1. 反应设备有哪几种分类方法？简述几种常见反应设备的特点。

2. 搅拌式反应器由哪些零部件组成？各部分的作用是什么？

3. 在确定筒体内径和高度时，应考虑哪些因素？

4. 搅拌式反应器的传热元件有哪几种？各有什么特点？

5. 常用搅拌器有哪几种结构形式？各有何特点？各适用于什么场合？

6. 为什么要在搅拌式反应器中设置挡板和导流筒？

7. 搅拌式反应器常用的减速器有哪几种？各有何特点？适用于什么场合？

8. 简述填料密封的结构组成、工作原理及密封特点。

9. 简述机械密封的结构组成、工作原理及密封特点。

附录一：年产____吨合成氨厂变换工段列管式热交换器工艺设计任务书

一、基础数据

（1）半水煤气的组成（体积分数，%）：H_2_____；CH_4_____；CO_____；H_2S_____；CO_2_____；O_2_____；N_2_____。

（2）水蒸气饱和半水煤气时的体积比为_____；饱和水蒸气后湿低变转化气压力为_____kPa（绝）；温度为_____℃；要求经热交换器后温度达到_____℃后再进中变炉。

（3）低变炉变换率为_____%，中变炉变换率为_____%；中变炉出口变换气温度为_____℃，压力为_____kPa（绝）。

（4）每年估计大修、中修两个月，年工作日按 300 天计。

（5）每生产 1t 氨需耗半水煤气量为_____m^3。

（6）要求热交换器管程、壳程的压力降均小于_____mmH_2O。

二、设计范围

（1）列管热交换器传热面积。

（2）列管热交换器结构及工艺尺寸。

（3）绘制列管热交换器结构附图。

设计参考资料

一、合成氨生产中一氧化碳变换工艺简介

合成氨生产过程中所使用的制取氨用的氮氢混合气称为合成氨原料气，主要由天然气、石油、重质油、煤、焦炭、焦炉气等原料制取，工艺过程见附图 1。工业上通常先在高温下将这些原料与水蒸气作用制得含氢、一氧化碳等组分的合成气，该过程称为造气。

本设计拟采用焦炭、无烟煤等固体燃料生产合成氨原料气，用固定层间歇汽化法或沸腾层汽化法生产半水煤气。半水煤气的组成大致如下：

H_2 36% ~ 37%；CH_4 0.3% ~ 0.5%；N_2 21% ~ 22%；CO 32% ~ 35%；H_2S 0.2% ~ 0.3%；CO_2 6% ~ 9%；O_2 0.2%。

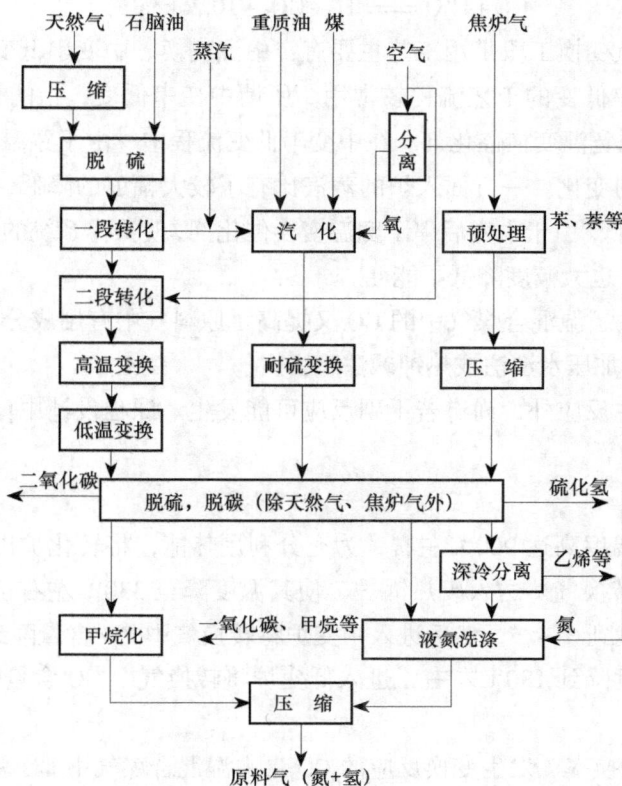

附图 1　各种原料生产合成氨原料气的典型过程

其中，除了 N_2、H_2 为合成氨的有用气体外，其余的 CO、CO_2、CH_4、H_2S、O_2 等气体都是合成氨所不需要的，如不除去，不仅占据设备体积，增加输送气体的机械和动力消耗，而且会使合成氨触媒中毒。因此，必须将原料气中的这些有害成分在进入合成系统之前分步清除，该过程称为原料气的净制。

一般情况下，大致按附图 2 程序对原料气进行净制。

净制过程中，习惯上把脱除含硫化合物的过程称脱硫；脱除二氧化碳的过程称脱碳。所谓 CO 的变换，是将脱硫后的半水煤气用水蒸气饱和，饱和水蒸气后的半水煤气可称为湿混合煤气，在有触媒存在和一定温度的条件下，水气可以将 CO 变换为 H_2 和 CO_2，其反应式如下：

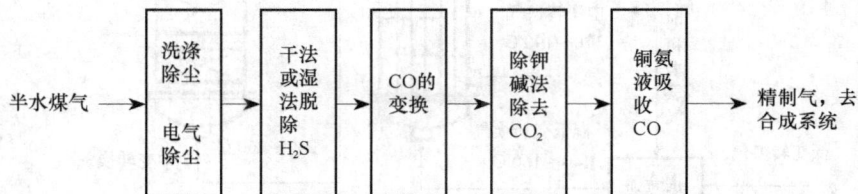

附图 2　原料气精制过程

$$CO + H_2O \Longrightarrow H_2 + CO_2 + 10.25kcal$$

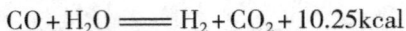

实际生产中合成氨变换工段采用工艺主要有：中温变换、中变串低变、全低及中低 4 种工艺，其中又以中变串低变的工艺流程较常用。所谓中变串低变，指的是在 B107 等铁铬系催化剂之后串入钴钼系宽温变换催化剂。在中变串低变流程中，由于宽温变换催化剂的串入，操作条件发生了较大的变化。一方面入炉的蒸汽比有了较大幅度的降低；另一方面变换气中的 CO 含量也大幅度降低。由于中变后串了宽温变换催化剂，使操作系统的操作弹性大大增加，使变换系统便于操作，也大幅度降低了能耗。

经过变换，既除去了湿混合煤气中的 CO 又提高了原料气中有用成分 H_2 的含量，生成的 CO_2 可在后续工序中用加压水洗法或热钾碱法除去。

变换反应除上述主反应外，尚有若干副反应可能发生。课程设计中作物料衡算时，副反应可只考虑下式：

$$2H_2 + O_2 \longrightarrow 2H_2O。$$

变换过程中反应温度高达 900℃左右，为充分利用热能，将转化炉出来的转换气（经变换后的原料气可称为转换气）送入废热锅炉，使其温度降至 330℃左右，在废热锅炉出口加入水蒸气使汽、气比达到 3 ~ 5，然后进入中变炉将转换气中 CO 含量降到 3% 以下。再通过换热器将转换气的温度降到 180℃左右，进入低变炉将转换气中 CO 含量降到 0.3% 以下，再进入甲烷化工段。

经该过程 CO 的变换率（发生变换反应的 CO 量占湿混合煤气中 CO 总量的百分率）可达 90% 左右。

本次课程设计拟设计一列管式换热器，供经废热锅炉回收热能后的低变转换气与经中变炉变换后的中变转换气交换热量，流程如附图 3 所示。低变转换气温度为 140 ~ 160℃，从热交换器的下部进入，被中变转换气预热至 190 ~ 210℃，而后由中变炉的上部进入，在变换炉内经三层触煤发生变换反应，组成发生变化。变换气自变换炉内出来，温度为 230 ~ 260℃，进入热交换器，被低变转换气冷却至 170 ~ 190℃后流向后续工序。

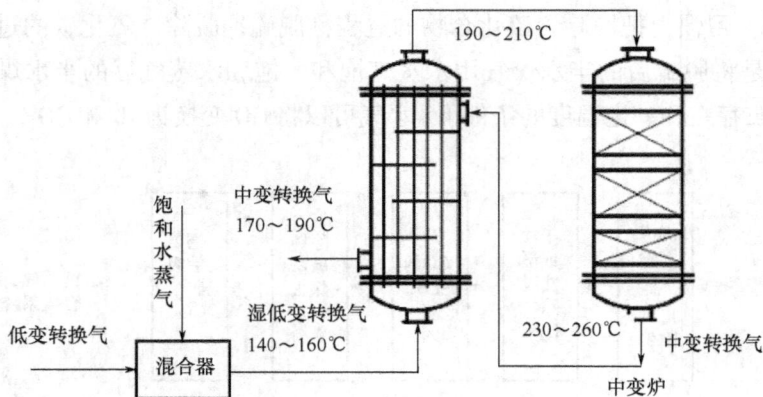

附图 3　列管式交换器

二、常用气体、蒸汽的平均定压热容、焓和导热系数（附表 1 ~ 附表 3）

附表1　气体的平均定压热容（常压）　　　　单位：kcal/（kmol·℃）

温度（℃）	H_2	O_2	N_2	CO	CO_2	CH_4	H_2O
0	6.90	6.98	6.76	6.78	9.00	8.295	7.75
100	6.92	7.07	6.85	6.88	9.35	8.814	7.91
200	6.94	7.17	6.93	6.97	9.68	9.41	8.07
300	6.96	7.28	7.01	7.05	10.00	10.09	8.23
400	6.98	7.38	7.08	7.13	10.30	10.78	8.38
500	7.00	7.47	7.15	7.21	10.58	11.46	8.51

附表2　大气压（绝）下过热蒸汽的焓

温度（℃）	焓（kcal/kg）	温度（℃）	焓（kcal/kg）
200	684	340	753
210	689	350	758
220	694	360	762
230	699	370	767
240	704	380	772
250	709	390	777
260	714	400	782
270	719	410	787
280	723	420	792
290	728	430	797
300	733	440	802
310	738	450	807
320	743	460	812
330	748	470	817

附表3　CO、CH_4的导热系数λ　　　　单位：kcal/（m²·h·℃）

温度（℃）	CO	CH_4
200	0.0314	0.053
300	0.0365	0.071
400	0.0416	0.090

三、物化数据附表

（1）饱和蒸汽的物化数据见附表4～附表9。

（2）查阅参考资料（如《化工工艺设计手册（第四版）》《工业气体手册》等）。

附表4 饱和蒸汽压力—焓附表（按压力排列）

压力（MPa）	温度（℃）	焓（kJ/kg）	压力（MPa）	温度（℃）	焓（kJ/kg）
0.001	6.98	2513.8	0.50	151.85	2748.5
0.002	17.51	2533.2	0.60	158.84	2756.4
0.003	24.10	2545.2	0.70	164.96	2762.9
0.004	28.98	2554.1	0.80	170.42	2768.4
0.005	32.90	2561.2	0.90	175.36	2773.0
0.006	36.18	2567.1	1.00	179.88	2777.0
0.007	39.02	2572.2	1.10	184.06	2780.4
0.008	41.53	2576.7	1.20	187.96	2783.4
0.009	43.79	2580.8	1.30	191.6	2786.0
0.010	45.83	2584.4	1.40	195.04	2788.4
0.015	54.00	2598.9	1.50	198.28	2790.4
0.020	60.09	2609.6	1.60	201.37	2792.2
0.025	64.99	2618.1	1.40	204.3	2793.8
0.030	69.12	2625.3	1.50	207.1	2795.1
0.040	75.89	2636.8	1.90	209.79	2796.4
0.050	81.35	2645.0	2.00	212.37	2797.4
0.060	85.95	2653.6	2.20	217.24	2799.1
0.070	89.96	2660.2	2.40	221.78	2800.4
0.080	93.51	2666.0	2.60	226.03	2801.2
0.090	96.71	2671.1	2.80	230.04	2801.7
0.10	99.63	2675.7	3.00	233.84	2801.9
0.12	104.81	2683.8	3.50	242.54	2801.3
0.14	109.32	2690.8	4.00	250.33	2799.4
0.16	113.32	2696.8	5.00	263.92	2792.8
0.18	116.93	2702.1	6.00	275.56	2783.3
0.20	120.23	2706.9	7.00	285.8	2771.4
0.25	127.43	2717.2	8.00	294.98	2757.5
0.30	133.54	2725.5	9.00	303.31	2741.8
0.35	138.88	2732.5	10.0	310.96	2724.4
0.40	143.62	2738.5	11.0	318.04	2705.4
0.45	147.92	2743.8	12.0	324.64	2684.8

压力（MPa）	温度（℃）	焓（kJ/kg）	压力（MPa）	温度（℃）	焓（kJ/kg）
13.0	330.81	2662.4	18.0	356.96	2514.4
14.0	336.63	2638.3	19.0	361.44	2470.1
15.0	342.12	2611.6	20.0	365.71	2413.9
16.0	347.32	2582.7	21.0	369.79	2340.2
17.0	352.26	2550.8	22.0	373.68	2192.5

附表5 饱和蒸汽温度—焓附表（按温度排列）

温度（℃）	压力（MPa）	焓（kJ/kg）	温度（℃）	压力（MPa）	焓（kJ/kg）
0	0.000611	2501.0	35	0.005622	2565.0
0.01	0.000611	2501.0	40	0.007375	2574.0
1	0.000657	2502.8	45	0.009582	2582.9
2	0.000705	2504.7	50	0.012335	2591.8
3	0.000758	2506.5	55	0.01574	2600.7
4	0.000813	2508.3	60	0.019919	2609.5
5	0.000872	2510.2	65	0.025008	2618.2
6	0.000935	2512.0	70	0.031161	2626.8
7	0.001001	2513.9	75	0.038548	2635.3
8	0.001072	2515.7	80	0.047359	2643.8
9	0.001147	2517.5	85	0.057803	2652.1
10	0.001227	2519.4	90	0.070108	2660.3
11	0.001312	2521.2	95	0.084525	2668.4
12	0.001402	2523.0	100	0.101325	2676.3
13	0.001497	2524.9	110	0.14326	2691.8
14	0.001597	2526.7	120	0.19854	2706.6
15	0.001704	2528.6	130	0.27012	2720.7
16	0.001817	2530.4	140	0.36136	2734
17	0.001936	2532.2	150	0.47597	2746.3
18	0.002063	2534.0	160	0.61804	2757.7
19	0.002196	2535.9	170	0.79202	2768
20	0.002337	2537.7	180	1.0027	2777.1
22	0.002642	2541.4	190	1.2552	2784.9
24	0.002982	2545.0	200	1.5551	2791.4
26	0.00336	2543.6	210	1.9079	2796.4
28	0.003779	2552.3	220	2.3201	2799.9
30	0.004242	2555.9	20	2.7979	2801.7

温度（℃）	压力（MPa）	焓（kJ/kg）	温度（℃）	压力（MPa）	焓（kJ/kg）
240	3.348	2801.6	330	12.865	2665.5
250	3.9776	2799.5	340	14.608	2622.3
260	4.694	2795.2	350	16.537	2566.1
270	5.5051	2788.3	360	18.674	2485.7
280	6.4191	2778.6	370	21.053	2335.7
290	7.4448	2765.4	371	21.306	2310.7
300	8.5917	2748.4	372	21.562	2280.1
310	9.8697	2726.8	373	21.821	2238.3
320	11.29	2699.6	374	22.084	2150.7

附表6 过热蒸汽温度、压力—焓附表（一）

温度（℃）	压力（MPa）					
	0.01	0.1	0.5	1	3	5
0	0	0.1	0.5	1	3	5
10	42	42.1	42.5	43	44.9	46.9
20	83.9	84	84.3	84.8	86.7	88.6
40	167.4	167.5	167.9	168.3	170.1	171.9
60	2611.3	251.2	251.2	251.9	253.6	255.3
80	2649.3	335	335.3	335.7	337.3	338.8
100	2687.3	2676.5	419.4	419.7	421.2	422.7
120	2725.4	2716.8	503.9	504.3	505.7	507.1
140	2763.6	2756.6	589.2	589.5	590.8	592.1
160	2802	2796.2	2767.3	675.7	676.9	678
180	2840.6	2835.7	2812.1	2777.3	764.1	765.2
200	2879.3	2875.2	2855.5	2827.5	853	853.8
220	2918.3	2914.7	2898	2874.9	943.9	944.4
240	2957.4	2954.3	2939.9	2920.5	2823	1037.8
260	2996.8	2994.1	2981.5	2964.8	2885.5	1135
280	3036.5	3034	3022.9	3008.3	2941.8	2857
300	3076.3	3074.1	3064.2	3051.3	2994.2	2925.4
350	3177	3175.3	3167.6	3157.7	3115.7	3069.2
400	3279.4	3278	3217.8	3264	3231.6	3196.9
420	3320.96	3319.68	3313.8	3306.6	3276.9	3245.4
440	3362.52	3361.36	3355.9	3349.3	3321.9	3293.2
450	3383.3	3382.2	3377.1	3370.7	3344.4	3316.8

续表

温度（℃）	压力（MPa）					
	0.01	0.1	0.5	1	3	5
460	3404.42	3403.34	3398.3	3392.1	3366.8	3340.4
480	3446.66	3445.62	3440.9	3435.1	3411.6	3387.2
500	3488.9	3487.9	3483.7	3478.3	3456.4	3433.8
520	3531.82	3530.9	3526.9	3521.86	3501.28	3480.12
540	3574.74	3573.9	3570.1	3565.42	3546.16	3526.44
550	3593.2	3595.4	3591.7	3587.2	3568.6	3549.6
560	3618	3617.22	3613.64	3609.24	3591.18	3572.76
580	3661.6	3660.86	3657.52	3653.32	3636.34	3619.08
600	3705.2	3704.5	3701.4	3697.4	3681.5	3665.4

附表7 过热蒸汽温度、压力—焓附表（二）

温度（℃）	压力（MPa）					
	7	10	14	20	25	30
0	7.10	10.1	14.1	20.1	25.1	30
10	48.80	51.7	55.6	61.3	66.1	70.8
20	90.40	93.2	97	102.5	107.1	111.7
40	173.60	176.3	179.8	185.1	189.4	193.8
60	256.90	259.4	262.8	267.8	272	276.1
80	340.40	342.8	346	350.8	354.8	358.7
100	424.20	426.5	429.5	434	437.8	441.6
120	508.50	510.6	513.5	517.7	521.3	524.9
140	593.40	595.4	598	602	605.4	603.1
160	679.20	681	683.4	687.1	690.2	693.3
180	766.20	767.8	769.9	773.1	775.9	778.7
200	854.63	855.9	857.7	860.4	862.8	856.2
220	945.00	946	947.2	949.3	951.2	953.1
240	1038.00	1038.4	1039.1	1040.3	1041.5	1024.8
260	1134.70	1134.3	1134.1	1134	1134.3	1134.8
280	1236.70	1235.2	1233.5	1231.6	1230.5	1229.9
300	2839.20	1343.7	1339.5	1334.6	1331.5	1329
350	3017.00	2924.2	2753.5	1648.4	1626.4	1611.3
400	3159.70	3098.5	3004	2820.1	2583.2	2159.1
420	3211.02	3155.98	3072.72	2917.02	2730.76	2424.7
440	3262.34	3213.46	3141.44	3013.94	2878.32	2690.3

温度（℃）	压力（MPa）					
	7	10	14	20	25	30
450	3288.00	3242.2	3175.8	3062.4	2952.1	2823.1
460	3312.44	3268.58	3205.24	3097.96	2994.68	2875.26
480	3361.32	3321.34	3264.12	3169.08	3079.84	2979.58
500	3410.20	3374.1	3323	3240.2	3165	3083.9
520	3458.60	3425.1	3378.4	3303.7	3237	3166.1
540	3506.40	3475.4	3432.5	3364.6	3304.7	3241.7
550	3530.20	3500.4	3459.2	3394.3	3337.3	3277.7
560	3554.10	3525.4	3485.8	3423.6	3369.2	3312.6
580	3601.60	3574.9	3538.2	3480.9	3431.2	3379.8
600	3649.00	3624	3589.8	3536.9	3491.2	3444.2

附表8　一些气体在理想气体状态的比定压热容

$$c_p = c_0 + c_1\theta + c_2\theta^2 + c_3\theta^3 \qquad \theta = \{T\}_K/1000$$

单位：kJ/（kg·K）

气体	分子式	c_0	c_1	c_2	c_3
水蒸气	H_2O	1.79	0.107	0.586	−0.20
乙炔	C_2H_2	1.03	2.91	−1.92	0.54
空气		1.05	−0.365	0.85	−0.39
氨	NH_3	1.60	1.4	1.0	−0.7
氩	Ar	0.52	0	0	0
正丁烷	C_4H_{10}	0.163	5.70	−1.906	−0.049
二氧化碳	CO_2	0.45	1.67	−1.27	0.39
一氧化碳	CO	1.10	−0.46	1.9	−0.454
乙烷	C_2H_6	0.18	5.92	−2.31	0.29
乙醇	C_2H_5OH	0.2	−4.65	−1.82	0.03
乙烯	C_2H_4	1.36	5.58	−3.0	0.63
氦	He	5.193	0	0	0
氢	H_2	13.46	4.6	−6.85	3.79
甲烷	CH_4	1.2	3.25	0.75	−0.71
甲醇	CH_3OH	0.66	2.21	0.81	−0.89
氮	N_2	1.11	−0.48	0.96	−0.42
正辛烷	C_8H_{18}	−0.053	6.75	−3.67	0.775
氧	O_2	0.88	−0.0001	0.54	−0.33

续表

气体	分子式	c_0	c_1	c_2	c_3
丙烷	C_3H_8	−0.096	6.95	−3.6	0.73
R22*	$CHClF_2$	0.2	1.87	−1.35	0.35
R134a*	CF_3CH_2F	0.165	2.81	−2.23	1.11
二氧化硫	SO_2	0.37	1.05	−0.77	0.21

注 适用范围：250 ~ 1200 K，带*的物质最高适用温度为500 K。

附表9 理想气体的平均比定压热容　　　　单位：kJ/（kg·K）

温度（℃）	O_2	N_2	CO	CO_2	H_2O	SO_2	空气
0	0.915	1.039	1.040	0.815	1.859	0.607	1.004
100	0.923	1.040	1.042	0.866	1.873	0.636	1.006
200	0.935	1.043	1.046	0.910	1.894	0.662	1.012
300	0.950	1.049	1.054	0.949	1.919	0.687	1.019
400	0.965	1.057	1.063	0.983	1.948	0.708	1.028
500	0.979	1.066	1.075	1.013	1.978	0.724	1.039
600	0.993	1.076	1.086	1.040	2.009	0.737	1.050
700	1.005	1.087	1.093	1.064	2.042	0.754	1.061
800	1.016	1.097	1.109	1.085	2.075	0.762	1.071
900	1.026	1.108	1.120	1.104	2.110	0.775	1.081
1 000	1.035	1.118	1.130	1.122	2.144	0.783	1.091
1 100	1.043	1.127	1.140	1.138	2.177	0.791	1.100
1200	1.051	1.136	1.149	1.153	2.211	0.795	1.108
1 300	1.058	1.145	1.158	1.166	2.243	—	1.117
1 400	1.065	1.153	1.166	1.178	2.274	—	1.124
1 500	1.071	1.160	1.173	1.189	2.305	—	1.131
1 600	1.077	1.167	1.180	1.200	2.335	—	1.138
1 700	1.083	1.174	1.187	1.209	2.363	—	1.144
1 800	1.089	1.180	1.192	1.218	2.391	—	1.150
1 900	1.094	1.186	1.198	1.226	2.417	—	1.156
2 000	1.099	1.191	1.203	1.233	2.442	—	1.161
2 100	1.104	1.197	1.208	1.241	2.466	—	1.166
2 200	1.109	1.201	1.213	1.247	2.489	—	1.171
2 300	1.114	1.206	1.218	1.253	2.512	—	1.176
2 400	1.118	1.210	1.222	1.259	2.533	—	1.180
2 500	1.123	1.214	1.226	1.264	2.554	—	1.184
2 600	1.127	—	—	—	2.574	—	—
2 700	1.131	—	—	—	2.594	—	—

四、列管式换热器的结构型式及零部件名称（附表10）

附表10 列管式换热器零部件名称

序号	名称	序号	名称	序号	名称
1	平盖	21	吊耳	41	封头管箱（部件）
2	平盖管箱（部件）	22	放气口	42	分程隔板
3	接管法兰	23	凸形封头	43	悬挂支座（部件）
4	管箱法兰	24	浮头法兰	44	膨胀圈（部件）
5	固定管板	25	浮头垫片	45	中间挡板
6	壳体法兰	26	无折边球面封头	46	U形换热管
7	防冲板	27	浮头管板	47	内导流筒
8	仪附表接口	28	浮头盖（部件）	48	纵向隔板
9	补强圈	29	外头盖（部件）	49	填料
10	圆筒	30	排液口	50	填料函
11	折流板	31	钩圈	51	填料压盖
12	旁路挡板	32	接管	52	浮动管板裙
13	拉杆	33	活动鞍座（部件）	53	剖分剪切环
14	定距管	34	换热管	54	活套法兰
15	支持板	35	挡管	55	偏心锥壳
16	双头螺柱或螺栓	36	管束（部件）	56	堰板
17	螺母	37	固定鞍座（部件）	57	液面计接口
18	外头盖垫板	38	滑道	58	套环
19	外头盖侧法兰	39	管箱垫片		
20	外头盖法兰	40	管箱短节		

五、热交换器设计的主要因素

热交换器的设计过程主要有传热计算和流体阻力计算两个方面。所需数据可分为换热器的结构数据、工艺数据和物性数据三大类。在设计新的换热器时结构数据的选择最为重要，因为它是计算的基准。例如，在管壳式换热器的设计中就有壳体型式、管程数、管子类型、管长、管子排列、折流板型式、冷热流体流动通道方式等方面的选择。工艺数据包括冷热流体的流量、进出换热器物流的温度、压力、管程与壳程的允许压力降及污垢系数。物性数据包括冷热流体在操作温度下的密度、比热容、黏度、热导率、表面张力。当涉及有相变的传热时，还需要流体的相平衡数据。因此，在设计过程中应综合考虑的因素很多，而流体速度是其中一个重要因素。

选取较大的流体速度，可以获得较大的传热系数，传递一定热量所需的传热面积就比较小，从而可以降低设备费用。但是，大的流体速度使得流体通过热交换器的阻力压降大，能量消耗大，操作费用就高。如选取较小的流体速度，情况刚好相反，操作费用可以降低，设备费却要增加。因此，在热交换器设计中有一个最适宜流体速度的选取问题。

要通过定量计算来解决最适宜流体速度的选取问题，是既费时而又很困难的，实际上有关的经验数据常被作为设计的依据。寻求其他设计因素的最佳条件时也往往是这样处理。附表 11 和附表 12 列出了工业上常用的流速范围，可供参考。

附表11　换热器常用流速范围

流速＼介质	循环水	新鲜水	一般液体	易结垢液体	低黏度油	高黏度油	气体
管程流速（m/s）	1.0～2.0	0.8～1.5	0.5～3.0	>1.0	0.8～1.8	0.5～1.5	5.0～30
壳程流速（m/s）	0.5～1.5	0.5～1.5	0.2～1.5	>0.5	0.4～1.0	0.3～0.8	2.0～15

附表12　不同黏度液体流速（以普通钢壁为例）

液体黏度（×10^3 Pa·s）	最大流速（m/s）	液体黏度（×10^3 Pa·s）	最大流速（m/s）
>1500	0.6	100～35	1.5
1500～500	0.75	35～1	1.8
500～100	1.1	<1	2.4

一般来说，最低的流体速度也应使管、壳程内流体处于湍流状态为宜，但是在某些场合也有例外，为了降低系统阻力，管、壳程内流体速度的取值可以比附表 12 所列数值范围的下限还要低得多。例如，中、小型合成氨厂变换工段湿混合煤气与变换气用列管换热器管程流体速度一般仅为 2 ～ 2.5m/s。

合理的流速要由允许压力降来确定，附表 13 给出了允许压力降的参考值。

附表13　换热器的允许压力降

工艺物料的压力状况		允许压力降 Δp（kPa）
工艺气体	真空	<3.5
	常压	3.5～14
	低压	15～25
	高压	35～70
工艺液体		70～170

六、列管式热交换器的设计步骤

设计列管式热交换器时，给定的已知条件为工艺流体的流速和进、出口温度，以及换热介质的进口温度。待求的量除换热器的传热面积、换热介质的出口温度和流速外，还包括换热器的主要尺寸，即壳径、管径、管子数目、长度、排列以及管程和壳程的阻力降等。

1. 物料衡算及热量衡算

根据任务书给定的工艺条件分别进行物料衡算及热量衡算。首先要选择计算基准，例如，对合成氨厂的设计，可以每生产一吨氨为计算基准，确定实现换热的两载热体的质量流量（q_{m1} 和 q_{m2}），初始和最终温度（T_1、T_2 和 t_1、t_2），相互交换的热量即热负荷（Q）等。在确定这些量时，计算的顺序需根据已知工艺条件的具体情况而定。

（1）确定两载热体的物性数据。设计中需要用到的物性数据，主要是比热（c_p）或潜热（r）、密度（ρ）、黏度（μ）、导热系数（λ）等，单纯流体的这些物性数据可由相关资料的附图或附表中查得。

一般情况下，为了简化计算，可以采用载热体在换热器进、出口位置的平均压力、平均温度下的物性数据值。

混合物质组成的流体物性数据一般缺乏现成的资料查取，需要由组成混合流体各组分的纯物质相关物性数据值，通过一些近似计算方法来确定。

例如，对于混合气体的比热、黏度和导热系数等可以按下述简便办法估计。

$$c_{pm} = \sum c_{pi} y_i \qquad [\text{kcal/}(\text{kmol} \cdot ℃)]$$

$$\mu_m = \frac{\sum \mu_i y_i M_i^{\frac{1}{2}}}{\sum y_i M_i^{\frac{1}{2}}} \qquad (\text{Pa} \cdot \text{s})$$

$$\lambda_m = \frac{\sum \lambda_i y_i M_i^{\frac{1}{3}}}{\sum y_i M_i^{\frac{1}{3}}} \qquad [\text{W/}(\text{m} \cdot ℃)]$$

式中：c_{pm}、μ_m、λ_m——混合气体的比热、黏度、导热系数；

c_{pi}、μ_i、λ_i——混合气体中 i 组分的比热、黏度、导热系数；

y_i、M_i——混合气体中 i 组分的摩尔百分数、相对分子质量。

（2）两载热体的流程安排。根据两载热体的物理、化学性质及操作压力、温度等条件，确定两载热体哪一个走管程，哪一个走壳程。通常根据以下原则进行综合考虑，权衡利弊，做出选择。

①不洁净和易结垢的液体宜走管程，因为管程方便清洗。

②腐蚀性流体宜走管程，以免管束和壳体同时受到腐蚀。

③压力大的流体宜走管程，以免壳体承受压力。

④饱和蒸汽宜走壳程，因饱和蒸汽比较清净，对流传热系数与流速无关，而且冷凝液在壳程易于排除。

⑤被冷却的流体宜走壳程，便于散热。

⑥若两流体温差较大，对于刚性结构的换热器，宜将对流传热系数大的流体进入壳程，以减小热应力。

⑦流量小而黏度大的流体一般宜在壳程，因在壳程 $R_e > 100$ 即可达到湍流。但如流动阻力损失允许，将这种流体进入管程而采用多管程结构，在高流速下可能得到更高的对流传热系数。

（3）管、壳程数的确定。列管式换热器最一般的形式为单管程单壳程，但多管程多壳程的设计也很常见。当流量一定时，管程或壳程越多，对流传热系数越大，对传热过程越有利。但是，采用多管程或多壳程必然导致流动阻力增大，即造成输送流体的动力费用增加。因此，在确定换热器程数时，需权衡传热和流体输送两方面的得失。

管程数一般有 1、2、4、6、8、10、12 七种，分程时应尽可能使各管程的换热管数大致相等，分程隔板槽形状简单，密封面长度较短。

壳程数的增加可在壳体内安装纵向隔板将壳程分为双程，或设计成两台以上设备串联使用。

（4）热量恒算。

①稳态传热方程。

$$Q = KA\Delta t_m$$

式中：K——总传热系数，W/（$m^2 \cdot K$）；

A——换热器总传热面积，m^2；

Δt_m——进行换热的两流体之间的平均温差，K。

②总传热系数。

$$\frac{1}{K} = \frac{1}{\alpha_1} \cdot \frac{d_2}{d_1} + R_{s1} \cdot \frac{d_2}{d_1} + \frac{b}{\lambda} \cdot \frac{d_2}{d_m} + R_{s2} + \frac{1}{\alpha_2}$$

式中：α_1、α_2——管内、外流体对流传热系数（给热系数），W/（$m^2 \cdot K$）；

d_1、d_2——管内、外径，m；

R_{s1}、R_{s2}——管内、外污垢热阻，$m^2 \cdot K/W$；

b——管壁厚，m；

d_m——管的平均直径，m；

λ——管壁导热系数，W/（$m \cdot K$）。

③平均温度差。

根据冷热流体的流程安排和所设计管、壳程数确定两流体呈逆流、并流、错流或其他复杂流动形式，计算传热平均温度差（Δt_m）：

$$\Delta t_m = \frac{\Delta t_1 - \Delta t_2}{\ln \dfrac{\Delta t_1}{\Delta t_2}}$$

其中：$\Delta t_1 = T_1 - t_1$；$\Delta t_2 = T_2 - t_2$。

④热量恒算式。

a. 无相变无热损失，传递热量为显热，$Q_放 = Q_吸$，其中：

$Q_放 = m_{s1} c_{p1}（T_1 - T_2）$；$Q_吸 = m_{s2} c_{p2}（t_2 - t_1）$

b. 有相变对于饱和蒸汽冷凝成同温度下的饱和冷凝水有相变热：

$$Q = m_{s1} \cdot r$$

式中：r——水的单位质量汽化热，kJ/kg。

2. 估算传热面积

首先要估计传热系数 K，可以根据有关资料推荐的 K 值的经验取值范围先取一个 K 值，然后由传热基本方程式 $Q = KA\Delta t_m$ 计算传热面积 A'，此即传热面积估算值，待结构设计结束以后，再对 K 值和传热面积进行核算。列管式换热器中 K 值的大致范围如附表 14 所示。

附表14　列管式换热器中K值的大致范围

高温流体	低温流体	总传热系数K [kcal/（$m^2 \cdot h \cdot °C$）]
水	水	1200～2400
气体	水	10～240
水蒸气	水	1000～3400
水蒸气	气体	24～240
导热油蒸气	气体	20～200
有机溶剂	有机溶剂	100～300
SO_3气体	SO_2气体	5～7
气体［607.95～1215.9kPa（6～12atm）］	气体［607.95～1215.9kPa（6～12atm）］	30～60

3. 结构设计

（1）管程设计——确定换热管规格、管数和布管。初选管程流速 u_i'；计算对应于 u_i' 的管程流道截面积 S_i'。

①选择列管规格。换热管直径越小，换热器单位体积的传热面越大。因此，对于洁净流体的管径可以取得小些，但对于不洁净或易结垢的流体，管径应大些，以免堵塞并便于清洗。目前，我国试行的系列标准规定采用 $\phi 25 \times 2.5$ 和 $\phi 19 \times 2$ 的冷拔无缝钢管，对一般流体是适应的。单体设备设计时，按 GB 151—1999 规定，除了这两种规格的管子外，还可采用 $\phi 32 \times 3$、$\phi 38 \times 3$ 等其他规格管子。

②计算满足 S_i' 流道截面所需的列管根数 n'。

③确定列管在管板上的排列方法。常用的排列方法有正三角形排列、转角正三角形排列、正方形排列和转角正方形排列（图 4-16）。正三角形排列比较紧凑，管外流体湍动程度高，对流传热系数大。正方形排列比较疏散，对流传热效果较差，但管束清洗方便，对管程易结垢流体较适用。转角正方形排列则可在一定程度上提高对流传热系数。

附表 15 是正三角形排列时不同层数对应可排列的管子数，当管子排列大于 6 层（管数超过 127 根），管束外缘与壳壁之间弓形区域应增排管子，这样既可以充分利用设备空间，又可以防止壳程流体短路旁流，有利于传热。

根据附表 15 确定一个管数与 n' 最接近的排列层数 a；确定换热管中心距——管间距 t。换热管中心距 t 一般不小于 1.25 倍换热管外径 d_2，常用的换热管中心距见附表 16。计算换热器外壳的内径 D_i，对固定管板式换热器可按下式计算：

$$D_i = D_L + 2b_3$$

式中：D_L——布管限定圆直径，mm；

b_3——列管束最外层换热管外壁到壳体内壁的最小距离，mm；见附图4。$b_3 = (0.25 \sim 1)d_2$，且不小于10mm。

附表15　正三角形排列时管板上排管数目

六角形的层数（a）	对角线上的管数（b）	不计弓形部分时管子的根数	弓形部分管数				管板上排管的总数（n）
			在弓形的第一排	在弓形的第二排	在弓形的第三排	在弓形部分内总管数	
1	3	7	—	—	—	—	7
2	5	19	—	—	—	—	19
3	7	37	—	—	—	—	37
4	9	61	—	—	—	—	61
5	11	91	—	—	—	—	91
6	13	127	—	—	—	—	127
7	15	169	3	—	—	18	187
8	17	217	4	—	—	24	241
9	19	271	5	—	—	30	301
10	21	331	6	—	—	36	367
11	23	397	7	—	—	42	439
12	25	469	8	—	—	48	517
13	27	547	9	2	—	66	613
14	29	631	10	5	—	90	721
15	31	721	11	6	—	102	823
16	33	817	12	7	—	114	931
17	35	919	13	8	—	126	1045

附表16　换热管中心距　　　　　　　　　　　　单位：mm

换热管外径（d_2）	10	4	19	25	32	38	45	57
换热管中心距（t）	13 ~ 14	9	25	32	40	48	57	72
分程隔板槽两侧相邻管中心距（t_n）	28	2	38	44	52	60	68	80

对于正三角形排列，布管限定圆直径用下式计算：

$$D_L = t(b-1) + d_2$$

式中：$b = 2a + 1$。

最初计算得到的 D_i 往往是一个不规范的数值，为了设计和加工制造上的方便，应按一定的规范将 D_i 圆整。按 GB 151—1999，卷制圆筒的公称直径以 400mm 为基数，以 100mm 为进级档，必要时也可以采用 50mm 为进级档。圆整 D_i 值以后，要返回重新调整相应的 t、b_3 等数值，

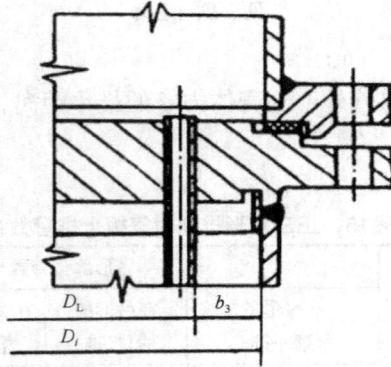

附图4　列管束最外层换热管外壁到壳体内壁的最小距离

使之与 D_i 吻合。

（2）设置拉杆。固定折流板或管子支持板必须设置带有同心定距管的拉杆（适用于换热管外径大于或等于 19mm 的管束）或设置与折流板点焊相连的拉杆（适用于换热管外径小于或等于 14mm 的管束），如附图5所示。

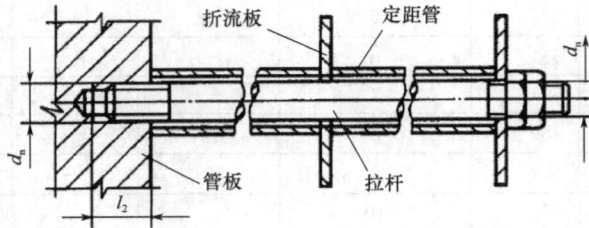

(a) 拉杆定位杆结构

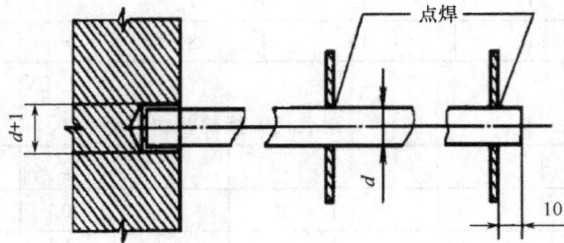

(b) 点焊结构

附图5　拉杆结构

拉杆的直径和数量一般可按附表17、附表18选用。

附表17　拉杆直径　　单位：mm

换热管外径（d_o）	10	14	19	25	32	38	45	57
拉杆直径	10	12	12	16	16	16	16	16

附表18　拉杆数量 单位：根

公称直径 （D_N）（mm） 拉杆直径（mm）	$D_N<400$	$400\leqslant D_N$ <700	$700\leqslant D_N$ <900	$900\leqslant D_N$ <1300	$1300\leqslant D_N$ <1500	$1500\leqslant D_N$ <1800	$1800\leqslant D_N$ $\leqslant2000$
10	4	6	10	12	16	18	24
12	4	4	8	10	12	14	18
16	4	4	6	6	8	10	12

在保证大于或等于附表 17 所给定的拉杆直径的前提下，拉杆直径和数量可以变动，但其直径不得小于 10mm，数量不少于 4 根。

拉杆应尽量均匀布置在管束的外边缘。对于大直径的换热器，在布管区内靠近折流板缺口处也应布置适当数量的拉杆。

一般情况下，每根拉杆将占据一根换热管的位置，根据管子排列层数 α 所对应的管子数，扣除拉杆数，即获得实际的换热管数 n。

（3）确定管程流速 u_i。由实际的换热管数 n 计算 u_i。

（4）壳程设计。

①确定换热管长度。由前述估算的传热面积 A' 计算列管的参考长度 L'，$L'=A'/n\pi d_2$，根据 L' 选取标准化的和结构上方便的换热管长度 L（1000mm、1500mm、2000mm、2500mm、3000mm、4500mm、6000mm、7500mm、9000mm、12000mm）。一般情况下，换热器竖放时管长与外壳内径之比（L/D）应在 4 ~ 6 之间，卧放时允许长径比较大，以 6 ~ 10 最为常见。如果列管的长度超过结构上方便的尺寸，需要调整结构设计，也可以考虑把换热器做成双管程或更多管程。

计算管外传热面积的设计值：

$$A_2=n\pi d_2L$$

②设置折流板。为加大壳程流体的湍动程度，提高传热系数，可在壳程设置折流挡板，折流板还可起到支撑管子的作用，故可代替支撑板。折流挡板通常有圆缺形和圆盘形两种。

圆缺形挡板缺口部分的弓形弦高度 h_d 一般取为外壳内径的 20% ~ 45%。当列管长 L 确定以后，设置挡板数 N_B 取决于板间距 h。一般，取 $h=（0.2 ~ 1）D_i$，按等间距布置。

在允许的压力损失范围内，希望取较小的板间距。比较理想的是使缺口流通截面积和通过管束错流流动的截面积大致相等，这样可以减小压降，但是板间距不得小于壳内径的 1/5 或 50mm。在不单独设置支撑管板时，折流板最大间距应不大于外壳内径，且满足附表 19 的要求。

附表19　折流板最大无支撑跨距 单位：mm

换热管外径（d_o）	10	14	9	25	32	38	45	57
最大无支撑跨距	800	1100	500	1900	2200	2500	2800	3200

我国系列化标准中采用的挡板间距，固定管板式有 150mm、300mm、600mm 三种，浮头式有 150mm、200mm、300mm、480mm、600mm 五种。

当管束外缘与壳壁之间有较大间隙，又不能增加排列管子时，壳程流体会短路形成旁流；如管程分程，隔板处不能排管子，部分流体也将由此通道短路形成穿流。旁流和穿流都不利于传热，此时应考虑设计旁流挡板和安装假管来消除或减少旁流和穿流。

4. 计算阻力压降

从降低能量消耗的角度出发，流体通过热交换器的阻力压降越小越好。

为选择流体输送机械，需要计算设备的阻力压降，有时设计课题事先对整个工艺流程进行平衡后再对单个设备的阻力压降提出限制值，这就更有必要对设备的阻力压降进行核算。由于流体在列管换热器内，尤其是在壳程的流动状况比较复杂，难以准确计算阻力压降。各种资料提供的计算公式不尽相同，所得结果往往相差也较大，设计者应根据具体情况选用。

如果阻力压降过大，应调整结构设计，以降低流动阻力，在一台设备不宜解决问题的情况下，必要时可设计成两台并联设备，但这无疑要增加设备费用。

5. 计算温差应力，确定热补偿方法

固定管板式列管换热器，管束与壳体的温度是有差别的，它们又是刚性连接，这样就会在管束与外壳之间产生温差应力，若温度应力过大，可能导致换热管弯曲变形，或使管子自管板上拉脱，外壳轴向应力也会增加，从而使换热器毁坏，因此有必要计算温差应力，确定热补偿方法。

一般情况下，当管束与壳体的壁温差大于 50℃时，就需要采用一定的热补偿装置。

若将换热器设计成浮头式、U 形管式或填料函式，这些型式的管束与壳体的热胀冷缩互不牵制，可以完全消除温差应力。但是这些型式的设备，浮头式结构复杂，造价高；U 形管式管子内壁清洗困难，管板上排列的管子少；填料函式壳程密封度有限等，都使它们的应用受到一定限制。

用得最多的热补偿方法是在固定管板式换热器的壳体上装设波形膨胀节，利用膨胀节的弹性变形来补偿壳体与管束膨胀的不一致性，从而达到减小温差应力的目的。

波形膨胀节一般采用 U 形，其结构如附图 6（a）所示，允许采用两个半波零件焊接成的膨胀节，其结构如附图 6（b）所示。膨胀节的选材和计算可按 GB 151—1999 规定进行。

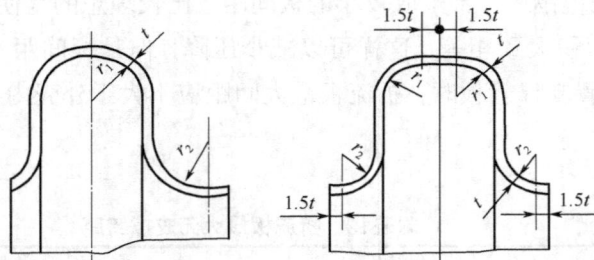

附图 6　波形膨胀节

6. 设计管箱和接管

管箱结构应便于装拆，因为清洗、检修管子时需要拆下管箱。

接管应尽量沿壳体的径向或轴向设置，接管与外部管线可采用焊接连接，但当设计温度等于或高于 300℃时，则必须采用整体法兰。必要时可设置温度计接口、压力附表接口及液面计接口；对于不能利用接管进行放气和排液的换热器，应在管程及壳程的最高点设置放气口，最低点设置排液口，其最小公称直径为 20mm。

当管程采用轴向入口接管或换热管内流体流速大于 3m/s 时，应在管程设置防冲板，以减少流体的不均匀分布和对换热管端的冲蚀。

当壳程进口管流体的 ρu^2 值（ρ 为流体密度，kg/m³；u 为流体流速，m/s）为下列数值时，应在壳程进口管处设置防冲板或导流筒：对非腐蚀性的单相流体，$\rho u^2 > 2230$kg/（m·s²）；其他液体，包括沸点下的液体，$\rho u^2 > 740$kg/（m·s²）。而对有腐蚀的气体、蒸汽及汽液混合物，则一定要设置防冲板。必要时，蒸汽进口管可采用扩大管，以起到缓冲作用。

7. 确定换热管与管板的连接方法

换热管与管板的连接方法通常采用的是胀接法和焊接法。只有在对密封性能有特殊要求的场合，才采取胀焊并用。

胀接是利用胀管器挤压伸入管板孔中的管子端部，使管端发生塑性变形，管板孔同时发生弹性变形，当取出胀管器后，管板孔弹性收缩，管板与管子之间就产生一定的挤紧压力，达到密封固紧连接的目的。胀接适用于设计压力小于等于 3.92MPa（40kgf/cm²），设计温度小于等于 300℃及无严重应力腐蚀的场合，而且一般管板两侧的压差须小于 0.343MPa（3.5kgf/cm²），管子与外壳间的热膨胀差也应比较小。对于钢或铜合金结构，设备中任何地方流体之间的最大温差不得超过 95℃。

焊接法可用于压力在 3.92MPa（40kgf/cm²）以上或温度高于 300℃的系统。同时由于焊接工艺比胀管工艺简单，故有被优先采用的趋势。

附录二：乙醇水溶液筛板精馏塔的工艺设计任务书

一、基础数据

（1）原料液量：_____。

（2）原料液组成：乙醇_____%；水_____%。

（3）原料液温度：_____℃。

（4）馏出液组成：乙醇含量大于_____%；釜液组成：乙醇含量小于_____%（以上浓度均指质量分数）。

（5）操作压力：常压。

二、设计范围

（1）精馏系统工艺流程设计，绘流程附图一张。

（2）筛板精馏塔的工艺计算。

（3）筛板精馏塔塔板结构的工艺设计，绘制塔板负荷性能附图、塔板结构附图和整体设备结构附图。

（4）附属设备选型计算。

设计参考资料

一、概述

塔设备是实现精馏、吸收、解吸和萃取等化工单元操作的主要设备，它可以使气（或汽）液或液液两相之间进行紧密接触，达到相际传质及传热的目的。因此，塔设备在化工生产过程中有时也用来实现气体的冷却、除尘、增湿或减湿等。

最常用的塔设备可分为两大类：板式塔和填料塔。此外，还有多种内部装有机械运动构件的塔，例如，脉动塔和转盘塔等，则主要用于萃取操作。

板式塔按其塔盘结构，填料塔按所用填料的不同，又各细分为多种塔型。

不管是何种塔型，除了首先要能使气（汽）液两相充分接触，获得较高的传质效率外，还希望能综合满足下列要求。

（1）生产能力大。在较大的气（汽）液流速下，仍不致发生大量的雾沫夹带及液泛等破坏正常操作的现象。

（2）操作稳定，操作弹性大。当塔设备的气（汽）液负荷量有较大的波动时，仍能在较高的传质效率下进行稳定操作。

（3）流体流动阻力小，即流体通过塔设备的压力降小。以节省动力消耗，降低操作费用。对于减压蒸馏，较大的压力降还将使系统无法维持必要的真空度。

（4）结构简单，材料耗用量小，制造和安装容易。

（5）耐腐蚀，不易堵塞，方便操作、调节和检修。

事实上，任何一种塔型都难以全面满足上述要求，而只能在某些方面具有独特之处。但是，对于高效率、大生产能力、稳定可靠的操作和低压降的追求，则推动着塔设备新结构型式的不断出现和发展。

筛板塔是板式塔中较早出现的塔型之一，它具有结构简单，制造维修方便、生产能力大（可比浮阀塔大）、塔板效率较高（比浮阀塔稍低）、压降小等优点。不足之处是操作弹性较小，筛孔也容易堵塞，使用曾一度受到限制。但是近几十年来，经大量研究，逐步掌握了筛板塔性能，并形成了较完善的设计方法，还开发了大孔径筛板（孔径可达 20 ~ 25mm）、导向筛板等型式，使筛板塔的不足得到补救，即合理的设计可以保证较高的操作弹性（仅稍低于泡罩塔）。现在，筛板塔已成为生产上最为广泛采用的塔型之一。

二元物系精馏用筛板塔的工艺设计，主要包括精馏系统工艺流程的确定、物料衡算、塔板数的计算、塔板结构工艺设计、热量衡算和附属设备的选型计算等项。

二、精馏系统工艺流程的确定

根据原料液状况和工艺要求决定进料热状况、塔底釜液的加热方式、塔顶蒸汽的冷凝方式、余热利用方案和换热器的类型等，确定系统的工艺流程。

对所确定的方案，编写说明书时应有必要的论证。

三、物料衡算

根据工艺条件进行物料衡算，以确定塔顶馏出液量 D 和塔底残液量 W，并分别用 kg/h、kmol/h、m^3/h 和 m^3/s 等单位表达，便于后续计算中采用。

四、塔板数计算

1. 理论塔板数的确定

可以采用逐板计算法或直角梯级附图解法来确定理论塔板数 N。逐板计算法较为准确，但手算比较麻烦，提倡采用计算机辅助设计。附图解法较为简便，但作附图误差较大，尤其是对于需要塔板较多的场合。

采用附图解法求解理论塔板数，在附图解时，应将 y—x 附图绘制得足够大，以减小误差。若操作线与平衡线在部分线段过于靠近，直角梯级过于密集，可以采用局部放大的方法另绘一附图对此部分进行附图解，以避免整体附图过大。

不管采用哪种方法，都要注意处理物料系统是否为理想溶液，非理想溶液的气液平衡关系与理想溶液有较大差别，在寻求最小回流比 R_{min} 和计算最少理论板数 N_{min} 方面，具体方法都将有所不同。

适宜回流比 R 的选定是理论塔板数设计的关键，一般可按如下步骤进行。

（1）在 y—x 坐标附图上绘出气液平衡曲线，附图解求出最小回流比。

（2）计算 N_{min}。对理想溶液可用芬斯克（Fenske）公式计算；对非理想溶液可在 y—x 坐标附图上，以对角线作为全回流操作线附图解求得 N_{min}。

（3）选取 5 ~ 8 个不同的回流比 R，用吉利兰（Gilliland）关联附图分别求得与之对应的理论塔板数 N，然后在直角坐标上标绘 N—R 关系曲线，如附图 7 所示，阴影区域的 R 值可视为最佳回流比范围，在此范围内选取一个 R 值作为实际回流比。

以上对二元物系精馏的处理方法，是基于"恒摩尔流"等一些简化假设。在编写说明书时，应对有关假设用于设计的二元物系可能带来的误差作出必要的说明和论证。

实际回流比 R 确定以后，就可以算精馏段和提馏段的上升蒸气量 V、V' 及回流液体量 L、L'，并分别以 kg/h、kmol/h、m³/h 和 m³/s 等单位表达，以便后续计算中使用。

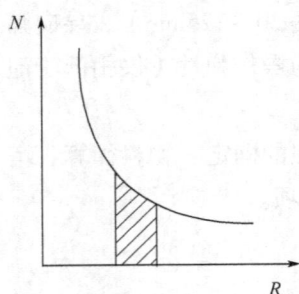

附图 7　奥康内尔蒸馏塔效率
关联图

2.　总板效率估计

总板效率 η 受物系的性质、塔板结构和操作条件等影响，一般按下述三种方法之一来确定。

（1）参考工厂同类塔型相同或相近物系的精馏操作的总板效率数据。

（2）实验进行相关研究，获取经验数据。

（3）采用简化经验计算法。例如，使用奥康内尔（O'Connell）蒸馏塔效率关联图（附图 7）。

五、塔板结构的工艺设计

精馏塔精馏段和提馏段的上升蒸汽量 V 与 V'、下流液体量 L 与 L'，因进料热状况而不一定相同，即精馏段与提馏段的气、液相负荷不一定相同。另外，各块塔板上气液浓度沿板序而变化，泡、露点不同，气、液物性数据也不一样。因此，作塔板结构设计时就要确定以哪一块板上的条件作为设计的依据，一般可以塔顶第一块板为设计基准。必要时，可以取精馏段和提馏段各一块板作设计基准，分别进行设计计算，这样就可能获得精馏段与提馏段塔径不同、结构参数有别的设计结果。但为制造方便通常还是采用同一塔径，仅在流速变化较大或用高合金钢制造的场合才有必要采用不同塔径。

一块筛孔塔板完整的工艺设计必须确定的主要结构参数有：

（1）塔板直径 D。

（2）板间距 H_T。

（3）溢流堰的型式，长度 l_w 和高度 h_w。

（4）降液管的型式，降液管底部与塔板间的距离 h_o。

（5）液体进、出口安定区的宽度 W_s，边缘区宽度 W_e。

（6）筛孔直径 d_o，孔间距 t_o。

筛板塔的各种性能是由上述各结构参数共同决定的，因此，这些参数不是完全独立的，而是通过液泛、液沫夹带、漏液、板压降等流动现象相互关联的。在设计时，要对所选定的结构参数进行各种水力学校核，并作必要的调整，以获取一个较好的方案。

塔板的设计可按如下步骤进行。

1. 初选塔板间距 H_T

板间距对塔的液沫夹带量和液泛气速有重要的影响。在一定的气液负荷及塔径条件下，适当增加板间距，可减少液沫夹带量，且不易发生液泛，从而提高了操作负荷的上限。但是，塔板间距与塔高直接相关，其值不宜过大。

实际上，板间距的选择常取决于安装和检修的方便，要保证足够的空间高度。在开人孔处，板间距不应小于 600mm。附表 20 给出了筛板塔不同塔径所推荐的板间距，可供参考。

附表20　筛板塔的塔板间距

塔径 D（mm）	800～1200	1400～2400	2600～6600
板间距 H_T（mm）	300、350、400、450、500	400、450、500、550、600、650、700	450、500、550、600、650、700、750、800

2. 塔径 D 的计算

塔径和塔高是塔设备工艺设计最基本的参数。通常，确定塔板数时的误差没有确定塔径时的误差那么大。而且塔一旦建立起来，如果塔板数不适当，尚可以调节操作获得部分补偿，可是塔径却不能再改变了。因此，确定塔径要留有余地。

（1）塔径初算。利用筛板塔的泛点关联附图和气体负荷参数计算液泛气速 u_F；根据 u_F 初定一个操作空塔气速 u'；由 u' 计算塔径 D；参考附表 20，检查 D 与 H_T 是否相适应，如果两者不相适应，应调整 H_T，重新计算 D。对调整计算后的塔径 D 要按规定圆整到系列值，然后再以圆整后的塔径 D 去计算实际操作气速 u。规范塔径的公称直径（单位：mm）有 400、450、500、600、700、800、900、1000、1200、1400、1600 等。

（2）塔径的核算。检查液沫夹带量，利用液沫夹带分率关联附图，由液气流动参数 F_{LG} 和液泛分率 u/u_F 估计出液沫夹带分率 ψ，ψ 一般不宜超过 0.10，最高只能为 0.15。如果 ψ 过大，就需要加大塔径，即调小实际操作的空塔气速，或者加大板间距，然后重新估计液沫夹带分率。

从经济上看，加大板间距（即增加了塔高）往往比增加塔径有利。

3. 塔板上溢流型式的确定

溢流型塔板，液体流动需克服板上气液接触元件所引起的阻力，形成液面落差。于是气体较多地从塔板上低液位处通过，影响气流均匀分布，降低塔板效率。

筛板塔形成的液面落差较小，这一因素的影响不大。但是液流在塔板上能否均匀分布仍很重要，特别是当液流量较小或塔径较大时，因此，仍需注意正确设计液体流型。可以按附表21综合考虑塔径与液体负荷的关系，决定塔板上的液体流型。

附表21　板上溢流型式与塔径、液体负荷的关系

塔径（mm）	液体流量（m³/h）			
	U形流型	单流型	双流型	阶梯流型
600	<5	5~25	—	—
1000	<7	<45	—	—
1200	<9	9~70	—	—
1400	<9	<70	—	—
1500	<10	11~80	—	—
2000	<11	11~110	11~160	—
2400		11~110	110~180	200~300
3000		<110	110~200	230~350
4000		<110	110~230	250~400
5000		<110	110~250	

4. 塔板布置

首先确定降液管型式。常用降液管型式为弓形降液管，只有在塔径较小时才采用圆形降液管。

对于单流型弓形降液管的塔板，其各结构参数，可参考筛板塔塔板结构参数尺寸数据（附图8）的推荐范围，逐次确定。

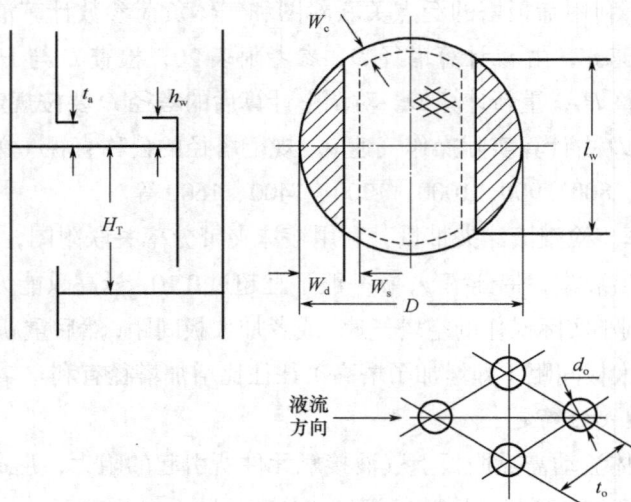

附图 8　板塔塔板结构参数

（1）筛孔孔径 d_o。孔径的大小直接影响塔板操作性能。在开孔率、空塔气速和液流量相同的条件下增大孔径，虽可减小板压降，不易阻塞，但漏液量增大，操作弹性降低。一般在液相负荷低的小塔中，筛孔孔径采用 4 ~ 6mm，塔径大时可采用 8 ~ 12mm，有特殊要求时，也可采用 2.2 ~ 3mm 的小孔。

（2）筛孔中心距 t_o 和开孔率 φ。为使气液接触良好和最大限度地利用塔板面积，筛孔一般采用正三角形排列，这时孔径 d_o、孔中心距 t_o 和开孔率 φ 之间的关系为：

$$\varphi_o = 0.9069 \left(\frac{d_o}{t_o} \right)^2$$

孔中心距 t_o，一般推荐值为 t_o/d_o=2.5 ~ 5，而以 t_o/d_o=3 ~ 4 最合适。当 t_o/d_o < 2.5 时，气流互相干扰，容易出现液面晃动和倾流；t_o/d_o 过大则鼓泡不均匀。

开孔率是影响筛板性能的重要因素，它直接关系到筛孔动能因数。在相同的空塔气速下，开孔率大则动能因数小。如动能因数过小，塔板气液接触将呈鼓泡状态，漏液量大，塔板效率低；动能因数过高，气液接触呈部分喷射状态，液沫夹带量增加，也降低塔板效率。泡沫工况操作时，要求按工作区截面积计算的开孔率为 5% ~ 10%；喷雾工况操作时，开孔率可提高到 12% 以上。

（3）筛板厚度 t_p。在塔板结构强度、刚度许可的条件下，应尽可能选用较薄的板材制作筛板，这不仅可以降低干板压降，而且可以改善气液接触状态。筛孔用冲压加工制造的筛板，其厚度：对于碳钢 $t_p \leqslant d_o$；对于不锈钢 $t_p \leqslant d_o/1.5$，否则加工困难。因此，筛板厚度的选取范围为（0.4 ~ 0.8）d_o。

（4）溢流堰长 l_w。溢流堰具有保持塔板上一定的液层高度和促使液流均匀分布的作用。常用的溢流堰长 l_w=（0.68 ~ 0.76）D。

溢流堰过长则堰上溢流强度低，由于塔板构件的安装误差，液体越堰时分布不匀；堰长不够则堰上溢流强度高，堰上液头大，影响塔板操作的稳定性，也不利于液流中的气液分离。

堰上溢流强度 L_i 按下式计算：

$$L_i = \frac{V'_L}{l_w}$$

式中：V'_L——液体的体积流量，m^3/h。

堰上溢流强度最好是 L_i < 60m^3/（m·h），相应的堰上液头约 44mm。最大液流强度不宜超过 100 ~ 130m^3/（m·h）。

（5）堰板高度 h_w。对于一般的筛板塔板，应使筛板上的清液层高度 h_L=50 ~ 100mm，即堰板高度 h_w=（50 ~ 100）-h_{ow}，式中 h_{ow} 为堰上液头（单位：mm）。

对于平直堰，堰上液头可用佛兰西斯（Francis）公式计算。

一般，堰板高度 h_w 在 25 ~ 75mm。

真空度较高或要求压力降很小的情况，可按 $h_L \leqslant$ 25mm 来决定堰板高，此时 h_w 仅有 6 ~ 15mm。通常情况 h_w 不应取得太低，以免影响气液接触时间和增加液沫夹带量，因为筛板持液量过低，由飞溅引起的液沫夹带量会反常增高。

（6）降液管下沿与塔板板面间距 t_a。在确定降液管下沿与塔板板面间距的大小时，应使液体通过此截面的流速 $W_b < 0.4\text{m/s}$，从而保证液流通过此截面的压力降在 $120 \sim 240\text{Pa}$。t_a 可按下式计算：

$$t_a = \frac{V_L}{l_w W_b}$$

式中：V_L——液体的体积流量，m^3/s。

W_b 一般取 $0.1 \sim 0.4\text{m/s}$，易起泡的物系取低值；t_a 一般在 $20 \sim 25\text{mm}$，但要比 h_w 低 $6 \sim 12\text{mm}$ 以上，以保证液封。

（7）安定区宽度 W_s 和边缘区宽度 W_c。塔板入口安定区是为防止气体短路进入降液管及防止因降液管流出液流的冲击而漏液；出口安定区则为使液体在进入降液管前，有一定时间脱除其中所含的气体。一般情况下，出入口安定区的宽度值设计，取为 $50 \sim 100\text{mm}$。

边缘区留出一定的宽度 W_c，为固定塔板用，其值大小应与塔径相应，一般可取为 $25 \sim 50\text{mm}$。

5. **塔板各部分面积和对应气速计算**

塔板面积可以分为以下几个部分。

（1）降液管截面积 A_d。按几何关系先计算降液管宽度 W_d。

$$W_d = \frac{D}{2} - \sqrt{\left(\frac{D}{2}\right)^2 - \left(\frac{l_w}{2}\right)^2}$$

再计算溢流堰 l_w 所对应的圆心角 θ（角度）。

$$\theta = \arctan \frac{2W_d}{l_w}$$

则降液管截面积 A_d 按下式计算：

$$A_d = \frac{\pi D^2}{4} \cdot \frac{\theta}{360} - \frac{l_w}{4}\sqrt{D^2 - l_w^2}$$

（2）塔板工作面积 A_a。是指板上开孔区域的面积，按几何关系计算：

$$A_a = 2\left(x\sqrt{r^2 - x^2} + r^2 \cdot \arcsin \frac{x}{r}\right)$$

式中：$x = \frac{D}{2} - (W_d + W_s)$，$\text{m}$；$r = \frac{D}{2} - W_c$，$\text{m}$。

（3）塔有效截面积 A_n。是指塔板之上可供气体通过的面积，又称净截面积。其值为塔截面积 A 扣除降液管截面积，即 $A_n = A - A_d$。

（4）筛孔总面积 A_o。按开孔率 φ_o 的定义：

$$\varphi_o = \frac{A_o}{A_a} = \frac{\frac{1}{2} \cdot \frac{\pi}{4} d_0^2}{\frac{1}{2} \cdot t_0^2 \sin 60°} = 0.9069\left(\frac{d_o}{t_o}\right)^2$$

则　$A_o = \varphi_o A_a$

以气体流量 V_G（m^3/s）分别按塔截面积 A、塔板工作面积 A_a、塔有效截面积 A_n、筛孔总面积 A_o 计算空塔速度 u、表观气速 u_a、有效截面气速 u_n 和筛孔气速 u_o。

6. 塔板流体力学校核

对前述设计的筛板必须进行流体力学校核，主要核算的内容为板上溢流强度、板压降、液面落差、漏液情况和液体在降液管内的停留时间等，以判断设计工作点是否在筛板的正常操作范围内。如有不适，必须对原设计的结构参数进行修正。最后，还要绘出所设计塔板的负荷性能图，以全面了解塔板的操作性能，决定设计是否认可。

（1）板上溢流强度检查。平直堰板设计，可采用 Francis 公式计算堰上液头高度 h_{ow}。h_{ow} 宜在 45mm 左右，上限不宜超过 60mm，过大须改用双流型或多流型。为保持液流均匀，以往曾规定当平直堰水平偏差超过 3mm 时，h_{ow} 的下限为 6mm，再小则改用齿形堰。但随塔径的增加，要求堰的水平偏差不超过 3mm 是困难的，因此又规定 h_{ow} 的下限为 13mm，再小就要改用齿形堰。

（2）气体通过塔板的压力降 ΔH_t 的计算。气体通过塔板的压力降是塔板的重要流体力学特性，它不仅影响塔板的操作，还决定沿塔高的压力分布和全塔的压力降。在保证塔板效率的前提下，希望板压降尽可能低，以减少操作费用。

气体板压降通常采用加和性模型计算，即先分别计算干板压降 h_o 和气体通过泡沫层的压力降 h_L，均用清液的液柱高表示，则气体通过塔板的压降 $\Delta H_t = h_o + h_L$。

如果算出的板压降超过允许值，可增大开孔率 φ_o 或降低堰板高度 h_w 以减小干板压降 h_o 或板上清液层高 h_L。

（3）液面落差校核。筛板塔板面液体流动阻力小，其液面落差通常可忽略不计。在塔径和液体流量很大时，可选取相应公式进行核算。

（4）漏液点气速校核。漏液点气速的高低，对筛板塔的操作弹性影响很大。为保证所设计筛板具有足够的操作弹性，通常要求设计筛孔气速 u_o 与漏液点筛孔气速 u_o' 之比（称为筛板的稳定系数，以 k 附表示）不小于 $1.5 \sim 2.0$，即 $k = u_o/u_o' \geqslant 1.5 \sim 2.0$。

校核时，先计算漏液点干板压降 h_o'，由 h_o' 计算漏液点筛孔气速 u_o'，再计算稳定系数 k，如 k 值过小就要修正筛板结构参数，改动塔板面积分配，甚至减小塔径，以求得合理的塔板结构尺寸。

（5）降液管内液面高度 H_d 和液体停留时间 τ 校核。板式塔的液泛一般是由两个原因造成的：一是由于气速过高，塔板压降增大，使降液管内液层增高；二是由于液体流量增加，通过降液管的流动阻力增大，也会使降液管内液层增高。当降液管内液面高到溢流堰顶时，即为液泛。液体自降液管下流，必须克服三项阻力：

①液体通过降液管的压头损失 h_d；

②气体通过塔板的压力降 ΔH_t；

③塔板上的液层压头（$h_w + h_{ow} + \Delta$）。

此三项之和即液体通过降液管所需的液位高度，即降液管内的清液层高度 H_d。

实际上降液管内是充气液体，所以降液管内实际液层（发泡）高度 H_d' 为：

$$H_{\mathrm{d}}' = \frac{H_{\mathrm{d}}}{\varphi}$$

式中：φ——相对泡沫密度。

计算出 H_{d}'，按防止液泛条件，应有：

$$H_{\mathrm{d}}' < (H_{\mathrm{T}} + h_{\mathrm{w}})$$

如果 H_{d}' 过大，应考虑是否需要加大板间距 H_{T}，或者调整塔板结构参数，例如，加大降液管下沿与塔板板面距离 t_{a}，加大溢流堰长 l_{w} 等，以降低液流阻力来解决。

H_{d} 亦不能过小，才能保证液体在降液管内有足够的停留时间释放夹带气泡，通常规定按清液计的停留时间 τ 要控制在 3 ~ 5s，即：

$$\tau = \frac{A_{\mathrm{d}} H_{\mathrm{d}}}{V_{\mathrm{l}}} > (3 \sim 5)$$

7. 塔板负荷性能附图

（1）负荷性能附图的绘制。有关气、液流量极限关系曲线可按如下原则作出。

①液流量下限线。以堰上液头 h_{ow} 的下限值 6mm（最好采用 13mm）计算对应的液体流量 V_{L}，即 $(V_{\mathrm{L}})_{\mathrm{min}}$，标绘液流量下限线。

②液流量上限线。以液体在降液管内停留时间的下限值 3 ~ 5s 计算对应的液体流量 V_{L}，即 $(V_{\mathrm{L}})_{\mathrm{max}}$，标绘液流量上限线。

③漏液线。设定 5 ~ 6 个不同的液体流量 V_{L}，可在略比 $(V_{\mathrm{L}})_{\mathrm{min}} \sim (V_{\mathrm{L}})_{\mathrm{max}}$ 大的范围内较均匀地选取），依次计算对应的堰上液头 h_{ow}、漏液点干板压降 h_{o}'、漏液点筛孔气速 u_{o}' 及气体流量下限 $(V_{\mathrm{G}})_{\mathrm{min}} = u_{\mathrm{o}}' A_{\mathrm{o}}$。标绘 $V_{\mathrm{L}} - (V_{\mathrm{G}})_{\mathrm{min}}$ 曲线，即漏液线。

④液泛线。先计算降液管内允许的最大液面高度 $H_{\mathrm{d}} = \varphi (H_{\mathrm{T}} + h_{\mathrm{w}})$，然后设定 5 ~ 6 个不同的液体流量 V_{L}（同上条），依次计算对应的堰上液头 h_{ow}、液体流过降液管时的压头损失 h_{d}、气体通过泡沫层的压力降 h_{L}、允许最大板压降 ΔH_{l}、干板压降 h_{o}、筛孔气速 u_{o} 及气体流量上限 $(V_{\mathrm{G}})_{\mathrm{max}} = u_{\mathrm{o}} A_{\mathrm{o}}$。标绘 $V_{\mathrm{L}} - (V_{\mathrm{G}})_{\mathrm{max}}$ 曲线，即液泛线。

⑤过量液沫夹带线。先规定一个液沫夹带量的上限值 e_{G}（通常可以取为 0.1kg 液沫 /kg 干气体）。然后设定 5 ~ 6 个不同的液体流量 V_{L}（同上条），依次计算对应的堰上液头 h_{ow}、有效截面气速 u_{n} 及气体流量上限 $(V_{\mathrm{G}})_{\mathrm{max}}' = u_{\mathrm{n}} A_{\mathrm{n}}$。标绘 $V_{\mathrm{L}} - (V_{\mathrm{G}})_{\mathrm{max}}'$ 曲线，即过量液沫夹带线。

以上绘制塔板负荷性能图的计算过程，要求五条曲线分别以一组数据作典型计算，在说明书中表述清楚，各组数据的计算结果整理列表表示。

（2）塔板结构设计评述。塔板负荷性能图绘制好后，在附图上标绘"操作线"，标明"操作点"，计算"极限负荷比"，并根据塔板负荷性能图、操作线和操作点在图中的相对位置，对所设计塔的操作弹性大小、操作性能好坏作出评述，决定设计是否认可。

8. 塔的总体结构

塔的总体结构，如附图 9 所示。它主要包括：

①塔体与裙座结构（附图 10）。

②塔盘结构。它包括塔盘板、受液盘、溢流堰、降液管及支承件、紧固件、密封件等。

塔盘按装配特点可分为整块式和分块式两种类型。一般塔径为 300 ~ 900mm 时，采用整块式塔盘；塔径在 900mm 以上时，人已能在塔内进行装拆，可采用分块式塔盘。

③除沫装置。常用的除沫装置有折板除沫器、丝网除沫器和旋流板除沫器。在分离要求不严格时，还可用填料层除沫器。

④设备管口。包括用于安装、检修塔盘的人（手）孔，气体及液体物料进出的接管以及安装化工仪表用的短接管等。

⑤塔附件。包括支承保温材料的保温圈、吊装塔盘用的吊柱以及扶梯平台等。

另外，对于精馏用塔，若设分离式加热釜——再沸器，为使其能稳定工作，必须使塔底储液高度维持恒定，因此，还须在塔底设置垂直隔板（附图 9 中未画出）。这种隔板主要有

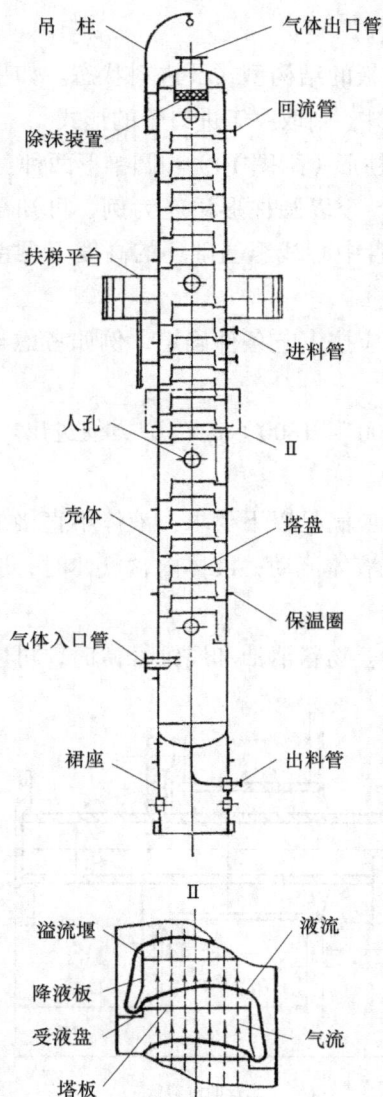

附图 9　板式塔结构简图

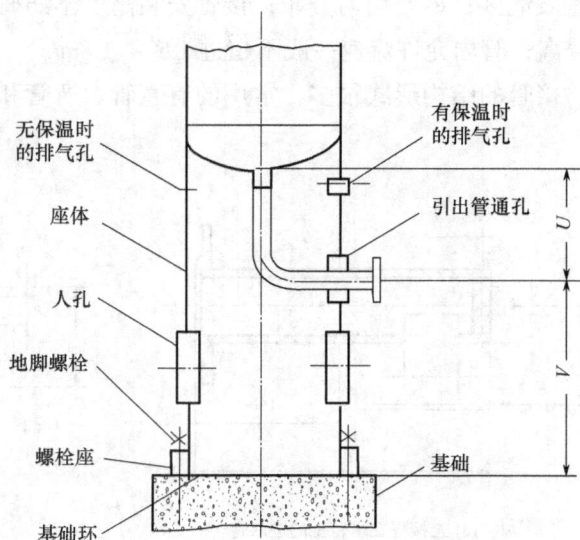

附图 10　裙座结构简图

部分循环式、直流式和平衡式等几种。

（1）塔高的计算。有了塔板数和板间距，还需要计算塔的顶部、底部空间及支座高度，才能确定塔高。因设计人（手）孔和进料管而调大了部分板间距时，计算塔高要相应考虑在内。

①塔的顶部空间高度。塔的顶部空间高度是指塔顶第一块板到塔顶封头切线处的距离。为了减少塔顶出口气体夹带液沫量，顶部空间一般取 1.2 ~ 1.5m。若要更多地去除液沫，可在塔顶设除沫器，如用金属除沫网，则网底到塔板的距离一般不小于板间距。

②塔的底部空间高度。塔的底部空间高度是指塔底最末一块塔板到塔底封头切线处的距离。当进料系统有 15min 的缓冲容量时，釜液的停留时间可取 3 ~ 5min，否则须取 15min。但对釜液流量大的塔停留时间，一般也取 3 ~ 5min；对于易结焦的物料，停留时间应缩短，一般取 1 ~ 1.5min。据此，就可以从釜液流量求出底部储液空间，再由塔径求出底部储液高度，加上板间距即塔底部空间高度。

③加料板的空间高度。加料板的空间高度取决于加料板的结构型式及进料状态。如果是液相进料，其高度可与板间距相同或稍大，如果是气相进料，则取决于进口管的形式。

④支座高度。塔体常用裙座支撑。裙座的形式分为圆柱形（附图 10）和圆锥形两种。

裙座高度是指从塔底封头切线到基础环之间的高度。今以圆柱形裙座为例，可知裙座高度是由塔底封头切线至出料管中心线的高度 U 和出料管中心线至基础环的高度 V 两部分组成。

U 的最小尺寸是由釜液出口管尺寸决定的；V 的测量应按工艺条件确定，例如考虑与出料管相连接的再沸器高度，出料泵所需的位头等。

裙座上的人孔通常用长圆形，其尺寸为 510mm ×（1000 ~ 1800）mm，以方便进出。

（2）接管。

①回流管和液体进料管。回流管和液体进料管的设计应满足以下要求：液体不直接加在塔盘鼓泡区；尽量均匀分布；接管安装高度不妨碍塔盘上液体流动；液体内含气体时，应设法分离；管内允许流速一般不超过 1.5 ~ 1.8m/s。

接管的结构形式很多，常用的有直管、弯管和 T 形管。物料清洁和腐蚀轻微时，可以用

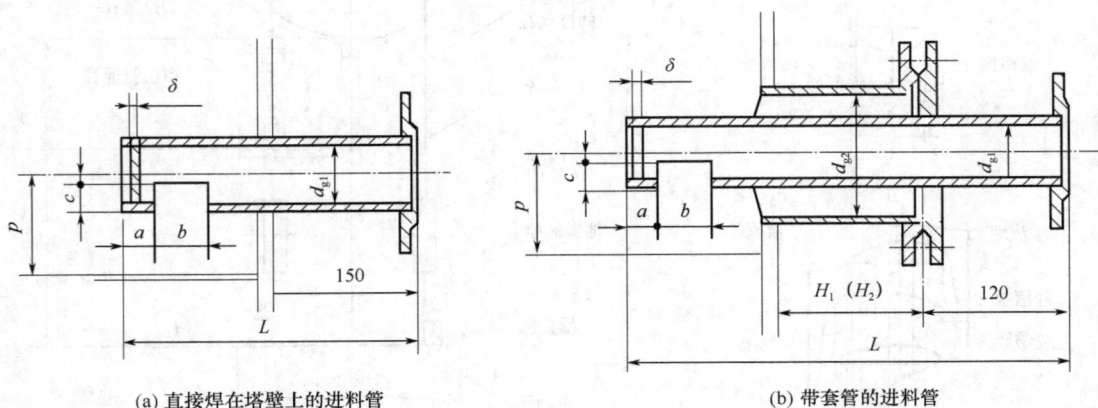

(a) 直接焊在塔壁上的进料管　　　　　　　　(b) 带套管的进料管

附图 11　直管进料管

不可拆结构，即把进料管直接焊在塔壁上。否则，应用带套管的进料管。附图 11 为直管进料管，其尺寸见附表 22。进料管距塔板的高度 P 和管长 L，由工艺决定。

附表22　进料管尺寸　　　　　　　　　　单位：mm

内管 $d_{g1} \times s_1$	外管 $d_{g2} \times s_2$	a	b	c	δ	H_1	H_2
25 × 3	45 × 3.5	10	20	10	5	120	150
32 × 3.5	57 × 3.5	10	25	10	5	120	150
38 × 3.5	57 × 3.5	10	32	15	5	120	150
45 × 3.5	76 × 4	10	40	15	5	120	150
57 × 3.5	76 × 4	15	50	20	5	120	150
76 × 4	108 × 4	15	70	30	5	120	150
89 × 4	108 × 4	15	80	35	5	120	150
108 × 4	133 × 4	15	100	45	5	120	200
133 × 4	159 × 4.5	15	125	55	5	120	200
159 × 4.5	219 × 6	25	150	70	5	120	200
219 × 6	279 × 8	25	210	95	8	120	200

②釜液出料管。当塔支座直径小于 800mm 时，塔底釜液出料管一般可采用附图 12（a）所示结构，先焊弯段在封头上，再焊支座在封头上，最后焊法兰短接管在弯管上。

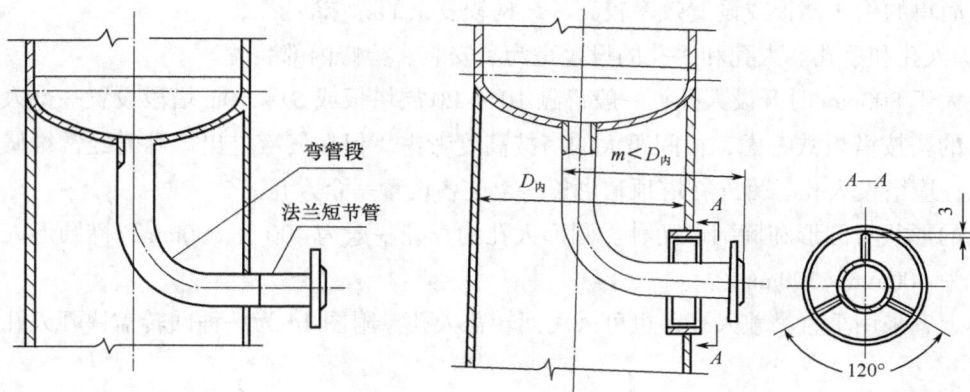

(a) $D_{内} < 800mm$ 时的出料管　　　　　(b) $D_{内} \geqslant 800mm$ 时的出料管

附图 12　塔底釜液出料管

当支座直径大于等于 800mm 时，出料管可采用附图 12（b）所示结构。在出料管上，焊有三块支承扁钢，以便将出料管活嵌在引出管通道里。为了便于安装，出料管外尺寸 m，应小于支座内径 $D_{内}$，引出管通道直径应大于出料管法兰外径。

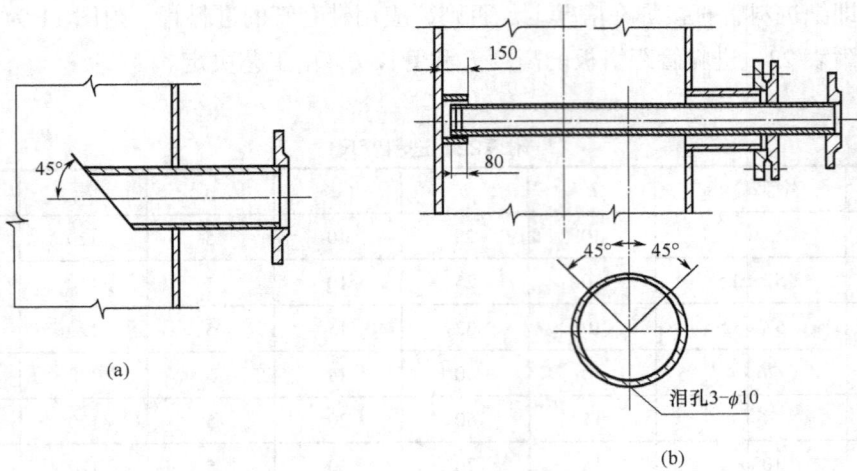

附图 13 气体进口管

③气体进口管。当气体分布要求不高时，用附图 13（a）所示结构的进气管；当塔径较大，进气要求均匀时，可用附图 13（b）所示结构的进气管，管上开有三排出气小孔，管径及小孔直径和数量，由工艺条件决定。当采用直接蒸汽加热釜液时，蒸汽进口管安装在液面以下，管上小孔设在进口管的下方和侧方，孔径通常为 5 ~ 10mm，孔中心距为 5 ~ 10 倍孔径，全部吹气孔总截面积约为鼓泡截面积的 1.25 ~ 1.5 倍。

④气体出口管。气体出口管安置在塔壁上或安置在塔顶封头上，通常都要考虑除沫问题，可以设置简单的除沫挡板或设置效率较高、结构较复杂的除沫装置。

（3）人孔和手孔。人孔和手孔的设置是为了安装、检修内部装置。

塔径大于 800mm 时开设人孔，一般每隔 10 ~ 20 层塔板或 5 ~ 10m 塔段设置一个人孔。板间距小的塔按塔板数考虑，板间距大的塔按高度考虑。但在气液进出口等需经常维修、清理的部位，应增设人孔。另外在塔顶和塔釜，也应各设置一个人孔。

人孔的形状有圆形和椭圆形两种。圆形人孔的直径一般为 400 ~ 600mm，椭圆形人孔的最小尺寸为 400mm × 300mm。

塔体上宜采用垂直吊盖人孔，也可采用回转盖人孔。附图 14 为一种回转盖快开人孔的结构附图。

在设置人孔处，塔板间距至少应比人孔尺寸大 150mm，且不得小于 600mm。

塔径小于 800mm 时，可在塔顶设置法兰（塔径小于 450mm 的塔，采用分段法兰连接），不在塔体上开设人孔，必要处开设手孔。手孔的直径一般为 150 ~ 250mm，它的结构如附图 15 所示。

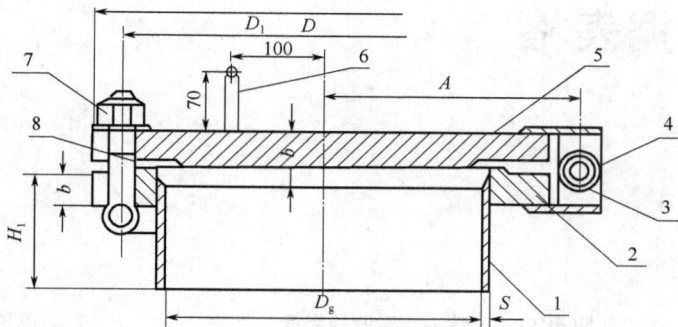

附图 14　回转盖快开人孔　　　　　　　　　　附图 15　手孔

1—人孔接管　2—法兰　3—回转盖连接板　4—销钉　5—人孔盖
6—手柄　7—可回转的连接螺栓　8—密封垫片

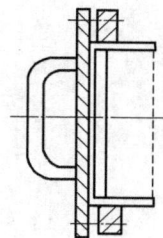

9. 精馏塔附属设备选型计算

精馏塔附属设备主要指原料液加热器、釜液再沸器、馏出蒸汽冷凝器等，应根据精馏流程先作热量衡算，分别计算原料液预热、釜液加热、塔顶蒸汽冷凝的热负荷，同时确定使用何种加热剂和冷却剂并计算其用量，然后作设备的选型计算。

附录三：常用数据表格

附表23　乙醇—水溶液的密度　　　　　　　　　　　　　　　　单位：kg/m³

乙醇质量分数（%）	温度（℃）						
	10	20	30	40	50	60	70
8.01	990	980	980	970	970	960	960
16.21	980	970	960	960	950	940	920
24.61	970	960	950	940	930	930	910
33.30	950	950	930	920	910	900	890
42.43	940	930	910	900	890	880	870
52.09	910	910	880	870	870	860	850
62.39	890	880	860	860	840	830	820
73.48	870	860	830	830	820	810	800
85.66	840	830	810	800	790	780	770
100.00	800	790	780	770	760	750	750

附表24　乙醇—水蒸气在沸腾条件下的密度（$P=1.013 \times 10^5 N/m^2$）　　　单位：kg/m³

乙醇质量分数（%）	ρ	乙醇质量分数（%）	ρ	乙醇质量分数（%）	ρ
0	0.589	35	0.785	70	1.085
5	0.620	40	0.817	75	1.145
10	0.643	45	0.854	80	1.224
15	0.667	50	0.887	85	1.309
20	0.694	55	0.933	90	1.398
25	0.722	60	0.976	95	1.498
30	0.750	65	1.020	100	1.592

附表25　乙醇—水溶液气液平衡数据（常压）

液体组成		蒸气组成		液体组成		蒸气组成	
乙醇质量分数（%）	物质的量分数（%）	乙醇质量分数（%）	物质的量分数（%）	乙醇质量分数（%）	物质的量分数（%）	乙醇质量分数（%）	物质的量分数（%）
0.01	0.004	0.13	0.053	0.04	0.0157	0.52	0.204
0.03	0.0117	0.39	0.153	0.05	0.0196	0.65	0.255

液体组成		蒸气组成		液体组成		蒸气组成	
乙醇质量分数（%）	物质的量分数（%）	乙醇质量分数（%）	物质的量分数（%）	乙醇质量分数（%）	物质的量分数（%）	乙醇质量分数（%）	物质的量分数（%）
0.06	0.0235	0.78	0.307	29.00	13.77	70.8	48.68
0.07	0.0274	0.91	0.358	34.00	16.77	72.9	51.27
0.08	0.0313	1.04	0.410	39.00	20.00	74.3	53.09
0.09	0.0352	1.17	0.461	45.00	24.25	75.9	55.22
0.10	0.04	1.3	0.51	52.00	29.80	77.5	57.41
0.15	0.055	1.95	0.77	57.00	34.16	78.7	59.10
0.20	0.08	2.60	1.03	63.00	40.00	80.3	61.44
0.30	0.12	3.80	1.57	67.00	42.27	81.3	62.99
0.40	0.16	4.90	1.98	71.00	48.92	82.4	64.70
0.50	0.19	6.10	2.48	75.00	54.00	83.8	66.92
0.60	0.23	7.10	2.90	78.00	58.11	84.9	68.76
0.70	0.27	8.10	3.33	81.00	62.52	86.3	71.10
0.80	0.31	9.00	3.725	84.00	67.27	87.7	73.61
0.90	0.35	9.90	4.12	86.00	70.63	88.9	75.82
1.00	0.39	10.75	4.51	88.00	74.15	90.1	78.00
2.00	0.79	19.70	8.76	89.00	75.99	90.7	79.26
3.00	1.19	27.2	12.75	90.00	77.88	91.3	80.42
4.00	1.61	33.3	16.34	91.00	79.82	92.0	81.83
7.00	2.86	44.6	23.96	92.00	81.82	92.7	83.25
10.00	4.16	52.2	29.92	93.00	83.87	93.4	84.91
13.00	5.51	57.4	34.51	94.00	85.97	94.2	86.40
16.00	6.86	61.1	38.06	95.00	88.15	95.05	88.25
20.00	8.92	65.0	42.09	95.57	89.41	95.57	89.41
24.00	11.00	68.0	45.41				

附表26　苯、甲苯的密度、附表面张力和汽化潜热

	温度（℃）	80	90	100	110	120
苯	密度（kg/m³）	820	810	790	780	770
	附表面张力（N/cm）	21.3×10^{-5}	20.0×10^{-5}	18.7×10^{-5}	17.6×10^{-5}	16.4×10^{-5}
	汽化潜热（kJ/kg）	398	389	384	373	365
甲苯	密度（kg/m³）	815	805	790	785	770
	附表面张力（N/cm）	21.7×10^{-5}	20.6×10^{-5}	19.6×10^{-5}	18.5×10^{-5}	17.4×10^{-5}
	汽化潜热（kJ/kg）	385	379	373	366	358

附表27 总传热系数（列管换热器）的大致范围

高温流体	低温流体	总传热系数 [kcal/（m²·h·℃）]
苯、甲苯等有机物	水	370 ~ 730
水蒸气	苯、甲苯等有机物	490 ~ 1000
水蒸气	苯	555
水蒸气	有机质液	490 ~ 980
苯蒸气	水	600 ~ 1000

附表28 乙醇—水混合物的热焓

乙醇质量分数（%）	密度（kg/m³,15℃）	沸腾温度（℃）	沸液焓 (kJ/kg)	沸液焓 (kcal/kg)	汽化热 (kJ/kg)	汽化热 (kcal/kg)	蒸气焓 (kJ/kg)	蒸气焓 (kcal/kg)
0	1000	100	418.68	100	2258.36	539.4	2677.04	639.4
0.80	998.5	99	424.96	101.5	2235.75	534	2600.29	635.4
1.6	997	98.9	429.57	102.6	2223.19	531	2652.76	633.6
2.4	996	97.3	434.17	103.7	2213.14	528.6	2647.73	632.4
5.62	990	94.4	448.82	107.2	2169.18	518.1	2618.01	625.3
11.3	982	90.7	438.78	104.8	2090.89	499.4	2529.66	604.2
19.6	972	87.2	420.35	100.4	1977.01	472.2	2397.36	572.6
24.99	968	86.1	414.49	99.0	1930.95	461.2	2345.45	560.2
29.86	958	84.6	404.86	96.7	1836.75	438.7	2241.61	535.4
31.62	955	84.3	402.35	96.1	1812.47	432.9	2214.82	529
33.39	952	84.1	399.84	95.5	1788.18	427.1	2188.02	522.6
35.18	949	83.8	397.32	94.9	1763.90	421.3	2161.23	516.2
36.99	946	83.5	393.98	94.1	1738.78	415.3	2132.76	509.4
38.82	942	83.3	391.05	93.4	1713.66	409.3	2104.70	502.7
40.66	938	83	368.86	92.4	1688.54	403.3	2075.40	495.7
50.21	918	81.9	360.90	86.2	1557.49	372	1918.39	458.2
60.38	895	80.9	341.64	81.6	1418.07	338.7	1759.71	420.3
75.91	859	79.7	321.55	76.8	1205.38	287.9	1526.93	364.7
85.76	834	79.1	269.21	64.3	1070.15	255.6	1339.78	320
91.08	820	78.5	249.95	59.7	997.30	238.2	1247.25	297.9
93.89	812	78.3	243.67	58.2	958.78	229	1202.45	287.2
98.84	804	78.25	238.23	56.9	918.17	219.3	1156.81	276.3
100	794	78.25	234.04	55.9	875.04	209	1109.08	264.9

参考文献

[1] 王绍良. 化工设备基础 [M]. 2 版. 北京：化学工业出版社，2009.

[2] 潘传九. 化工设备机械基础 [M]. 2 版. 北京：化学工业出版社，2007.

[3] 邢晓林. 化工设备 [M]. 北京：化学工业出版社，2005.

[4] 张麦秋. 化工机械安装修理 [M]. 北京：化学工业出版社，2004.

[5] 向寓华. 化工容器与设备 [M]. 北京：高等教育出版社，2009.

[6] 蔡纪宁，张秋翔. 化工设备机械基础课程设计指导书 [M]. 北京：化学工业出版社，2000.

[7] 潘传九，金燕. 化工机械类专业技能考核试题集 [M]. 2 版. 北京：化学工业出版社，2012.

[8] 胡忆沩，等. 化工设备与机器（下）[M]. 北京：化学工业出版社，2010.

[9] 马金才，葛亮. 化工设备操作与维护 [M]. 北京：化学工业出版社，2009.

[10] 董大勤. 化工设备机械基础 [M]. 北京：化学工业出版社，2003.

[11] 楼宇新. 化工机械安装修理 [M]. 北京：化学工业出版社，2004.